工业和信息化普通高等教育"十二五"规划教材立项项目

21世纪高等院校通识教育规划教材

U0740103

大学物理

（上）

兰州交通大学博文学院物理教研室编写组　组编

张继光　主编

潘璐　杨晓红　李翠环　副主编

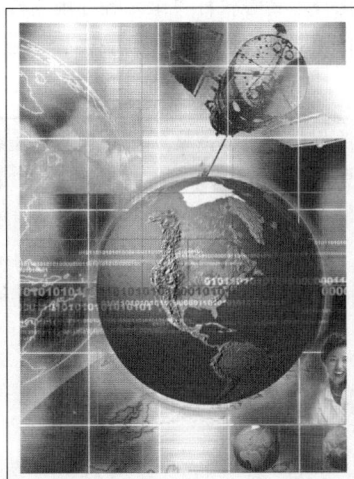

人民邮电出版社

北　京

图书在版编目（CIP）数据

大学物理. 上 / 张继光主编；兰州交通大学博文学院物理教研室编写组组编. -- 北京：人民邮电出版社，2013.3（2022.1重印）

ISBN 978-7-115-30985-3

Ⅰ. ①大… Ⅱ. ①张… ②兰… Ⅲ. ①物理学—高等学校—教材 Ⅳ. ①O4

中国版本图书馆CIP数据核字（2013）第022160号

内 容 提 要

本书是根据高等院校非物理类专业大学物理课程教学的基本要求，结合作者历年来的教学经验编写而成的。

本书分为上下两册，上册分为3个模块，内容包括力学、热学、电磁学，共10章。作为非物理专业的大学物理教材，本书一方面注重了基本理论和基本知识，同时又在此基础上联系实际，针对不同学生强化了内容的层次性。

本书可作为普通高校非物理专业本科生学习大学物理的教材，也可作为物理学爱好者阅读的参考资料。

工业和信息化普通高等教育"十二五"规划教材立项项目

21世纪高等院校通识教育规划教材

大学物理（上）

- ◆ 组　　编　兰州交通大学博文学院物理教研室编写组

　　主　　编　张继光

　　副主编　潘　璐　杨晓红　李翠环

　　责任编辑　王亚娜

- ◆ 人民邮电出版社出版发行　　北京市丰台区成寿寺路11号

　　邮编　100164　　电子邮件　315@ptpress.com.cn

　　网址　http://www.ptpress.com.cn

　　山东百润本色印刷有限公司印刷

- ◆ 开本：787×1092　1/16

　　印张：14.75　　　　　　　　2013年3月第1版

　　字数：366千字　　　　　　2022年1月山东第10次印刷

ISBN 978-7-115-30985-3

定价：39.80元

读者服务热线：(010)81055256　印装质量热线：(010)81055316
反盗版热线：(010)81055315

物理学（φυσικη）一词早先是源于希腊文（υσιξ），意为自然。其现代内涵是指研究物质运动最一般规律及物质基本结构的科学。物理学也是人类发展史上的一门基础学科，其每一次重大发现和突破都会伴随着人类文明的进步。

从古代的"四大发明"到近代的工业革命，再到现在的信息时代，无一不闪烁着物理学的璀璨光芒。在过去的 100 年中，物理学不断蓬勃发展，并从其中分化出来一系列新的独立学科，如力学、热学、电磁学、光学、原子物理学、量子物理学等，其大家族不断壮大。联合国命名 2005 年为"国际物理年"，这也是联合国历史上第一次以单一学科命名的国际年。

"大学物理"是非物理类专业的一门主干基础理论课，主要任务是研究物质运动最基本、最普遍的规律。通过对本课程的学习，学生能够掌握物理学的基本理论和基本知识，深刻理解物理规律的意义，并能训练其逻辑思维能力、理解能力、运算能力、分析问题和解决问题的能力以及独立钻研的能力。

本书是编者结合自己对大学物理的讲授经验，根据大纲要求，并充分考虑了现代大学非物理专业学生的实际情况编写而成的。本书可作为普通高校非物理专业大学物理课程的教材，也可作为物理学爱好者自学的指导用书。本书特点如下。

（1）注重基础性。针对大学非物理专业学生在物理学习中"内容多而课时量少"的特点，对物理概念进行了重新审视和提炼，并精选了内容。对基本现象、基本概念和基本原理的阐述，做到了深入浅出，增加了典型例题，力争使学生对所学内容一目了然。

（2）注重结合实际。编者针对以往大学物理只注重讲授理论而忽视和生活相结合而导致学生学习积极性不高的缺点，在本书中加入了一系列实例，并配以插图，力争生动形象、理论结合实际，体现理论的基础作用，并提高学生学习物理的积极性。

（3）注重层次性。为贯彻"因材施教"的原则，针对不同学生学习物理的基础及水平，本书收集了不同难度的内容和习题，其中难度较大的标以"*"号，作为选讲和自学内容。

本书分为上下两册，讲授课时数 128 学时左右，内容共分为力学、热学、电磁学、机械振动和机械波、波动光学和近代物理 6 个模块。其中，力学模块约为 24 学时，热学模块约为 16 学时，电磁学模块约为 40 学时，机械振动和机械波模块约为 16 学时，波动光学模块约为 18 学时，近代物理模块约为 14 学时。

本书为上册，包括力学、机械振动和机械波、波动光学 3 个模块，由兰州交通大学博文学院物理教研室编写组组织编写，张继光任主编，潘璐、杨晓红、李翠环任副主编。

由于作者水平有限，书中难免存在疏漏之处，敬请读者批评指正。

编 者
2012 年 11 月

目　　录

模块1　力　　学

模块2　机械振动和机械波

模块 3　波动光学

模块 1　力　　学

　　自然界一切物质都处在运动之中，机械运动是物质运动的最基本形式。力学是研究物质机械运动规律的科学，分为运动学、静力学和动力学。

　　运动学：研究物体位置随时间的变化规律，但不涉及变化发生的原因（或物体中各部分相对位置随时间的变化规律）。

　　动力学：研究物体的运动和运动物体间相互作用的联系，从而阐明物体运动状态发生变化的原因。

　　静力学：研究物体相互作用时的平衡问题。

　　本模块主要介绍质点运动学和质点动力学以及刚体的转动。通过两个模型——质点和刚体的建立，得到牛顿运动定律和运动守恒定律等相关定律。

　　本模块研究的对象都是在经典力学的范畴内，即物体做低速运动（$v \ll c$，物体的运动速度远远小于光速）的情况。当物体的运动速度接近光速时，经典力学就不适用了，此时应该用相对论力学来解释。但是由经典力学得出的动量、角动量和能量的守恒定律依然适用。

1

质点运动学

【学习目标】

- 掌握描述质点运动及运动变化的 4 个物理量——位置矢量、位移、速度和加速度。理解这些物理量的矢量性、瞬时性、叠加性和相对性。

- 理解运动方程的物理意义及作用。学会处理两类问题的方法：①运用运动方程确定质点的位置、位移、速度和加速度的方法；②已知质点运动的加速度和初始条件求速度、运动方程的方法。

- 掌握曲线运动的自然坐标表示法。能计算质点在平面内运动时的速度和加速度、质点做圆周运动时的角速度、角加速度、切向加速度和法向加速度。

- 理解伽利略速度变换式，会求简单的质点相对运动问题，并熟悉经典时空观的特征。

学习物理学，应当遵守一定的规律。找出各物体内在的共同特征，然后由简到繁，推广到千差万别的物质世界中。因此，我们先从最简单的质点学起。

1.1 质点 参考系 时间和时刻

自然界一切物体都处于永恒运动中，绝对静止不动的物体是不存在的。机械运动是最简单的一种运动，是描述**物体相对位置或自身各部分的相对位置发生变化的运动**。为了方便研究物体的机械运动，我们需要将自然界中千差万别的运动进行合理的简化，抓住主要特征加以研究。

1.1.1 质点

一切物体都是具有大小、形状、质量和内部结构的物质形态。这些物质形态对于研究物体的运动状态影响很大。为了使得我们的研究简化，我们引进**质点**这一概念。所谓质点，是**指具有一定质量的没有大小或形状的理想物体**。可见，质点是我们抽象出来的理想的物理模型，它具有相对的意义。

并不是所有物体都可以当作质点，质点是相对的，有条件的。只有当物体的大小和形状对运动没有影响或影响可以忽略或物体本身的限度远小于物体的运动路径时，物体才可以当作质点来处理。例如，当研究地球围绕太阳公转时，由于日地之间的距离（$1.5 \times 10^8 \text{km}$）要比地球的平均半径（$6.4 \times 10^3 \, km$）大得多，此时地球上各点的公转速度相差很小，忽略地球自身尺寸的影响，可以作为质点处理，如图 1-1 所示。

但是，当研究地球自转时，由于地球上各点的速度相差很大，因此，地球自身的大小和形状不能忽略，此时，地球不能作为质点处理，如图 1-2 所示。但可把地球无限分割为极小的质元，每个质元都可视为质点，地球的自转就成为无限个质点（即质点系）的运动的总和。做平动的物体，不论大小、形状如何，其体内任一点的位移、速度和加速度都相同，可以用其质心这个点的运动来概括，即物体的平动可视为质点的运动。所以，物体是否被视为质点，完全取决于所研究问题的性质。

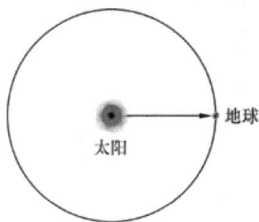

图 1-1　公转的地球可以当作质点　　　　　图 1-2　自转的地球不可以当作质点

1.1.2　参考系和坐标系

运动是绝对的，自然界中绝对静止的物体是不存在的，大到宇宙星系，小到原子、电子等基本粒子，都处于永恒运动之中。因此，要描述一个物体的机械运动，必须选择另外一个物体或者物体系进行参考，被选作参考的物体称为**参考系**。参考系的选取是任意的。如果物体相对于参考系的位置在变化，则表明物体相对于该参考系运动；如果物体相对于参考系的位置不变，则表明物体相对于该参考系是静止的。同一物体相对于不同的参考系，运动状态可以不同。研究和描述物体运动，只有在选定参考系后才能进行。在运动学中，参考系的选择可以是任意的。但如何选择参考系，必须从具体情况来考虑，主要看问题的性质及研究是否方便而定。例如，一个星际火箭在刚发射时，主要研究它相对于地面的运动，所以把地球选作参照物。但是，当火箭进入绕太阳运行的轨道时，为研究方便，便将太阳选作参考系。研究物体在地面上的运动，选地球作参考系最方便。例如，观察坐在飞机里的乘客，若以飞机为参考系来看，乘客是静止的；以地面为参考系来看，乘客是在运动。因此，选择参考系是研究问题的关键之一。

建立参考系后，为了定量地描述运动物体相对于参考系的位置，我们还需要运用数学手段，在参考系上建立合适的**坐标系**，选取合适的坐标系可以使得物理问题简化，数学表达更为简洁。直角坐标、球坐标系、柱坐标以及自然坐标系是我们最常用的坐标系。

应当指出，**对物体运动的描述决定于参考系而不是坐标系。参考系选定后，选用不同的坐标系对运动的描述是相同的。**

1.1.3　时间和时刻

一个过程对应的时间间隔称为**时间**；而某个时间点，即某个瞬间称为**时刻**。例如，两个

时刻 t_2 和 t_1 之差 $\Delta t = t_2 - t_1$ 是时间。

1.2 位矢 位移 运动方程 速度 加速度

描述机械运动，不仅要有能反映物体位置变化的物理量，也要有反映物体位置变化快慢的物理量。下面一一介绍。

1.2.1 位矢

在坐标系中，用来确定质点所在位置的矢量，叫做位置矢量，简称**位矢**。位矢为从坐标原点指向质点所在位置的有向线段，用矢量 $\vec{r}$ 表示，以直角坐标为例，$\vec{r} = \vec{r}(x, y, z)$。设某时刻质点所在的位置的坐标为 (x, y, z)，x，y，z 分别为 $\vec{r}$ 沿着 3 个坐标轴的分量，$\vec{i}$、$\vec{j}$ 和 $\vec{k}$ 为沿 Ox，Oy 和 Oz 轴的单位矢量，如图 1-3 所示。

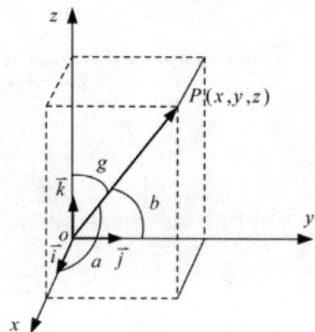

图 1-3 位矢

$$\vec{r} = x\vec{i} + y\vec{j} + z\vec{k} \tag{1-1}$$

位矢的大小，可由关系式 $r = |\vec{r}| = \sqrt{x^2 + y^2 + z^2}$ 得到。位矢在各坐标轴的方向余弦是 $\cos\alpha = \dfrac{x}{r}$，$\cos\beta = \dfrac{y}{r}$，$\cos\gamma = \dfrac{z}{r}$。

1.2.2 位移

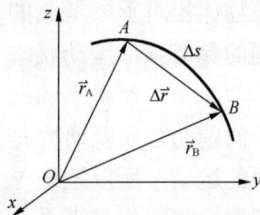

图 1-4 位移

设在直角坐标系中，A，B 为质点运动轨迹上任意两点。t_1 时刻，质点位于 A 点，t_2 时刻，质点位于 B 点，则在时间 $\Delta t = t_2 - t_1$ 内，质点位矢的长度和方向都发生了变化，质点位置的变化可用从 A 到 B 的有向线段 $\overrightarrow{AB}$ 来表示，有向线段 $\overrightarrow{AB}$ 称为在 Δt 时间内质点的**位移矢量**，简称**位移**。由图 1-4 可以看出，$\vec{r}_B = \vec{r}_A + \overrightarrow{AB}$，即 $\overrightarrow{AB} = \vec{r}_B - \vec{r}_A$，于是

$$\Delta\vec{r} = (x_B - x_A)\vec{i} + (y_B - y_A)\vec{j} + (z_B - z_A)\vec{k} \tag{1-2}$$

应当注意：位移是表征质点位置变化的物理量，它只表示位置变化的实际效果，并非质点经历的路程。如图 1-4 所示，位移是有向线段 $\overrightarrow{AB}$，是矢量，它的量值 $|\Delta\vec{r}|$ 是割线 AB 的长度。

$$|\Delta\vec{r}| = \sqrt{\Delta x^2 + \Delta y^2 + \Delta z^2} \tag{1-3}$$

而路程是曲线 AB 的长度 Δs，是标量。当质点经历一个闭合路径回到起点时，其位移是零，而路程不为零。只有当时间 Δt 趋近于零时，才可视作 $|\Delta\vec{r}|$ 与 Δs 相等。

1.2.3 运动方程

在一个选定的参考系中，运动质点的位置 $r(x, y, z)$ 是随着时间 t 而变化的，也就是说，

质点位置是时间 t 的函数。这个函数可以表示为

$$x = x(t), \quad y = y(t), \quad z = z(t) \tag{1-4a}$$

或

$$\vec{r}(t) = x(t)\vec{i} + y(t)\vec{j} + z(t)\vec{k} \tag{1-4b}$$

式（1-4）或式（1-4a）叫做质点的**运动方程**。知道了运动方程，我们就可以确定任意时刻质点的位置，从而确定质点的运动。例如，斜抛运动方程表示为

$$x = x_0 + v_0 t \cos\theta , \quad y = y_0 + v_0 t \sin\theta - \frac{1}{2}gt^2$$

从质点的运动方程（式（1-4））中消去 t，便会得到质点的轨迹方程。轨迹是直线的，就叫做直线运动；轨迹是曲线的，就叫做曲线运动。

1.2.4 速度和加速度

1. 速度

若质点在 Δt 时间内的位移为 $\Delta\vec{r}$，则定义 $\Delta\vec{r}$ 与 Δt 的比值为质点在这段时间内的**平均速度**，写为 $\bar{v} = \dfrac{\Delta\vec{r}}{\Delta t}$

$$\bar{v} = \frac{\Delta\vec{r}}{\Delta t} = \frac{\Delta x}{\Delta t}\vec{i} + \frac{\Delta y}{\Delta t}\vec{j} + \frac{\Delta z}{\Delta t}\vec{k} \tag{1-5}$$

其分量形式为

由于 $\Delta\vec{r}$ 是矢量，Δt 是标量，所以平均速度 $\bar{v}$ 也是矢量，且与 $\Delta\vec{r}$ 方向相同。此外，把路程 Δs 和 Δt 的比值称作质点在时间 Δt 内的平均速率。平均速率是标量，等于质点在单位时间内通过的路程，而不考虑其运动的方向。

如图 1-5 所示，当 $\Delta t \to 0$ 时，P_2 点将向 P_1 点无限靠拢，此时，平均速度的极限值叫做**瞬时速度**，简称**速度**，用符号"$\vec{v}$"表示，即

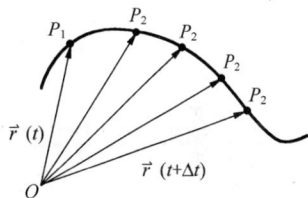

图 1-5 速度推导用图

$$\vec{v} = \lim_{\Delta t \to 0}\frac{\vec{r}(t+\Delta t) - \vec{r}(t)}{\Delta t} = \lim_{\Delta t \to 0}\frac{\Delta\vec{r}}{\Delta t} = \frac{\mathrm{d}\vec{r}}{\mathrm{d}t} \tag{1-6}$$

速度是矢量，其方向为：$\Delta t \to 0$ 时位移 $\Delta\vec{r}$ 的极限方向，即，**沿着轨道上质点所在的切线并指向质点前进的方向**。考虑到位矢 $\vec{r}$ 在直角坐标轴上的分量大小分别为 x, y, z，所以速度也可写成

$$\vec{v} = \frac{\mathrm{d}x}{\mathrm{d}t}\vec{i} + \frac{\mathrm{d}y}{\mathrm{d}t}\vec{j} + \frac{\mathrm{d}z}{\mathrm{d}t}\vec{k} = v_x\vec{i} + v_y\vec{j} + v_z\vec{k}$$

即

$$v_x = \frac{\mathrm{d}x}{\mathrm{d}t}, v_y = \frac{\mathrm{d}y}{\mathrm{d}t}, v_z = \frac{\mathrm{d}z}{\mathrm{d}t} \tag{1-7}$$

速度的量值为

$$v = |\vec{v}| = \sqrt{v_x^{\,2} + v_y^{\,2} + v_z^{\,2}} \tag{1-8}$$

$\Delta t \rightarrow 0$时，$\Delta \vec{r}$ 的量值$\left|\Delta \vec{r}\right|$ 和 Δs 相等，此时瞬时速度的大小$v = \left|\dfrac{\mathrm{d}\vec{r}}{\mathrm{d}t}\right|$ 等于质点在 P_1 点的

瞬时速率$\dfrac{\mathrm{d}s}{\mathrm{d}t}$。

2. 加速度

由于速度是矢量。因此，无论是速度的数值大小发生改变还是方向发生变化，都代表速度发生了改变。为了表征速度的变化，引进了加速度的概念。**加速度是描述质点速度的大小和方向随时间变化快慢的物理量。**

如图 1-6 所示，t 时刻，质点位于 P_1 点，其速度为$\vec{v}(t)$ 在 $t + \Delta t$ 时刻，质点位于 P_2 点，其速度为$\vec{v}(t + \Delta t)$；则在时间 Δt 内，质点的速度增量为$\Delta \vec{v} = \vec{v}(t + \Delta t) - \vec{v}(t)$。定义质点在这段时间内的平均加速度为

$$\vec{a} = \frac{\Delta \vec{v}}{\Delta t} \tag{1-9}$$

平均加速度也是矢量，方向与速度增量的方向相同。

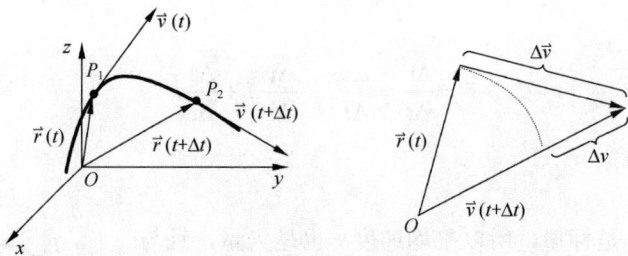

图 1-6 质点的加速度

$\Delta t \rightarrow 0$时，平均加速度的极限值叫做**瞬时加速度**，简称**加速度**，用符号"$\vec{a}$"表示，即

$$\vec{a} = \lim_{\Delta t \to 0} \frac{\Delta \vec{v}}{\Delta t} = \frac{\mathrm{d}\vec{v}}{\mathrm{d}t} = \frac{\mathrm{d}^2 \vec{r}}{\mathrm{d}t^2} \tag{1-10}$$

在直角坐标系中，加速度在 3 个坐标轴上的分量分别为 a_x、a_y、a_z。

$$a_x = \frac{\mathrm{d}v_x}{\mathrm{d}t} = \frac{\mathrm{d}^2 x}{\mathrm{d}t^2}, \ a_y = \frac{\mathrm{d}v_y}{\mathrm{d}t} = \frac{\mathrm{d}^2 y}{\mathrm{d}t^2}, \ a_z = \frac{\mathrm{d}v_z}{\mathrm{d}t} = \frac{\mathrm{d}^2 z}{\mathrm{d}t^2} \tag{1-11}$$

加速度$\vec{a}$ 可写为

$$\vec{a} = a_x \vec{i} + a_y \vec{j} + a_z \vec{k} \tag{1-12}$$

其数值大小为

$$a = \sqrt{a_x^2 + a_y^2 + a_z^2} \tag{1-13}$$

加速度方向为：当Δt 趋近于零时，速度增量的极限方向。由于速度增量的方向一般不同于速度的方向，所以加速度与速度的方向一般不同。这是因为，加速度$\vec{a}$ 不仅可以反映质点速度大小的变化，也可反映速度方向的变化。因此，在直线运动中，加速度和速度虽然在同一直线上，却可以有同向和反向两种情况。例如质点做直线运动时，速度和加速度之间的夹角可能是 0°（速率增加时），即同向，也可能是 180°（速率减小时），即反向。

从图 1-7 可以看出，当质点做曲线运动时，加速度的方向总是指向曲线的凹侧。如果速率是增加的，则 $\vec{a}$ 和 $\vec{v}$ 之间呈锐角，如图 1-7（a）所示；如果速率是减小的，则 $\vec{a}$ 和 $\vec{v}$ 之间呈钝角，如图 1-7（b）所示；如果速率不变，则 $\vec{a}$ 和 $\vec{v}$ 之间呈直角，如图 1-7（c）所示。

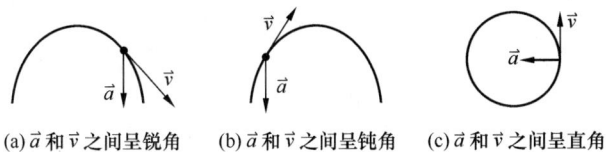

(a) $\vec{a}$ 和 $\vec{v}$ 之间呈锐角　　(b) $\vec{a}$ 和 $\vec{v}$ 之间呈钝角　　(c) $\vec{a}$ 和 $\vec{v}$ 之间呈直角

图 1-7　曲线运动中速度和加速度的方向

实际情况中，大多数质点所参与的运动并不是单一的，而是同时参与了两个或者多个运动。此时总的运动为各个独立运动的合成结果，称为**运动叠加原理**，或称运动的**独立性原理**。

运动学中通常解决的问题有以下两种。

（1）已知质点的运动方程 $\vec{r} = \vec{r}(t)$，求轨迹方程和质点的速度 $\vec{v} = \vec{v}(t)$ 以及加速度 $\vec{a} = \vec{a}(t)$。

（2）已知质点运动的加速度 $\vec{a} = \vec{a}(t)$，求其速度 $\vec{v} = \vec{v}(t)$ 和运动方程 $\vec{r} = \vec{r}(t)$。

【例 1-1】 已知质点做匀加速直线运动，加速度为 a，求该质点的运动方程。

解： 本题属于已知速度或加速度求运动方程，采用积分法。

由定义 $\vec{a} = \dfrac{\mathrm{d}\vec{v}}{\mathrm{d}t}$，可知 $\mathrm{d}\vec{v} = \vec{a}\,\mathrm{d}t$。

对于做直线运动的质点，可直接采用标量形式

$$\mathrm{d}v = a\,\mathrm{d}t$$

设 $t=0$ 时，$v=v_0$，上式两端积分可得到速度

$$\int_{v_0}^{v}\mathrm{d}v = \int_{0}^{t}a\,\mathrm{d}t$$

$$v = v_0 + at$$

又设 $t=0$ 时，$x=x_0$，根据速度的定义式

$$\frac{\mathrm{d}x}{\mathrm{d}t} = v = v_0 + at$$

两端积分得到运动方程

$$\int_{x_0}^{x}\mathrm{d}x = \int_{0}^{t}(v_0 + at)\,\mathrm{d}t$$

$$x = x_0 + v_0 t + \frac{1}{2}at^2$$

进一步消去时间 t，可得该质点的轨迹方程

$$v^2 = v_0^2 + 2a(x - x_0)$$

【例 1-2】 一质点从静止开始做直线运动，开始时加速度为 a_0，此后加速度随时间均匀增加，经过时间 τ 后，加速度为 $2a_0$，经过时间 2τ 后，加速度为 $3a_0$，求经过时间 $n\tau$ 后，该质点的速度和走过的距离。

解： 由题意可设质点的加速度为

$$a = a_0 + \alpha t$$

$\because t = \tau$ 时，$a = 2a_0$，$\therefore \alpha = a_0 / \tau$，

即

$$a = a_0 + a_0 t / \tau$$

由

$$a = \mathrm{d}v / \mathrm{d}t$$

得

$$\mathrm{d}v = a\mathrm{d}t$$

两端积分

$$\int_0^v \mathrm{d}v = \int_0^t (a_0 + a_0 t / \tau)\mathrm{d}t$$

得

$$v = a_0 t + \frac{a_0}{2\tau}t^2$$

另由

$$v = \mathrm{d}s / \mathrm{d}t$$

得

$$\mathrm{d}s = v\mathrm{d}t$$

等式两端积分，得

$$\int_0^s \mathrm{d}s = \int_0^t v\mathrm{d}t = \int_0^t (a_0 t + \frac{a_0}{2\tau}t^2)\mathrm{d}t$$

即

$$s = \frac{a_0}{2}t^2 + \frac{a_0}{6\tau}t^3$$

$\therefore t = n\tau$时，质点的速度

$$v_{n\tau} = \frac{1}{2}n(n+2)a_0\tau$$

质点走过的距离

$$s_{n\tau} = \frac{1}{6}n^2(n+3)a_0\tau^2$$

1.3　自然坐标系　圆周运动

1.3.1　自然坐标系中的速度和加速度

在质点的平面曲线运动中，当已知运动轨道时，常用自然坐标系描述质点的位置、路程、速度和加速度。为简单起见我们引进自然坐标系。如图 1-8 所示，一质点做曲线运动，在其轨迹上任一点可建立如下正交坐标系：一坐标轴沿轨迹切线方向，正方向为运动的前进方向，该方向单位矢量用符号"$\vec{e}_\tau$"表示；另一坐标轴沿轨迹法线方向，正方向指向轨迹内凹的一侧，该方向单位矢量用符号"$\vec{e}_n$"表示。自然坐标为

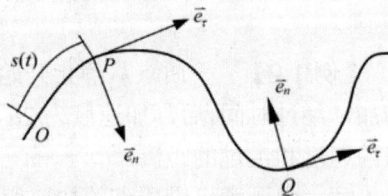

图 1-8　自然坐标系

$$s=s(t) \tag{1-14}$$

设 t 时刻质点处于 P 点，在质点上作相互垂直的两个坐标轴，其单位矢量为 $\vec{e}_\tau$ 和 $\vec{e}_n$，$\vec{e}_\tau$ 沿轨道的切向并指向质点前进方向，$\vec{e}_n$ 沿轨道法向并指向轨道凹侧，由于切向和法向坐标随质点沿轨道的运动自然变换位置和方向，通常称这种坐标系为**自然坐标系**。显然，自然坐标系并不起参考系作用。

当质点经 Δt 时刻从 P 点运动到 Q 点时，Δt 时间内质点经过的路程为

$$\Delta s = s(t+\Delta t) - s(t) \tag{1-15}$$

我们定义质点在 t 时刻沿轨道运动的快慢瞬时速率，即

$$\upsilon = \lim_{\Delta t \to 0} \frac{\Delta s}{\Delta t} = \frac{\mathrm{d}s}{\mathrm{d}t} \tag{1-16}$$

考虑到 $|\mathrm{d}\vec{r}| = \mathrm{d}s$，$\upsilon = \dfrac{\mathrm{d}s}{\mathrm{d}t} = \dfrac{|\mathrm{d}\vec{r}|}{\mathrm{d}t} = \left|\dfrac{\mathrm{d}\vec{r}}{\mathrm{d}t}\right| = |\vec{v}|$，则在自然坐标系中，质点的速度可表示为

$$\vec{\upsilon} = \frac{\mathrm{d}s}{\mathrm{d}t}\vec{e}_\tau = \upsilon\vec{e}_\tau \tag{1-17}$$

由加速度的定义，有

$$\vec{a} = \frac{\mathrm{d}}{\mathrm{d}t}(\upsilon\vec{e}_\tau) = \frac{\mathrm{d}\upsilon}{\mathrm{d}t}\vec{e}_\tau + \upsilon\frac{\mathrm{d}\vec{e}_\tau}{\mathrm{d}t} \tag{1-18}$$

其中，$\dfrac{\mathrm{d}\upsilon}{\mathrm{d}t}\vec{e}_\tau$ 表明质点速率的变化率，表示速度大小的变化，而方向沿切向，我们称之为**切向加速度** $\vec{a}_\tau$，即

$$\vec{a}_\tau = \frac{\mathrm{d}\upsilon}{\mathrm{d}t}\vec{e}_\tau = \frac{\mathrm{d}^2 s}{\mathrm{d}t^2}\vec{e}_\tau \tag{1-19}$$

我们借助几何方法来分析 $\dfrac{\mathrm{d}\vec{e}_\tau}{\mathrm{d}t}$，如图 1-9（a）所示，当时间间隔 Δt 足够小时，路程 Δs 可以看作半径为 ρ 的一段圆弧，设 t 时刻质点在 p 点，切向单位矢量 $\vec{e}_\tau(t)$，$t+\Delta t$ 时刻质点运动到 Q 点，切向单位矢量为 $\vec{e}_\tau(t+\Delta t)$，$\Delta\vec{e}_\tau = \vec{e}_\tau(t+\Delta t) - \vec{e}_\tau(t)$，当 $\Delta t \to 0$，Q 趋近 P，由图 1-9（b）中可见 $|\Delta\vec{e}_\tau| = |\vec{e}_\tau|\Delta\theta$，因为 $|\vec{e}_\tau| = 1$ 所以 $|\Delta\vec{e}_\tau| = \Delta\theta$；又因为 $\Delta t \to 0$ 时，$\Delta\theta$ 越来越小，$\Delta\vec{e}_\tau(t)$ 的方向趋近于垂直 $\vec{e}_\tau(t)$ 的方向，即 $\vec{e}_n$ 方向。

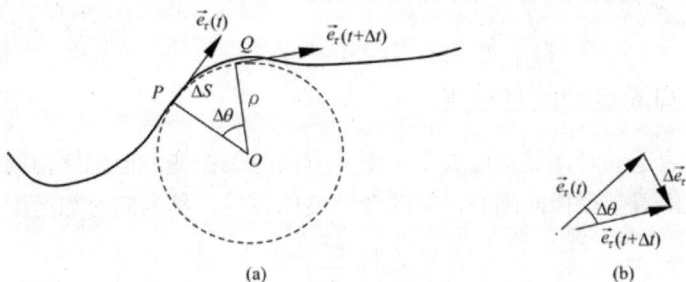

图 1-9 自然坐标系中的 $\vec{a}_\tau$ 和 $\vec{a}_n$

即

$$\frac{\mathrm{d}\vec{e}_\tau}{\mathrm{d}t} = \lim_{\Delta t \to 0} \frac{\Delta\vec{e}_\tau}{\Delta t} = \lim_{\Delta t \to 0} \frac{\Delta\theta}{\Delta t}\vec{e}_n \tag{1-20}$$

由图 1-9（a）所示，有 $\Delta\theta = \dfrac{\Delta s}{\rho}$，代入式（1-20），有

$$\frac{\mathrm{d}\vec{e}_{\tau}}{\mathrm{d}t} = \lim_{\Delta t \to 0} \frac{\Delta s}{\rho \Delta t} \vec{e}_n = \frac{1}{\rho} \frac{\mathrm{d}s}{\mathrm{d}t} \vec{e}_n = \frac{\upsilon}{\rho} \vec{e}_n$$

则式（1-18）右边第二项的方向沿 $\vec{e}_n$ 与第一项切向加速度垂直，我们称为**法向加速度**，记为 $\vec{a}_n$，则

$$\vec{a}_n = \upsilon \frac{\mathrm{d}\vec{e}_{\tau}}{\mathrm{d}t} = \frac{\upsilon^2}{\rho} \vec{e}_n \qquad (1\text{-}21)$$

则有加速度

$$\vec{a} = \vec{a}_{\tau} + \vec{a}_n = \frac{\mathrm{d}\upsilon}{\mathrm{d}t} \vec{e}_{\tau} + \frac{\upsilon^2}{\rho} \vec{e}_n \qquad (1\text{-}22)$$

加速度的大小

$$a = \sqrt{a_{\tau}^2 + a_n^2} = \sqrt{\left(\frac{\upsilon^2}{\rho}\right)^2 + \left(\frac{\mathrm{d}\upsilon}{\mathrm{d}t}\right)^2} \qquad (1\text{-}23)$$

加速度方向与切线方向的夹角 $\quad \alpha = \arctan \dfrac{a_n}{a_{\tau}}$

可见，$\vec{a}_{\tau}$ 反映速度大小的变化，$\vec{a}_n$ 反映速度方向的变化。

1.3.2 圆周运动

研究圆周运动具有重要的意义，我们认为，圆周运动就是曲率半径不变的曲线运动，即 $\rho = R$ 为常量的运动。由于质点运动速度的方向一定沿着轨迹的切线方向，因此，自然坐标系中可将速度表示为

$$\vec{\upsilon} = \frac{\mathrm{d}s}{\mathrm{d}t} \vec{e}_{\tau} = \upsilon \vec{e}_{\tau}$$

加速度同样可表示为

$$\vec{a} = \vec{a}_{\tau} + \vec{a}_n = \frac{\mathrm{d}\upsilon}{\mathrm{d}t} \vec{e}_{\tau} + \frac{\upsilon^2}{R} \vec{e}_n \qquad (1\text{-}24)$$

如图 1-10 所示，质点做变速圆周运动时，其速度大小和方向均时刻在变，但仍指向运动轨迹的切向方向。此时，加速度并不指向圆心，其方向由 $\vec{a}_{\tau}$ 和 $\vec{a}_n$ 之间的夹角决定。

$$\vec{a} = \vec{a}_{\tau} + \vec{a}_n$$

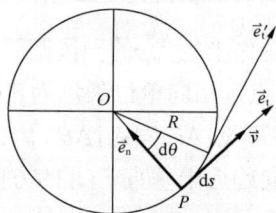

图 1-10　变速圆周运动的加速度

1.3.3 匀速圆周运动的加速度

质点做匀速圆周运动时，其速度大小不变，方向时刻在变，但始终指向运动轨迹的切向方向。加速度永远沿着半径指向圆心，只改变速度的方向，称为**向心加速度**，其大小为

$$|\vec{a}| = \frac{\upsilon^2}{R}$$

1.3.4 圆周运动的角量描述

质点做圆周运动时，除了线量，还可以用角量来描述其运动，角量有角位置、角位移、角速度、角加速度等。

如图 1-11 所示，设一质点在平面 Oxy 内绕原点做圆周运动。$t=0$ 时，质点位于（x, 0）处，选择 x 轴正向为参考方向。t 时刻，质点位于 A 点，圆心到 A 点的连线（即半径 OA）与 x 轴正向之间的夹角为 θ，我们定义 θ 为此时质点的**角位置**。经过时间 Δt 后，质点到达 B 点，半径 OB 与 x 轴正向之间的夹角为 $\theta + \Delta\theta$，即在 Δt 时间内，质点转过的角度为 $\Delta\theta$，定义 $\Delta\theta$ 为质点对于圆心 O 的**角位移**。一般规定逆时针转动方向为角位移的正方向，反之为负方向。

当 $\Delta\theta \to 0$ 时，$d\theta$ 可以当作一个矢量，写作 $d\vec{\theta}$，其方向与转动方向符合右手螺旋关系，如图 1-12 所示。角位置和角位移常用的单位为弧度（rad），弧度为一无量纲单位。

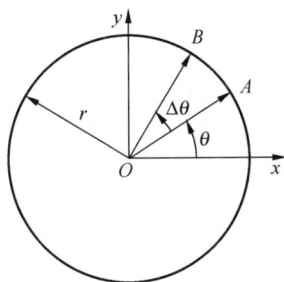

图 1-11　角位置和角位移

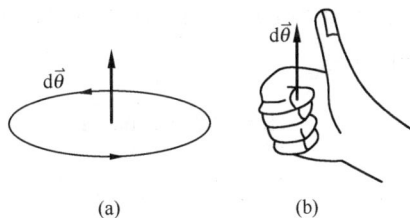

(a)　　　　(b)

图 1-12　角位移矢量

角位移 $\Delta\theta$ 与时间 Δt 的比值，叫做 Δt 时间内质点对圆心 O 的**平均角速度**，用符号"$\bar{\omega}$"表示：

$$\bar{\omega} = \frac{\Delta\theta}{\Delta t}$$

当 $\Delta t \to 0$ 时，上式的极限值叫做该时刻质点对圆心 O 的**瞬时角速度**，简称**角速度**，用符号"$\bar{\omega}$"表示。

$$\bar{\omega} = \lim_{\Delta t \to 0} \frac{\Delta\bar{\theta}}{\Delta t} = \frac{d\bar{\theta}}{dt} \tag{1-25}$$

角速度的数值为角坐标 $d\bar{\theta}$ 随时间的变化率。在这里，值得注意的是 $\bar{\omega}$ 和 $d\bar{\theta}$ 是同方向的矢量，与转动方向成右手螺旋关系。由于角位置和角位移的单位为弧度（rad），所以角速度的单位为弧度每秒（rad/s）。一般情况下我们可以作为标量处理。

同理，我们可以得出角加速度的定义。角加速度 $\bar{\alpha}$ 为角速度 $\bar{\omega}$ 随时间的变化率

$$\bar{\alpha} = \frac{d\bar{\omega}}{dt} \tag{1-26}$$

其方向为角速度变化的方向，单位为弧度每二次方秒（rad/s²）。

从以上式子我们也可以看出，α 等于零，质点做匀速圆周运动；α 不等于零但为常数，质点做匀变速圆周运动；α 随时间变化，质点做一般的圆周运动。

质点做匀速或匀变速圆周运动时的角速度、角位移与角加速度的关系式为

$$\left. \begin{array}{l} \omega = \omega_0 + \alpha t \\ \theta - \theta_0 = \omega_0 t + \alpha t^2 / 2 \\ \omega^2 = \omega_0^2 + 2\alpha(\theta - \theta_0) \end{array} \right\} \tag{1-27}$$

与质点做匀变速直线运动的几个关系式

$$\left.\begin{array}{l} v = v_0 + at \\ x - x_0 = v_0 t + at^2/2 \\ v^2 = v_0^2 + 2a(x - x_0) \end{array}\right\} \tag{1-28}$$

相比较可知：两者数学形式完全相同。说明用角量描述，可把平面圆周运动转化为一维运动形式，从而简化问题。

1.3.5 线量和角量的关系

如图 1-13 所示，一质点做圆周运动，在 Δt 时间内，质点的角位移为 $\Delta\theta$，则 A、B 间的有向线段与弧将满足下面的关系

$$\lim_{\Delta t \to 0} \left| \overrightarrow{AB} \right| = \lim_{\Delta t \to 0} \overset{\frown}{AB}$$

两边同除以 Δt，得到速度与角速度之间的量值关系

$$v = R\omega \tag{1-29}$$

式（1-29）两端对时间求导，得到切向加速度与角加速度大小之间的关系

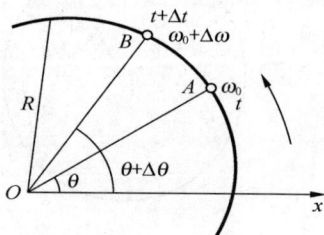

图 1-13 线量和角量的关系

$$a_t = R\alpha \tag{1-30}$$

将速度与角速度的关系代入法向加速度的定义式，得到法向加速度与角速度之间的关系

$$a_n = \frac{v^2}{R} = R\omega^2 \tag{1-31}$$

【**例 1-3**】 如图 1-14 所示，一质点沿半径为 R 的圆周按规律 $s = v_0 t - bt^2/2$ 运动，v_0、b 都是正的常量。求：

（1）t 时刻质点的总加速度的大小；

（2）t 为何值时，总加速度的大小为 b；

（3）当总加速度大小为 b 时，质点沿圆周运行了多少圈。

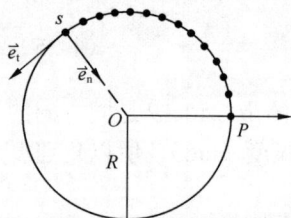

图 1-14 例 1-3

解：先作图 1-14，$t=0$ 时，质点位于 $s=0$ 的 P 点处。在 t 时刻，质点运动到位置 s 处。由题意

（1）t 时刻切向加速度、法向加速度及加速度大小

$$\begin{cases} a_\tau = \dfrac{\mathrm{d}v}{\mathrm{d}t} = \dfrac{\mathrm{d}^2 s}{\mathrm{d}t^2} = -b \\[2mm] a_n = \dfrac{v^2}{R} = \dfrac{(v_0 - bt)^2}{R} \end{cases}$$

得

$$a = \sqrt{a_\tau^2 + a_n^2} = \frac{\sqrt{(v_0 - bt)^4 + (bR)^2}}{R} = b$$

（2）令 $a=b$，即

$$a = \sqrt{\frac{(v_0 - bt)^4 + (bR)^2}{R}} = b$$

可得　　　　　　　　　　　　　　　$t = \upsilon_0 / b$

（3）当 $a=b$ 时，$t=\upsilon_0/b$，由此可求得质点历经的弧长为

$$s = \upsilon_0 t - bt^2/2 = \upsilon_0^2/2b$$

它与圆周长之比即为圈数

$$n = \frac{s}{2\pi R} = \frac{\upsilon_0^2}{4\pi Rb}$$

【例 1-4】　半径为 30cm 的飞轮从静止开始以 $0.5\text{rad}/\text{s}^2$ 的匀角加速度转动，试求飞轮边缘上一点在飞轮转过 240° 时的切向加速度和法向加速度的大小。

解：根据题意，由切向加速度与角加速度之间的关系可知

$$a_\text{t} = R\alpha = 0.15 \text{ m/s}^2$$

又由式（1-27）可解

$$\because \omega^2 = 2\alpha(\theta - \theta_0) \qquad \therefore a_\text{n} = R\omega^2 \approx 1.26 \text{ m/s}^2$$

1.4　相对运动　伽利略坐标变换

在低速的情况下，一辆汽车沿水平直线先后通过 A、B 两点，此时，在汽车里的人测得汽车通过此两点的时间为 Δt，在地面上的人测得汽车通过此两点的时间为 $\Delta t'$。显然，$\Delta t = \Delta t'$。即在两个做相对直线运动的参考系（汽车和地面）中，时间的测量是绝对的，与参考系无关。

同样，在汽车中的人测得 A、B 两点的距离，和在地面上的人测得 A、B 两点的距离也是完全相等的。也就是说，在两个做相对直线运动的参考系中，长度的测量也是绝对的，与参考系无关。**时间和长度的绝对性是经典力学的基础**。然而，在经典力学中，运动质点的位移、速度、运动轨迹等却与参考系的选择有关。例如，在无风的下雨天，在地面上的人看到雨滴的轨迹是竖直向下的，而在车中随车运动的人看到的雨滴的轨迹是沿斜线迎面而来。而且，车速越快，他看到的雨滴轨迹越倾斜。它们之间具有什么关系呢？本章将通过伽利略坐标变换重点讨论这方面的问题。

1.4.1　伽利略坐标变换式

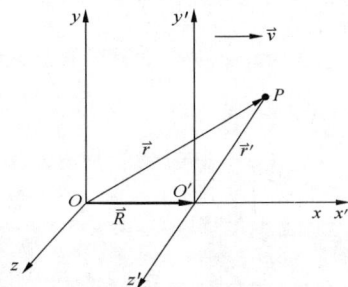

图 1-15　伽利略坐标变换

设有两个参考系，一个为 K 系，即 $Oxyz$ 坐标系；一个为 K' 系，即 $O'x'y'z'$ 坐标系，其中 x 轴和 x' 轴重合。它们相对做低速匀速直线运动，相对速度为 $\vec{v}$。取 K 系为基本坐标系，则 $\vec{v}$ 就是 K' 系相对于 K 系的速度。$t=0$ 时，坐标原点重合。对于同一个质点 A，任意时刻在两个坐标系中对应的位置矢量分别为 $\vec{r}$ 和 $\vec{r'}$，如图 1-15 所示。此时，K' 系原点相对 K 系原点的位矢为 $\vec{R}$。显然，从图 1-15 可以得出

$$\vec{r} = \vec{r'} + \vec{R}$$

上述过程所经历的时间，在 K 系中观测为 t，在 K' 系中观测为 t'。经典力学中，时间的测量是绝对的，因此有 $t = t'$。

于是，有

$$\left.\begin{array}{l} \vec{r'} = \vec{r} - \vec{R} = \vec{r} - \vec{v}t \\ t' = t \end{array}\right\} \tag{1-32}$$

或者写成

$$\left.\begin{array}{l} x' = x - vt \\ y' = y \\ z' = z \\ t' = t \end{array}\right\} \tag{1-33}$$

式（1-32）和式（1-33）叫做**伽利略坐标变换式**。

1.4.2 速度变换

仍以上述低速匀速直线运动为例。一些运动可以看作：质点既参与了 K 系的运动，又参与了 K' 系的运动，设其在两个坐标系中的速度分别为 $\vec{v}_K$ 和 $\vec{v}_{K'}$，由速度的定义式可知

$$\vec{v}_{K'} = \frac{\mathrm{d}\vec{r'}}{\mathrm{d}t'} = \frac{\mathrm{d}\vec{r'}}{\mathrm{d}t} = \frac{\mathrm{d}(\vec{r} - \vec{v}t)}{\mathrm{d}t} = \vec{v}_K - \vec{v}$$

即

$$\vec{v}_{K'} = \vec{v}_K - \vec{v} \tag{1-34}$$

或者写成

$$v_{K'x} = v_{Kx} - v$$
$$v_{K'y} = v_{Ky}$$
$$v_{K'z} = v_{Kz}$$

这就是经典力学中的**速度变换公式**。通常为了方便，常把质点 A 对于 K 系的速度 $\vec{v}_K$ 写成 $\vec{v}_{AK}$，称为**绝对速度**；把质点 A 相对于 K' 系的速度 $\vec{v}_{K'}$ 写成 $\vec{v}_{AK'}$，称为**相对速度**；而把 K' 系相对于 K 系的速度 $\vec{v}_K$ 写成 $\vec{v}_{K'K}$，称为**牵连速度**。注意脚标的顺序。这样，就可以写成便于记忆的形式

$$\vec{v}_{AK} = \vec{v}_{AK'} + \vec{v}_{K'K} \tag{1-35}$$

文字表述为：**质点相对于基本参考系的绝对速度，等于质点相对于运动参考系的相对速度与运动参考系相对于基本参考系的牵连速度之和。**

例如，在无风的下雨天，地面上的人观测雨滴的速度为 $\vec{v}_{雨地}$，而在车里面的人观测雨滴的速度为 $\vec{v}_{雨车}$，车相对于地面的速度为 $\vec{v}_{车地}$，则可写成

$$\vec{v}_{雨地} = \vec{v}_{雨车} + \vec{v}_{车地}$$

如图 1-16 所示。

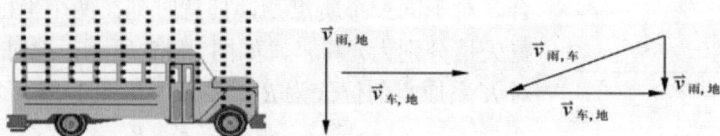

图 1-16 绝对速度、相对速度和牵连速度的关系

注意：低速运动的物体满足速度变换式，并且可通过实验证实；对于高速运动的物体，即速度接近光速的情况下，上述变换式失效。

1.4.3　加速度变换

设 K' 系相对于 K 系做匀加速直线运动，加速度 $\vec{a}_0$ 沿 x 方向，且 $t=0$ 时，$\vec{v}=\vec{v}_0$，则 K' 系相对于 K 系的速度 $\vec{v}=\vec{v}_0+\vec{a}_0 t$。于是，由式（1-35）对时间 t 求导，可得

$$\frac{\mathrm{d}\vec{v}_K}{\mathrm{d}t}=\frac{\mathrm{d}\vec{v}_{K'}}{\mathrm{d}t}+\frac{\mathrm{d}\vec{v}}{\mathrm{d}t}$$

即

$$\vec{a}_K=\vec{a}_{K'}+\vec{a}_0 \tag{1-36}$$

若两个参考系之间做相对匀速直线运动，则 $\vec{a}_0=0$，此时 $\vec{a}_K=\vec{a}_{K'}$，它表明：质点的加速度相对于做匀速运动的各个参考系来说是个绝对量。

【例 1-5】　某人骑摩托车向东前进，其速率为 10m/s 时觉得有南风，当其速率为 15m/s 时，又觉得有东南风，试求风的速度。

解： 取风为研究对象，骑车人和地面作为两个相对运动的参考系，如图 1-17 所示。

根据速度变换公式得到

$$\vec{v}=\vec{v}_{AK}=\vec{v}_{AK'}^{(1)}+\vec{v}_{KK'}^{(1)}$$

$$\vec{v}=\vec{v}_{AK}=\vec{v}_{AK'}^{(2)}+\vec{v}_{KK'}^{(2)}$$

括弧中 1、2 分别代表第 1 次和第 2 次时的值。

由图中的几何关系，知

$$v_x=v_{K'K}^{(1)}=10 \quad (\mathrm{m/s})$$

$$v_y=(v_{K'K}^{(2)}-v_{K'K}^{(1)})\tan 45°=15-10=5(\mathrm{m/s})$$

所以，风速的大小为

$$v=\sqrt{10^2+5^2}=11.2(\mathrm{m/s})$$

$$\alpha=\arctan\frac{5}{10}=26°\ 34'$$

所以风向为东偏北 26° 34'。

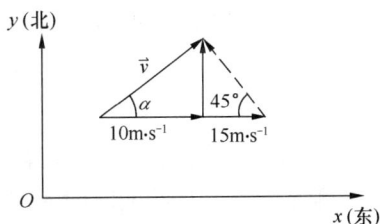

图 1-17　例 1-5

【例 1-6】　设河面宽 $l=1\mathrm{km}$，河水由北向南流动，流速 $v=2\mathrm{m/s}$，有一船相对于河水以 $v'=1.5\mathrm{m/s}$ 的速率从西岸驶向东岸。

（1）如果船头与正北方向成 $\alpha=15°$ 角，船到达对岸要花多少时间？到达对岸时，船在下游何处？

（2）如果要使船相对于岸走过的路程为最短，船头与河岸的夹角为多大？到达对岸时，船又在下游何处？要花多少时间？

解： 建立如图 1-18 所示的坐标系。

（1）船的速度分量为

$$v_x=v'\sin\alpha=v'\sin 15°$$

$$v_y=v'\cos\alpha-v=v'\cos 15°-v$$

船到达对岸要花的时间为

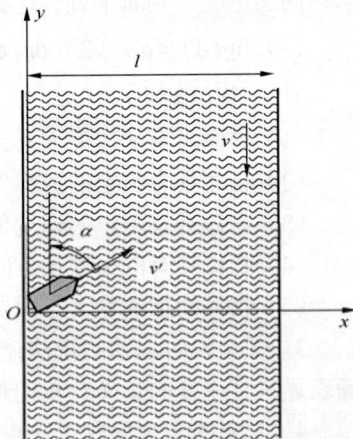

图 1-18　例 1-6

$$t = \frac{l}{v_x} = \frac{l}{v' \sin 15°} = \frac{1\,000}{1.5 \sin 15°} \approx 2.6 \times 10^3 \ （\text{s}）$$

船到达对岸时，在下游的坐标为

$$y = v_y t = (v' \cos 15° - v)t$$
$$= (1.5 \times \cos 15° - 2) \times 2.6 \times 10^3$$
$$= -1.4 \times 10^3 \ （\text{m}）$$

（2）船的速度分量为 $v_x = v' \sin \alpha$，$v_y = v' \cos \alpha - v$

船的运动方程为 $x = v_x t = v' \sin \alpha\, t$，$y = v_y t = (v' \cos \alpha - v)t$

船到达对岸时，$x = l$，$t = \dfrac{l}{v' \sin \alpha}$

所以，$y = (v' \cos \alpha - v)t = (v' \cos \alpha - v)\dfrac{l}{v' \sin \alpha} = l \cot \alpha - \dfrac{lv}{v' \sin \alpha}$

当 $\dfrac{dy}{d\alpha} = 0$ 时，y 取极小值。将上式对 α 求导，并令 $\dfrac{dy}{d\alpha} = 0$，求得

$$\cos \alpha = \frac{v'}{v} = \frac{1.5}{2} = 0.75$$

船头与河岸的夹角为 $\alpha = 41.4°$

船到达对岸要花的时间为

$$t = \frac{l}{v_x} = \frac{l}{v' \sin \alpha} = \frac{1000}{1.5 \times \sin 41.4°} \approx 1.0 \times 10^3 \ （\text{s}）$$

船到达对岸时，在下游的坐标为

$$y = v_y t = (v' \cos 41.4° - v)t$$
$$= (1.5 \times \cos 41.4° - 2) \times 1.0 \times 10^3 = -875 \ （\text{m}）$$

复 习 题

一、思考题

1. 质点做曲线运动，$\vec{r}$ 表示位置矢量，$\vec{v}$ 表示速度，$\vec{a}$ 表示加速度，S 表示路程，a_t 表示切向加速度，判断下列表达式的正误。

（1）$dv/dt = a$，（2）$dr/dt = v$，（3）$dS/dt = v$，（4）$\left| d\vec{v}/dt \right| = a_t$

2. 下列问题中：
（1）物体具有加速度而其速度为零，是否存在可能？
（2）物体具有恒定的速率但仍有变化的速度，是否存在可能？
（3）物体具有恒定的速度但仍有变化的速率，是否存在可能？
（4）物体具有沿 x 轴正方向的加速度而有沿 x 轴负方向的速度，是否存在可能？
（5）物体的加速度大小恒定而其速度的方向改变，是否存在可能？

3. 关于瞬时运动的说法："瞬时速度就是很短时间内的平均速度"是否正确？该如何正确表述瞬时速度的定义？我们是否能按照瞬时速度的定义通过实验测量瞬时速度？

4. 试判断下列问题说法正误。
（1）运动中物体的加速度越大，物体的速度也越大。

（2）物体在直线上运动前进时，如果物体向前的加速度减小了，物体前进的速度也就减小。

（3）物体加速度值很大，而物体速度值可以不变，是不可能的。

5. 设质点的运动方程为 $x = x(t),\ y = y(t)$，在计算质点的速度和加速度时，有人先求出 $r = \sqrt{x^2 + y^2}$，然后根据 $v = \dfrac{\mathrm{d}r}{\mathrm{d}t}$ 及 $a = \dfrac{\mathrm{d}^2 r}{\mathrm{d}t^2}$ 而求得结果；又有人先计算速度和加速度的分量，再合成求得结果，即

$$v = \sqrt{\left(\frac{\mathrm{d}x}{\mathrm{d}t}\right)^2 + \left(\frac{\mathrm{d}y}{\mathrm{d}t}\right)^2}\ \text{及}\ a = \sqrt{\left(\frac{\mathrm{d}^2 x}{\mathrm{d}t^2}\right)^2 + \left(\frac{\mathrm{d}^2 y}{\mathrm{d}t^2}\right)^2}$$

你认为两种方法哪一种正确？两者差别何在？

6. 在参考系一定的条件下，质点运动的初始条件的具体形式是否与计时起点和坐标系的选择有关？

7. 抛体运动的轨迹如图 1-19 所示，请于图中用矢量表示质点在 A、B、C、D、E 各点的速度和加速度。

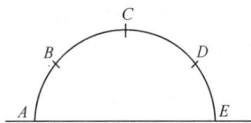

图 1-19 思考题 7

8. 圆周运动中质点的加速度方向是否一定和速度方向垂直？任意曲线运动的加速度方向是否一定不与速度方向垂直？

9. 在利用自然坐标研究曲线运动时，"v_t"、"v" 和 "$\bar{v}$" 3 个符号的含义有什么不同？

10. 试述伽利略坐标变换所包含的时空观有何特点？

11. 在以恒定速度运动的火车上竖直向上抛出一小物块，此物块能否落回人的手中？如果物块抛出后，火车以恒定加速度前进，结果又将如何？

二、习题

1. 以下 4 种运动，加速度保持不变的运动是（　　）。

（A）单摆的运动　　（B）圆周运动　　　　（C）抛体运动　　　　（D）匀速率曲线运动

2. 下面表述正确的是（　　）。

（A）质点做圆周运动，加速度一定与速度垂直

（B）物体做直线运动，法向加速度必为零

（C）轨道最弯处法向加速度最大

（D）某时刻的速率为零，切向加速度必为零

3. 下列情况不可能存在的是（　　）。

（A）速率增加，加速度大小减少　　　　（B）速率减少，加速度大小增加

（C）速率不变而有加速度　　　　　　　（D）速率增加而无加速度

（E）速率增加而法向加速度大小不变

4. 质点沿 Oxy 平面做曲线运动，其运动方程为：$x = 2t$，$y = 19 - 2t^2$，则质点位置矢量与速度矢量恰好垂直的时刻为（　　）。

（A）0s 和 3.16s　　（B）1.78s　　（C）1.78s 和 3s　　（D）0s 和 3s

5. 质点沿半径 $R = 1\text{m}$ 的圆周运动，某时刻角速度 $\omega = 1\text{rad/s}$，角加速度 $\alpha = 1\text{rad/s}^2$，则质点速度和加速度的大小为（　　）。

（A）1m/s，1m/s^2　　　　　　　　　　（B）1m/s，2m/s^2

（C）1m/s，$\sqrt{2}$m/s^2　　　　　　　　　（D）2m/s，$\sqrt{2}$m/s^2

6．质点的运动学方程为 $\vec{r}=(2-3t)\vec{i}+(4t-1)\vec{j}$，求质点轨迹并用图表示。

7．一质点的运动方程为：(1) $\vec{r}=(3+2t)\vec{i}+5\vec{j}$，(2) $\vec{r}(t)=\vec{i}+4t^2\vec{j}+t\vec{k}$，式中 r、t 分别以 m、s 为单位。试求：

（1）它的速度与加速度；

（2）它的轨迹方程。

8．一质点的运动方程为 $x=3t+5$，$y=0.5t^2+3t+4$（SI）。

（1）以 t 为变量，写出位矢的表达式；

（2）求质点在 $t=4s$ 时速度的大小和方向。

9．图 1-20 中 a、b 和 c 表示质点沿直线运动 3 种不同情况下的 x-t 图，试说明 3 种运动的特点（即速度，计时起点时质点的坐标，位于坐标原点的时刻）。

10．飞机着陆时为尽快停止采用降落伞制动。刚着陆时，$t=0$ 时速度为 v_0 且坐标为 $x=0$。假设其加速度为 $a_x=-bv_x^2$，b=常量，并将飞机看作质点，求此质点的运动学方程。

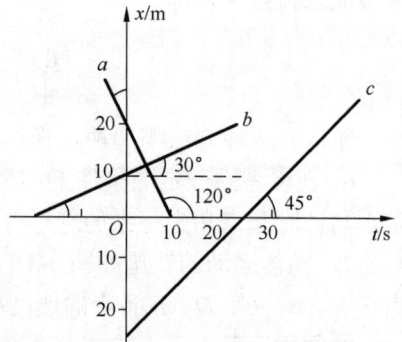

图 1-20 习题 9

11．一质点从静止开始做直线运动，开始时加速度为 a_0，此后加速度随时间均匀增加，经过时间 τ 后，加速度为 $2a_0$，经过时间 2τ 后，加速度为 $3a_0$，求经过时间 $n\tau$ 后，该质点的速度和走过的距离。

12．直线运动的高速列车减速进站。列车原行驶速度为 $v_0=180\,\text{km/h}$，其速度变化规律如图 1-21 所示。求列车行驶至 $x=1.5\text{km}$ 时加速度的大小。

13．路灯距地面的高度为 h，一个身高为 l 的人在路上匀速运动，速度为 v_0，如图 1-22 所示。求：（1）人影中头顶的移动速度；（2）影子长度增长的速率。

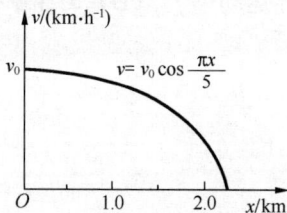

图 1-21 习题 12

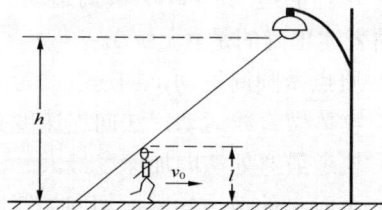

图 1-22 习题 13

14．*在离水面高度为 h 的岸边，有人用绳子拉船靠岸，船在离岸边 s 距离处，当人以速率 v_0 匀速收绳时，试求船的速率和加速度大小。

15．一质点自原点开始沿抛物线 $y=bx^2$ 运动，其在 Ox 轴上的分速度为一恒量，值为 $v_x=4.0\,\text{m/s}$，求质点位于 $x=2.0\,\text{m}$ 处的速度和加速度。

16．一质点在半径为 0.10m 的圆周上运动，其角位置为 $\theta=2.0\,\text{rad}+(4.0\,\text{rad}\cdot\text{s}^{-3})t^3$。求：

（1）在 $t=2.0s$ 时质点的法向加速度和切向加速度。

（2）当切向加速度的大小恰等于总加速度大小的一半时，θ 值为多少？

（3）t 为多少时，法向加速度和切向加速度的值相等？

17．一物体从静止开始，先以大小 α 的切向加速度运动一段时间后，紧接着就以大小 β 的切向加速度运动直至停止。若物体整个运动的时间为 t，证明物体运动的总路程为

$$s = \frac{\alpha\beta}{2(\alpha+\beta)}t^2$$

18．一人站在山脚下向山坡上扔石子，石子初速度为 v_0，与水平夹角为 θ（斜向上），山坡与水平面成 α 角，如图 1-23 所示。

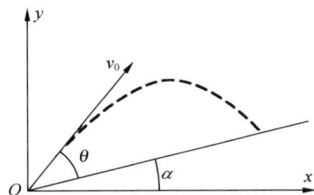

图 1-23　习题 18

（1）如不计空气阻力，求石子在山坡上的落地点对山脚的距离 s；

（2）如果 α 值与 v_0 值一定，θ 取何值时 s 最大，并求出最大值 s_{max}。

19．测量光速的方法之一是旋转齿轮法。一束光线通过轮边齿间空隙到达远处的镜面上，反射回来时刚好通过相邻的齿间空隙，如图 1-24 所示。设齿轮的半径是 5.0cm，轮边共有 500 个齿。当镜与齿之间的距离为 500m 时，测得光速为 3.0×10^5 km/s。试求：

（1）齿轮的角速度为多大？

（2）在齿轮边缘上一点的线速率是多少？

20．如图 1-25 所示，杆 AB 以匀角速度 ω 绕 A 点转动，并带动水平杆 OC 上的质点 M 运动。设起始时刻杆在竖直位置，$OA=h$。

（1）列出质点 M 沿水平杆 OC 的运动方程；

（2）求质点 M 沿杆 OC 滑动的速度和加速度的大小。

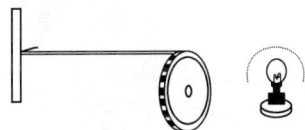

图 1-24　习题 19

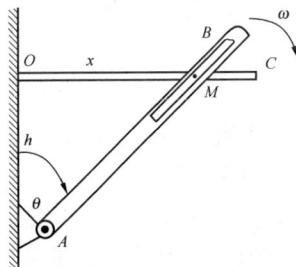

图 1-25　习题 20

21．设从某一点 O 以同样的速率，沿着同一竖直面内各个不同方向同时抛出几个物体。试证：在任意时刻，这几个物体总是散落在某个圆周上。

22．当一列火车以 36km/h 的速率向东行驶时，相对于地面匀速竖直下落雨滴，在列车的窗子上形成的雨迹与竖直方向成 30° 角。试求：

（1）雨滴相对于地面的水平分速有多大？相对于列车的水平分速有多大？

（2）雨滴相对于地面的速率如何？相对于列车的速率如何？

23．设有一架飞机从 A 处向东飞到 B 处，然后又向西飞回到 A 处，飞机相对空气的速率为 v'，而空气相对地面的速率为 u，A、B 间的距离为 l，飞机相对空气的速率 v' 保持不变。

（1）假定空气是静止的（即 $u=0$），试证飞机飞行来回的时间为 $t_0 = 2l/v'$；

（2）假定空气的速度向东，试证飞机飞行来回的时间为 $t_1 = t_0\left(1 - \dfrac{u^2}{v'^2}\right)^{-1}$；

（3）假定空气的速度向北，试证飞机飞行来回的时间为 $t_2 = t_0\left(1 - \dfrac{u^2}{v'^2}\right)^{-\frac{1}{2}}$。

第2章 牛顿运动定律

【学习目标】

- 熟练掌握牛顿运动定律的基本内容及适用条件。
- 熟练掌握用隔离体法分析物体的受力情况，能用微积分方法求解变力作用下的简单质点动力学问题。
- 理解常见力的种类及其各自的特点。
- 了解惯性系、非惯性系及惯性力的特点。

在上一章中，我们讨论了质点的运动学，本章我们将继续探讨关于运动的话题。通过牛顿三定律的介绍，研究物体的运动和运动物体间相互作用的联系，从而阐明物体运动状态发生变化的原因。本章属于动力学的范畴。

艾萨克·牛顿（Isaac Newton，1643.1.4～1727.3.31），如图 2-1 所示。牛顿是英国皇家学会会员，英格兰物理学家、数学家、天文学家、自然哲学家。他在 1687 年发表的论文《自然哲学的数学原理》里，对万有引力和三大运动定律进行了描述。这些描述奠定了此后三个世纪里物理世界的科学观点，并成为了现代工程学的基础。他通过论证开普勒行星运动定律与他的引力理论间的一致性，展示了地面物体与天体的运动都遵循着相同的自然定律；从而消除了对太阳中心说的最后一丝疑虑，并推动了科学革命。在力学上，牛顿阐

图 2-1 艾萨克·牛顿

明了动量和角动量守恒的原理。在光上，他发明了反射式望远镜，并基于对三棱镜将白光发散成可见光谱的观察，发展出了颜色的理论。他还系统地表述了冷却定律，并研究了音速。在数学上，牛顿与戈特弗里德·莱布尼茨分享了发展出微积分学的荣誉。他也证明了广义二项式定理，提出了"牛顿法"以趋近函数的零点，并为幂级数的研究做出了贡献。2005 年，皇家学会进行了一场"谁是科学史上最有影响力的人"的民意调查，在此调查中，牛顿被认为比阿尔伯特·爱因斯坦更具影响力。

2.1 牛顿运动定律

牛顿运动定律是经典物理大厦的支柱。研究牛顿定律，将有助于我们深刻地理解经典物理的思想，以便更好解决宏观物体的运动问题。

1867 年牛顿在《自然哲学的数学原理》中提出了三条运动定律，后被称为牛顿第一定律、牛顿第二定律和牛顿第三定律。

2.1.1　牛顿第一定律

古希腊哲学家亚里士多德（Aristotle，384B.C.～322B.C.）认为：必须有力作用在物体上，物体才能运动，没有力的作用，物体就要静止下来。这种看法深信"力是产生和维持物体运动的原因"。它跟人们日常生活中的一些错误观念相符合，使得不少人认为它是对的。直到 17 世纪，意大利科学家伽利略在一系列实验后指出：运动物体之所以会停下来，恰恰是因为它受到了某种外力的作用。如果没有外力的作用，物体将会以恒定的速度一直运动下去。勒奈·笛卡尔等人又在伽利略研究的基础上进行了更深入的研究，也得出结论：如果运动的物体，不受任何力的作用，不仅速度大小不变，而且运动方向也不会变，将沿原来的方向匀速运动下去。

牛顿总结了伽利略等人的研究成果，概括出一条重要的物理定律，称作牛顿第一定律：**任何物体都要保持其静止或者匀速直线运动状态，直到有外力迫使它改变运动状态为止。**

牛顿第一定律表明：一切物体都有保持其运动状态的性质，这种性质叫做**惯性**。因此，第一定律也叫**惯性定律**。惯性定律是经典物理学的基础之一。惯性定律可以对质点运动的某一分量成立。

牛顿第一定律还阐明，其他物体的作用才是改变物体运动状态的原因，这种"其他物体的作用"，我们称之为"力"。不可能有物体完全不受其他物体的力的作用，所以牛顿第一定律是理想化抽象思维的产物，不能简单地用实验加以验证。但是，从定律得出的一切推论，都经受住了实践的检验。

一切物体的运动只有相对于某个参考系才有意义，如果在某个参考系中观察，物体不受其他物体作用力时，能保持匀速直线运动或者静止状态，在此参考系中惯性定律成立，这个参考系就称之为**惯性参考系**，简称**惯性系**。

值得一提的是，并非任何参考系都是惯性系。相对惯性系静止或做匀速直线运动的参考系是惯性系，而相对惯性系做加速运动的参考系是非惯性系。参考系是否为惯性系，只能根据观察和实验的结果来判断。在力学中，通常把太阳参考系认为是惯性系；在一般精度范围内，地球和静止在地面上的任一物体可近似地看作惯性系。

牛顿曾经说过："我是站在巨人的肩膀上才成功的。"这句话中的"巨人"主要就是指伽利略。

2.1.2　牛顿第二定律

读者中学时都学过动量的概念，物体的质量 m 和其运动速度 $\vec{v}$ 的乘积叫做物体的动量，用符号"$\vec{p}$"表示。$\vec{p}$ 是矢量，其方向与速度的方向一致。

$$\vec{p} = m\vec{v} \tag{2-1}$$

牛顿第二定律的内容是：动量为 $\vec{p}$ 的物体，在合外力 $\vec{F}(=\sum \vec{F_i})$ 的作用下，其动量随时间的变化率应当等于作用于物体的合外力。其数学表达式为

$$\vec{F}(t) = \frac{\mathrm{d}\vec{p}(t)}{\mathrm{d}t} = \frac{\mathrm{d}(m\vec{v})}{\mathrm{d}t} \tag{2-2a}$$

物体运动的速度远小于光速时，物体的质量可以认为是常量，此时式（2-2a）可写成

$$\vec{F}(t) = m\frac{\mathrm{d}\vec{v}}{\mathrm{d}t} = m\vec{a} \tag{2-2b}$$

这就是我们中学时学的牛顿运动定律的形式，即：在受到外力作用时，物体所获得的加速度的大小与外力成正比，与物体的质量成反比。通常将式（2-2a）称为牛顿第二定律的微分形式。

在直角坐标系中，式（2-2b）可以沿着坐标轴分解，写成如下形式

$$\vec{F} = m\frac{\mathrm{d}v_x}{\mathrm{d}t}\vec{i} + m\frac{\mathrm{d}v_y}{\mathrm{d}t}\vec{j} + m\frac{\mathrm{d}v_z}{\mathrm{d}t}\vec{k}$$

即

$$\vec{F} = ma_x\vec{i} + ma_y\vec{j} + ma_z\vec{k} \tag{2-2c}$$

在各个方向上

$$F_x = ma_x, \quad F_y = ma_y, \quad F_z = ma_z$$

在自然坐标系下，式（2-2b）又可写成如下形式

$$\vec{F} = m\vec{a} = m(\vec{a}_t + \vec{a}_n) = m\frac{\mathrm{d}v}{\mathrm{d}t}\vec{e}_t + m\frac{v^2}{\rho}\vec{e}_n \tag{2-2d}$$

此时

$$F_t = m\frac{\mathrm{d}v}{\mathrm{d}t} = m\frac{\mathrm{d}s^2}{\mathrm{d}t^2}, \quad F_n = m\frac{v^2}{\rho}$$

式（2-2）是牛顿第二定律的数学表达式，或叫做牛顿力学的质点动力学方程。应当指出的是，在质点高速运动的情况下，质量 m 将不再是常量，而是依赖于速度 $\vec{v}$ 的物理量 $m(\vec{v})$ 了。

在应用牛顿第二定律时需要注意以下问题。

（1）瞬时关系。当物体（质量一定）所受外力发生突然变化时，作为由力决定的加速度的大小和方向也要同时发生突变；当合外力为零时，加速度同时为零，加速度与合外力保持一一对应关系。力和加速度同时产生、同时变化、同时消失。牛顿第二定律是一个瞬时对应的规律，表明了力的瞬间效应。

（2）矢量性。力和加速度都是矢量，物体加速度方向由物体所受合外力的方向决定。牛顿第二定律数学表达式 $\vec{F}(t) = m\vec{a}$ 中，等号不仅表示左右两边数值相等，也表示方向一致，即物体加速度方向与所受合外力方向相同。

（3）叠加性（或力的独立性原理）。什么方向的力只产生什么方向的加速度而与其他方向的受力及运动无关。当几个外力同时作用于物体时，其合力 $\vec{F}$ 所产生的加速度 $\vec{a}$ 与每个外力 $\vec{F}(i)$ 所产生的加速度的矢量和是一样的。

（4）适用范围。牛顿第二定律适用于惯性参考系、质点及低速平动的宏观物体。

（5）对于质量的理解。质量是惯性的量度。物体不受外力时保持运动状态不变；一定外力作用时，物体的质量越大，加速度越小，运动状态越难改变；物体的质量越小，加速度越大，运动状态越容易改变。因此，在这里质量又叫做惯性质量。

2.1.3　牛顿第三定律

牛顿第三定律又称作用力与反作用力定律。**两个物体之间的作用力 $\vec{F}$ 和反作用力 $\vec{F}'$**，

总是同时在同一条直线上，大小相等，方向相反，且分别作用在两个物体上。其数学表述为

$$\vec{F} = -\vec{F'} \qquad (2\text{-}3)$$

在运用牛顿第三定律时需要注意的是：这两个力总是成对出现、同时存在、同时消失、没有主次之分。当一个力为作用力时，另一个力即为反作用力，**这两个力一定属于同一性质的力**。例如，图 2-2 中悬挂木板和重物之间的作用力与反作用力均为拉力，而重物和地球之间的作用力与反作用力均为重力；分别作用在两个物体上，不能相互抵消。

牛顿第三定律反映了力的物质性，力是物体之间的相互作用，作用于物体，必然会同时反作用于物体。离开物体谈力是没有意义的。

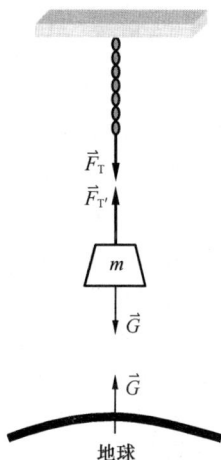

图 2-2　作用力与反作用力

2.2　几种常见的力

日常生活中，我们经常会接触到的力有万有引力、重力、弹性力、摩擦力等，下面简单加以介绍。

2.2.1　万有引力

在牛顿之前，有很多天文学家在对宇宙中的星星进行观察，并做了观察记录。到开普勒时，他对这些观测结果进行了分析总结，并结合自己的观测，得到开普勒三定律：

（1）行星都绕太阳做椭圆运行，太阳在所有椭圆的公共焦点上；

（2）行星的向径在相等的时间内扫过相等的面积；

（3）所有行星轨道半长轴的三次方跟公转周期的二次方的比值都相等。

为什么会这样呢？是什么让它们做加速度不为零的运动？

牛顿在总结了前人经验的基础上，1687 年在出版的《自然哲学的数学原理》论文中首次提出，任何物体之间都存在一种遵循同一规律的相互吸引力，这种相互吸引的力叫做**万有引力**。如果用 m_1、m_2 表示两个物体的质量，它们间的距离为 r，则此两个物体间的万有引力，方向是沿着它们之间的连线，其大小与它们质量的乘积成正比，与它们之间距离 r 的平方成反比。万有引力的数学表述为

$$F = G\frac{m_1 m_2}{r^2} \qquad (2\text{-}4a)$$

式中，G 为一普适常数，称为**万有引力常数**。m_1 和 m_2 分别是两个物体的**引力质量**，1798 年，英国物理学家卡文迪许利用著名的卡文迪许扭秤（即卡文迪许实验，其示意图如图 2-3 所示），较精确地测出了万有引力常数的数值，在一般计算中

$$G = 6.67 \times 10^{-11} \text{N} \cdot \text{m}^2 \cdot \text{kg}^{-2}$$

万有引力定律可写成矢量形式

$$\vec{F} = -G\frac{m_1 m_2}{r^3}\vec{r} \qquad (2\text{-}4b)$$

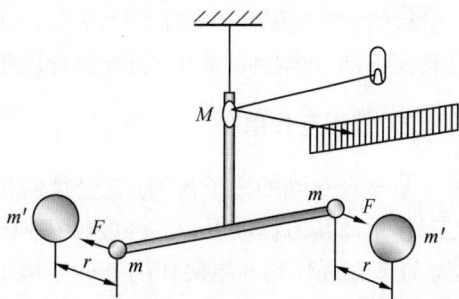

图 2-3　卡文迪许实验示意图

式中，负号表示 m_1 施于 m_2 的万有引力方向始终与 m_1 指向 m_2 的位矢 $\vec{r}$ 方向相反。

万有引力定律说明，每一个物体都吸引着其他物体，而两个物体间的引力大小，正比于它们的质量乘积，与两物体中心连线距离的平方成反比。牛顿为了证明只有球形体可以将"球的总质量集中到球的质心点"来代表整个球的万有引力作用的总效果而发展了微积分。

通常，两个物体之间的万有引力极其微小，我们察觉不到它，可以不予考虑。比如，两个质量都是 60kg 的人，相距 0.5m，他们之间的万有引力还不足百万分之一牛顿，而一只蚂蚁拖动细草梗的力竟是这个引力的 1 000 倍！但是，天体系统中，由于天体的质量很大，万有引力就起着决定性的作用。在天体中质量还算很小的地球，对其他的物体的万有引力已经具有巨大的影响，它把人类、大气和所有地面物体束缚在地球上，它使月球和人造地球卫星绕地球旋转而不离去。

牛顿利用万有引力定律不仅说明了行星运动规律，而且还指出，木星、土星的卫星围绕行星也有同样的运动规律。他认为月球除了受到地球的引力外，还受到太阳的引力，从而解释了月球运动中早已发现的二均差等。此外，他还解释了彗星的运动轨道和地球上的潮汐现象。根据万有引力定律，人们成功地预言并发现了海王星。万有引力定律出现后，人们才正式把研究天体的运动建立在力学理论的基础上，创立了天体力学。

牛顿推动了万有引力定律的发展，指出万有引力不仅仅是星体的特征，也是所有物体的特征。作为最重要的科学定律之一，万有引力定律及其数学公式已成为整个物理学的基石。

万有引力是迄今为止人类认识到的 4 种基本作用之一，其他 3 种分别是电磁相互作用、弱相互作用和强相互作用。

值得我们注意的是：上述我们提到的惯性质量和引力质量反映了物体的两种不同属性，实验表明它们在数值上成正比，与物体成分、结构无关，选用适当的单位（国际单位制）可用同一数值表征这两种质量。在我们后面的讨论中我们将不再区分引力质量和惯性质量。质量是物理学的基本物理量。

1. 电磁相互作用

电磁相互作用是带电物体或具有磁矩物体之间的相互作用，是一种长程力，力程为无穷。宏观的摩擦力、弹性力以及各种化学作用实质上都是电磁相互作用的表现。其强度仅次于强相互作用，居 4 种基本相互作用的第二位。电磁相互作用研究得最清楚，其规律总结在麦克斯韦方程组和洛伦兹力公式中，更为精确的理论是量子电动力学。量子电动力学是物理学的精确理论，按照量子电动力学，电磁相互作用是通过交换电磁场的量子（光子）而传递的，它能够很好地说明正反粒子的产生和湮没，电子、μ子的反常磁矩（见粒子磁矩）与兰姆移位等真空极化引起的细微电磁效应，理论计算与实验符合得非常好。电磁相互作用引起的粒子衰变称为电磁衰变。最早观察到的原子核的 γ 跃迁就是电磁衰变。电磁衰变粒子的平均寿命为 $10^{-16}\sim10^{-20}$s。

2. 弱相互作用

最早观察到的原子核的 β 衰变是弱相互作用（或称弱作用）现象。弱作用仅在微观尺度上起作用，其力程最短，其强度排在强相互作用和电磁相互作用之后居第三位。其对称性较差，许多在强作用和电磁作用下的守恒定律都遭到破坏（见对称性和守恒定律），如宇称守恒在弱作用下不成立。弱作用的理论是电弱统一理论，弱作用通过交换中间玻色子而传递。弱作用引起的粒子衰变称为弱衰变，弱衰变粒子的平均寿命大于 10^{-13}s。

3. 强相互作用

最早认识到的质子、中子间的核力属于强相互作用（或称强作用），是质子、中子结合成原子核的作用力，后来进一步认识到强子是由夸克组成的，强作用是夸克之间的相互作用力。强作用最强，也是一种短程力。其理论是量子色动力学，强作用是一种色相互作用，具有色荷的夸克所具有的相互作用，色荷通过交换 8 种胶子而相互作用，在能量不是非常高的情况下，强作用的媒介粒子是介子。强作用具有最强的对称性，遵从的守恒定律最多。强作用引起的粒子衰变称为强衰变，强衰变粒子的平均寿命最短，为 $10^{-20} \sim 10^{-24}$s，强衰变粒子称为不稳定粒子或共振态。

长期以来，无数科学家为了寻求这 4 种基本作用之间的联系而努力着，20 世纪 60 年代，温伯格（S·Weinberg）、萨拉姆（A·Salam）、格拉肖（S·L·Glashow）发展了弱相互作用和电磁相互作用相统一的理论，并在 20 世纪 70 年代和 80 年代初得到了实验证明。为此，他们三人于 1979 年共获诺贝尔物理学奖。鲁比亚（C·Rubbia）、范德米尔（Vander Meer）实验证明了电弱相互作用，于 1984 年获诺贝尔奖。人们期待有朝一日，能够形成这几种基本相互作用的"大统一"。表 2-1 所示为 4 种相互作用的比较。

表 2-1   **4 种相互作用的力程和强度的比较**

种 类	相互作用粒子	力 的 强 度	力程/m
引力作用	所有粒子、质点	∞	10^{-39}
电磁作用	带电粒子	∞	10^{-3}
弱相互作用	强子等大多数粒子	10^{-18}	10^{-12}
强相互作用	核子、介子等强子	10^{-15}	10^{-1}

注：表中强度是以两质子间相距为 10^{-15}m 时的相互作用强度为 1 给出的。

2.2.2 重力

地球表面附近的物体都受到地球的吸引力，这种由于地球吸引而使物体受到的力叫做**重力**。

一般情况下，常把重力近似看作等于地球附近物体受到地球的万有引力。但实际上，重力是万有引力的一个分力。因为我们在地球上与地球一起运动，这个运动可以近似看成匀速圆周运动。我们做匀速圆周运动需要向心力，在地球上，这个力由万有引力的一个指向地轴的分力提供，而万有引力的另一个分力就是我们平时所说的重力。在精度要求不高的情况下，可以近似地认为重力等于地球的引力。

在重力 G 的作用下，物体具有的加速度 g 叫做重力加速度，大小满足 $G = mg$ 的关系。重力是矢量，它的方向总是竖直向下的。重力的作用点在物体的重心上。有密度较大的矿石附近地区，物体的重力和周围环境相比会出现异常，因此利用重力的差异可以探矿，这种方法叫重力探矿法。

2.2.3 弹性力

弹性力是由于物体发生形变所产生的。物体在力的作用下发生的形状或体积改变，这种改变叫做形变。两个相互接触并产生形变的物体企图恢复原状而彼此互施作用力，这种力叫

弹性力，简称**弹力**。

弹力产生在由于直接接触而发生弹性形变的物体间。所以，弹性力的产生是以物体的互相接触以及形变为先决条件的，弹力的方向始终与使物体发生形变的外力方向相反。

当物体受到的弹力停止作用后，能够恢复原状的形变叫做**弹性形变**。但如果形变过大，超过一定限度，物体的形状将不能完全恢复，这个限度叫做弹性限度。物体因形变而导致形状不能完全恢复，这种形变叫做**塑性形变**，也称范性形变。

比较常见的弹力有：两个物体通过一定面积相互挤压产生的正压力或者支持力；绳索被拉伸时对物体产生的拉力；弹簧被拉伸或者压缩时产生的弹力等。

2.2.4 摩擦力

假如地球上没有摩擦力，将会变成什么样子呢？假如没有摩擦力，我们就不能走路了。因为既站不稳，也无法行走；汽车还没发动就打滑，要么就是车子开起来就停不下来了。假如没有摩擦力，我们无法拿起任何东西，因为我们拿东西靠的就是摩擦力。假如没有摩擦力，螺钉就不能旋紧，钉在墙上的钉子就会自动松开而落下来。家里的桌子、椅子都要散开来，并且会在地上滑来滑去，根本无法使用。假如没有摩擦力，我们就再也不能够欣赏美妙的用小提琴演奏的音乐等，因为弓和弦的摩擦产生振动才发出了声音。

摩擦力是两个相互接触的物体在沿接触面相对运动时，或者有相对运动趋势时，在它们的接触面间所产生的一对阻碍相对运动或相对运动趋势的力。

若两相互接触、而又相对静止的物体，在外力作用下只具有相对滑动趋势，而又未发生相对滑动，它们接触面之间出现的阻碍发生相对滑动的力，叫做**静摩擦力**。例如，将一物体放于粗糙水平面上，其受到一水平方向的拉力 F 的作用。若 F 较小，则物体不能发生滑动。因此，静摩擦力的存在，阻碍了物体的相对滑动。此时静摩擦力的大小和外力 F 的大小相等，方向相反，即：静摩擦力与物体相对于水平面的运动趋势的方向相反。随着外力 F 的增大，静摩擦力将逐渐增大，直到增加到一个临界值。当外力超过这个临界值时，物体将发生滑动，这个临界值叫做最大静摩擦力 f_s。实验表明，最大静摩擦力的值与物体的正压力 N 成正比，即

$$f_s = \mu_s N \tag{2-5a}$$

式中，μ_s 叫做静摩擦系数，它与两物体的材质以及接触面的情况有关，而与接触面的大小无关。

当物体开始滑动时，受到的摩擦力叫做**滑动摩擦力** f_k。实验表明滑动摩擦力的值也与物体的正压力 N 成正比，有

$$f_k = \mu_k N \tag{2-5b}$$

式中，μ_k 叫做滑动摩擦系数，它与两接触物体的材质、接触面的情况、温度和干湿度都有关，通常滑动摩擦系数也可以写作 μ。对于给定的接触面，$\mu < \mu_s$，两者都小于 1。在一般不需要精确计算的情况下，可以近似认为它们是相等的，即 $\mu = \mu_s$。

摩擦力也有其有害的一方面，例如，机器的运动部分之间都存在摩擦，对机器有害又浪费能量，使额外功增加。因此，必须设法减少这方面的摩擦。通常是在产生有害摩擦的部位涂抹润滑油、变滑动摩擦为滚动摩擦等。总之，我们要想办法增大有益摩擦，减小有害摩擦。

2.3　牛顿定律应用举例

作为牛顿力学的重要组成部分，牛顿定律在低速情况下问题的分析中起着重要的作用，日常实践和工程上经常会涉及应用牛顿定律来解决问题。本节将通过例题来讲述应用牛顿定律解题的方法。需要注意的是，牛顿三定律是一个整体，不能厚此薄彼。只注重应用牛顿第二定律，而把第一和第三定律忽略的思想是错误的。

通常的力学问题有两类：一类是已知物体的受力，通过物体受力分析物体的运动状态；另一类则是已知物体的运动状态，从而求得物体上所受的力。在不作特殊说明的情况下，物体所受的重力是必有的，而其他的力则需要根据具体问题具体分析。

运用牛顿定律解题的步骤一般是先确定研究对象，然后使用**隔离体法**分析该研究对象的受力，作出受力图，通过分析物体的运动情况，判断加速度，并建立合适的坐标系，根据牛顿第二定律求解，具体问题需要具体分析讨论。

【例 2-1】　阿特伍德机[1]。

如图 2-4 所示，设有一质量可以忽略的滑轮，滑轮两侧通过轻绳分别悬挂着质量分别为 m_1 和 m_2 的重物 A 和 B，已知 $m_1 > m_2$。现将把此滑轮系统悬挂于电梯天花板上，求：当电梯（1）匀速上升时，（2）以加速度 a 匀加速上升时，求绳中的张力和两物体相对与电梯的加速度 a_r。

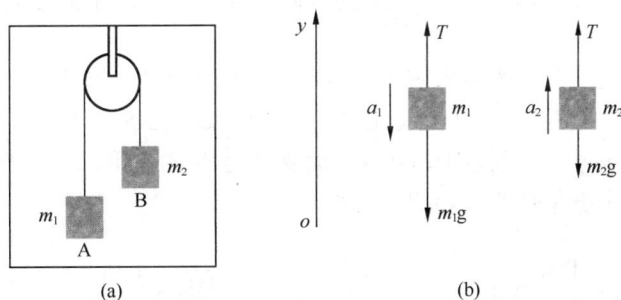

图 2-4　例 2-1

解：如图 2-4（a）取地面为参考系，使用隔离体法分别对 A、B 两物体分析受力，从图 2-4（b）可以看出，此时两物体均受到两个力的作用，即受到向下的重力和向上的拉力。由于滑轮质量不计，故两物体所受到的向上的拉力应相等，等于轻绳的张力。

因物体只在竖直方向运动，故可建立坐标系 Oy，取向上为正方向。

（1）当电梯匀速上升时，物体对电梯的加速度等于它们对地面的加速度。A 的加速度为负，B 的加速度为正，根据牛顿第二定律，对 A 和 B 分别得到

$$T - m_1 g = -m_1 a_r$$

$$T - m_2 g = m_2 a_r$$

将上两式联立，可得两物体的加速度

$$a_r = \frac{m_1 - m_2}{m_1 + m_2} g$$

---

[1] 阿特伍德机：英国数学家、物理学家阿特伍德（George Atwood，1746~1807 年）于 1784 年所制的一种测定重力加速度及阐明运动定律的器械。其基本结构为在跨过定滑轮的轻绳两端悬挂两个质量相等的物块，当在一物块上附加另一小物块时，该物块即由静止开始加速滑落，经一段距离后附加物块自动脱离，系统匀速运动，测得此运动速度即可求的重力加速度。

以及轻绳的张力

$$T = \frac{2m_1 m_2}{m_1 + m_2} g$$

（2）电梯以加速度 a 上升时，A 对地的加速度 $a - a_r$，B 的对地的加速度为 $a + a_r$，根据牛顿第二定律，对 A 和 B 分别得到

$$T - m_1 g = m_1 (a - a_r)$$
$$T - m_2 g = m_2 (a + a_r)$$

将上两式联立，可得

$$a_r = \frac{m_1 - m_2}{m_1 + m_2} (a + g)$$

$$T = \frac{2m_1 m_2}{m_1 + m_2} (a + g)$$

$a = 0$ 时即为电梯匀速上升时的状态。

思考：若电梯匀加速下降时，上述问题的解又为何值？请读者自证。

【例 2-2】 将质量为 10kg 的小球用轻绳挂在倾角 $\alpha = 30°$ 的光滑斜面上，如图 2-5（a）所示。

（1）当斜面以加速度 g/3 沿如图所示的方向运动时，求绳中的张力及小球对斜面的正压力。

（2）当斜面的加速度至少为多大时，小球对斜面的正压力为零？

解：（1）取地面为参考系，对小球进行受力分析，如图 2-5（b）所示，设小球质量是 m，则小球受到自身重力 mg、轻绳拉力 T 以及斜面支持力 N 的作用，斜面的支持力大小等于小球对斜面的正压力，根据牛顿第二定律，可得

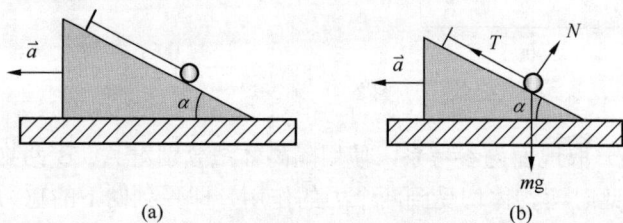

图 2-5 例 2-2

水平方向

$$T \cos\alpha - N \sin\alpha = ma \qquad ①$$

竖直方向

$$T \sin\alpha + N \cos\alpha - mg = 0 \qquad ②$$

①、②两式联立，可得

$$T = mg \sin\alpha + ma \cos\alpha$$

即

$$T = mg \sin\alpha + \frac{1}{3} mg \cos\alpha$$

代入数值，得

$$T = 77.3\,\text{N}$$

同理

$$N = mg\cos\alpha - ma\sin\alpha = 68.4\,\text{N}$$

（2）当对斜面的正压力 $N=0$ 时，①、②两式可写成

$$T\cos\alpha = ma$$

$$T\sin\alpha - mg = 0$$

将两式联立，可得

$$a = \frac{g}{\tan\alpha} = 17\,\text{m/s}^2$$

【例 2-3】 圆锥摆问题[1]。

如图 2-6 所示，一重物 m 用轻绳悬起，绳的另一端系在天花板上，绳长 $l = 0.5\,\text{m}$，重物经推动后，在一水平面内做匀速率圆周运动，转速 $n = 1\,\text{r/s}$，求这时绳和竖直方向所成的角度。

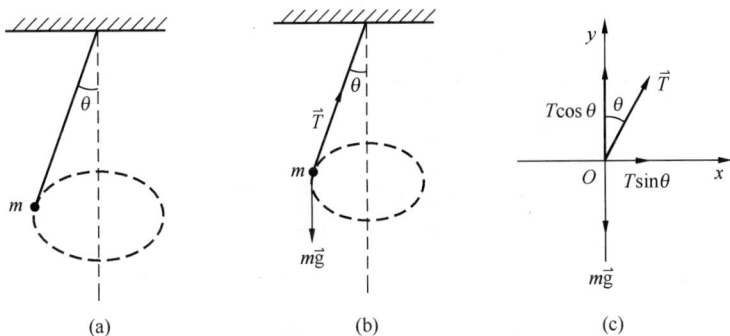

图 2-6 例 2-3

解：以重物 m 为研究对象，对其进行受力分析，小球受到自身重力和绳的拉力 T 的作用，如图 2-6（b）所示，由于小球在水平面内做匀速圆周运动，故其加速度为向心加速度，方向指向圆心，向心力由拉力的水平分力提供。在竖直方向上，重物受力平衡。

所以，建立坐标如图 2-6（c）所示，根据牛顿第二定律，列方程

x 方向

$$T\sin\theta = m\omega^2 r = m\omega^2 l\sin\theta$$

y 方向

$$T\cos\theta = mg$$

由转速可求得角速度

$$\omega = 2\pi n$$

所以，拉力可求

$$T = m\omega^2 l = 4\pi^2 n^2 ml$$

此时，绳和竖直方向所成的角度可由其余弦求得

$$\cos\theta = \frac{g}{4\pi^2 n^2 l} = \frac{9.8}{4\pi^2 \times 0.5} = 0.497$$

---

[1] 在长为 L 的细绳下端拴一个质量为 m 的小物体，绳子上端固定，设法使小物体在水平圆周上以大小恒定的速度旋转，细绳就掠过圆锥表面，这就是圆锥摆。

可知

$$\theta = 60° \; 13'$$

可以看出，物体的转速 n 愈大，θ 也愈大，而与重物的质量 m 无关。

【例2-4】 如图2-7（a）一条均匀的金属链条，质量为 m，挂在一个光滑的钉子上，一边长度为 a，另一边长度为 b，且 $a>b$，试证链条从静止开始到滑离钉子所花的时间为

$$t = \sqrt{\frac{a+b}{2g}} \ln \frac{\sqrt{a}+\sqrt{b}}{\sqrt{a}-\sqrt{b}}$$

证：设某一时刻，链条一端长度为 x，则另外一端长度为 $a+b-x$，如图2-7（b）所示，链条左右两段可以看作两部分，由于链条是均匀的，故每一部分质量都可以看作集中在其中心上，每一部分均受到自身重力和向上的拉力 T 作用，取向上为正方向，两部分分别应用牛顿运动定律。

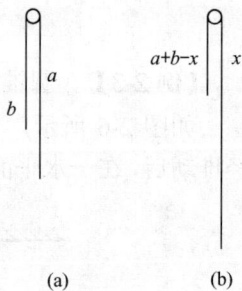

图2-7 例2-4

左部分

$$T - \frac{m}{a+b}(a+b-x)g = \frac{m}{a+b}(a+b-x)\frac{dv}{dt}$$

右部分

$$T - \frac{m}{a+b}xg = -\frac{m}{a+b}x\frac{dv}{dt}$$

两式相减得，得

$$\frac{m}{a+b}(2x-a-b)g = m\frac{dv}{dt}$$

两边乘 dx

$$\frac{m}{a+b}(2x-a-b)g dx = m\frac{dx}{dt}dv$$

由于 $\frac{dx}{dt} = v$，所以上式可化简得

$$\frac{1}{a+b}(2x-a-b)g dx = v dv$$

两边积分

$$\int_a^x \frac{1}{a+b}(2x-a-b)g dx = \int_0^v v dv$$

得

$$v = \sqrt{\frac{2g}{a+b}(x-a)(x-b)}$$

由 $v = \frac{dx}{dt}$ 得 $dt = \frac{dx}{v}$，积分得

$$t = \int_0^t dt = \int_a^{a+b} \frac{dx}{v} = \int_a^{a+b} \frac{dx}{\sqrt{\frac{2g}{a+b}(x-a)(x-b)}} = \sqrt{\frac{a+b}{2g}} \ln \frac{\sqrt{a}+\sqrt{b}}{\sqrt{a}-\sqrt{b}}$$

证毕。

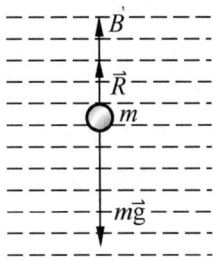

图 2-8　例 2-5

【例 2-5】　试计算一小球在水中竖直沉降的速度。已知某小球的质量为 m，水对小球的浮力为 B，水对小球的粘滞力为 $f = -Kv$，式中 K 是和水的粘性、小球的半径有关的一个常量。

解：如图 2-8 所示，以小球为研究对象，分析受力：小球共受到 3 个力的作用，自身重力，水的浮力以及水对小球的粘滞力。这 3 个力均作用在竖直方向上，其中重力的方向为竖直向下，其他两个力的方向为竖直向上。因此，可以以向下为正方向，根据牛顿第二定律，列出小球运动方程

$$mg - B - f = ma$$

小球的加速度

$$a = \frac{\mathrm{d}v}{\mathrm{d}t} = g - \frac{B + Kv}{m}$$

当 $t = 0$ 时，小球的初速为 0，此时加速度为最大

$$a_{\max} = g - \frac{B}{m}$$

当速度 v 逐渐增加时，其加速度逐渐减小，令

$$v_{\mathrm{T}} = \frac{mg - B}{K}$$

则运动方程变为

$$\frac{\mathrm{d}v}{\mathrm{d}t} = \frac{K(v_{\mathrm{T}} - v)}{m}$$

分离变量后积分，得

$$\int_0^v \frac{\mathrm{d}v}{v_{\mathrm{T}} - v} = \int_0^t \frac{K}{m} \mathrm{d}t$$

$$\ln \frac{v_{\mathrm{T}}}{v_{\mathrm{T}} - v} = \frac{K}{m}t$$

即

$$v = v_{\mathrm{T}}(1 - \mathrm{e}^{-\frac{K}{m}t})$$

上式即为小球沉降速度 v 和时间 t 的关系式。可知，当 $t \to \infty$ 时，$v = v_{\mathrm{T}}$，即物体在气体或液体中的沉降都存在**极限速度**，它是物体沉降所能达到的最大速度，如图 2-9 所示。

而当 $t = m/K$ 时，$v = v_{\mathrm{T}}(1 - \mathrm{e}^{-1}) = 0.632v_{\mathrm{T}}$。只要当 $t \gg m/K$ 时，我们就可以认为小球以极限速度匀速下沉。

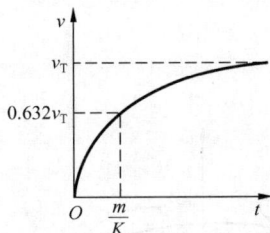

图 2-9　沉降速度和时间的关系曲线

2.4　*非惯性系　惯性力

我们知道，一切物体的运动是绝对的，但是描述物体的运动只有相对于参考系才有意义。

如果在某个参考系中观察，物体不受其他物体作用力时，保持匀速直线运动或者静止状态，那么这个参考系就是惯性系。相对于惯性系做匀速直线运动或者静止的参考系也是惯性系。而如果某个参考系相对于惯性系做加速运动，则这个参考系就称为**非惯性系**。换言之，由于一般精度内可以选择地面为惯性系，那么凡是对地面参考系做加速运动的物体，都是非惯性系。由于牛顿定律只适应于惯性系，因此，在应用牛顿定律时，参考系的选择就不再是任意的了，因为在非惯性系中，牛顿定律就不再成立了。下面举例说明一下。

例如，一列火车，其光滑地板上放置一物体，质量为 m，如图 2-10 所示。当车相对于地面静止或匀速向前运动时，坐在车里以车为参考系的人，和站在地面上以地面为参考系的人对车上的物体观测的结果是一致的。

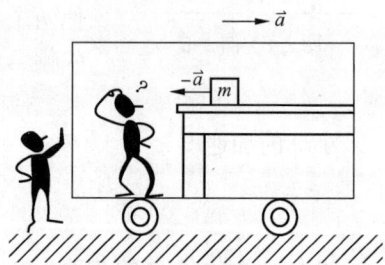

图 2-10　惯性力

但是，当车以加速度 $\vec{a}$ 向前突然加速时，在车里的人以车为参考系，会发现车上的物体突然以加速度 $-\vec{a}$ 向车加速的相反方向运动起来，即有了一个向后的加速度，车厢的地板越光滑，效果越明显。但此时物体所受到水平方向的合外力为零，显然这是违反牛顿定律的。而在车下的以地面为参考系的人看来，当车相对于地面做加速运动时，火车里的物体由于水平方向不受力，所以仍要保持其原来的静止状态。可以看出，地面是惯性系，在这里牛顿定律是成立的，而相对地面做加速运动的火车则是非惯性系，牛顿定律不成立。也就是说，在不同参考系上观察物体的运动，观察的结果会截然不同。

在实际生活和工程计算中，我们会遇到很多非惯性系中的力学问题。在这类问题中，人们引入了惯性力的概念，以便仍可方便地运用牛顿定律来解决问题。

惯性力是一个虚拟的力，它是在非惯性系中来自参考系本身加速效应的力。惯性力找不到施力物体，它是一个虚拟的力。其大小等于物体的质量 m 乘以非惯性系的加速度的大小 a，但是方向和 $\vec{a}$ 的方向相反。用 $\vec{F}_i$ 表示惯性力，则

$$\vec{F}_i = -m\vec{a} \tag{2-6}$$

这样，在上述例子中，可以认为有一个大小为 $-m\vec{a}$ 的惯性力作用在物体上面，这样，就不难在火车这个非惯性系中用牛顿定律来解释这个现象了。

一般来说，作用在物体上的力若既包含真实力 $\vec{F}$，又包含惯性力 $\vec{F}_i$，则以非惯性系为参考系，对物体受力应用牛顿第二定律

$$\vec{F} + \vec{F}_i = m\vec{a}' \tag{2-7a}$$

或

$$\vec{F} - m\vec{a} = m\vec{a}' \tag{2-7b}$$

式中 $\vec{a}$ 是非惯性系相对于惯性系的加速度，$\vec{a}'$ 是物体相对于非惯性系的加速度。

再例如，如图 2-11 所示，在水平面上放置一圆盘，用轻弹簧将一质量为 m 的小球与圆盘的中心相连。圆盘相对于地面做匀速圆周运动，角速度为 ω。另外，有两个观察者，一个位于地面上，以地面（惯性系）为参考系；另一个位于圆盘上，与圆盘相对静止并随圆盘一起转动，以圆盘（非惯性

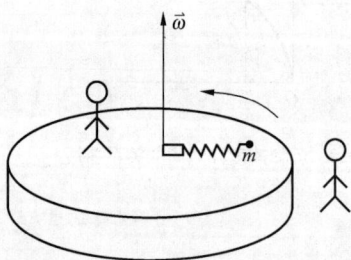

图 2-11　惯性离心力

系）为参考系。圆盘转动时，地面上的观察者发现弹簧拉长，小球受到弹簧的拉力作用，显然，此拉力为向心力，大小为 $F = ml\omega^2$。小球在向心力的作用下，做匀速率圆周运动。用牛顿定律的观点来看是很好理解的。

同时，在圆盘上的观察者看来，弹簧拉长了，即有向心力 $\vec{F}$ 作用在小球上，但小球却相对于圆盘保持静止。于是，圆盘上的观察者认为小球必受到一个惯性力的作用，这个惯性力的大小和向心力相等，方向与之相反。这样就可以用牛顿定律解释小球保持平衡这一现象了。这里，这个惯性力我们称之为**惯性离心力**。

【例 2-6】 如图 2-12 所示，质量为 m 的人站在升降机内的一磅秤上，当升降机以加速度 a 向上匀加速上升时，求磅秤的示数。试用惯性力的方法求解。

解：磅秤的示数的大小即为人对升降机地板的压力的大小。取升降机这个非惯性系为参考系，可知，当升降机相对于地面以加速度 $\vec{a}$ 上升时，与之对应的惯性力为 $\vec{F_i} = -m\vec{a}$。在这个非惯性系中，人除了受到自身重力 mg、磅秤对他的支持力 N，还受到一个惯性力 F_i 的作用。由于此人相对电梯静止，所以以上 3 个力为平衡力。

$$N - mg - F_i = 0$$

即

$$N = mg + F_i = m(g + a)$$

由此可见，此时磅秤上的示数并不等于人自身重力。当加速上升时，$N > mg$，此时称之为"超重"；当加速下降时，$N < mg$，称之为"失重"。当升降机自由降落时，人对地板的压力减为 0，此时人处于完全失重状态。

人造地球卫星、宇宙飞船、航天飞机等航天器进入太空轨道后，可以认为是绕地球做圆周运动。其加速度为向心加速度，大小等于卫星所在高度处重力加速度的大小。这与在以重力加速度下降的升降机中发生的情况类似，航天器中的人和物都处于完全失重状态，如图 2-13 所示。

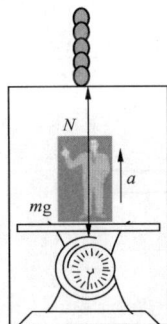

图 2-12 例 2-6

图 2-13 太空失重

复 习 题

一、思考题

1. 牛顿运动定律适用的范围是什么？对于宏观物体，牛顿定律在什么情况下适用，什么情况下不适用？对于微观粒子，牛顿运动定律适用吗？

2．回答下列问题。

（1）物体所受合外力方向与其运动方向一定一致吗？

（2）物体速度很大时，其所受合外力是否也很大？

（3）物体运动速率不变时，其所受合外力一定为零吗？

3．如图 2-14 所示，质点从竖直放置的圆周顶端 A 处分别沿不同长度的弦 AB 和 AC（$AC<AB$）由静止下滑，不计摩擦阻力。质点下滑到底部所需的时间分别为 t_B 和 t_C，则 t_B 和 t_C 之间大小关系如何？

4．绳子一端握在手中，另一端系一重物，使之在竖直方向内做匀速圆周运动，问绳子的张力在什么位置最大，什么位置最小？并说明原因。

5．质量为 m 的物体在摩擦系数为 μ 的平面上做匀速直线运动，问当力与水平面成 θ 角多大时最省力？

6．弹簧秤下端系有一金属小球，当小球分别为竖直状态和在一水平面内做匀速圆周运动时，弹簧秤的读数是否相同？并说明原因。

7．利用一挂在车顶的摆长为 l 的单摆和附在下端的米尺（如图 2-15 所示），怎样测出车厢的加速度（单摆的偏角很小）？

二、习题

1．关于速度和加速度之间的关系，下列说法中正确的是（   ）。

（A）物体的加速度逐渐减小，而它的速度却可能增加

（B）物体的加速度逐渐增加，而它的速度只能减小

（C）加速度的方向保持不变，速度的方向也一定保持不变

（D）只要物体有加速度，其速度大小就一定改变

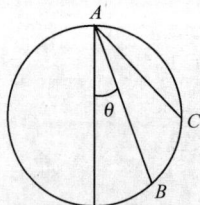

图 2-14　思考题 3

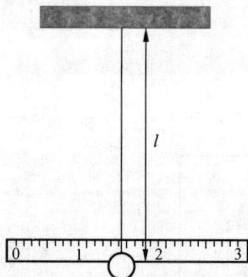

图 2-15　思考题 7

2．静止在光滑水平面上的物体受到一个水平拉力 F 作用后开始运动。F 随时间 t 变化的规律如图 2-16 所示，则下列说法中正确的是（   ）。

（A）物体在前 2s 内的位移为零

（B）第 1s 末物体的速度方向发生改变

（C）物体将做往复运动

（D）物体将一直朝同一个方向运动

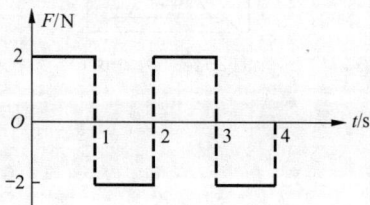

图 2-16　习题 2

3．质量分别为 m 和 M 的滑块 A 和 B，叠放在光滑水平桌面上。A、B 间静摩擦系数为 μ_s，滑动摩擦系数为 μ_k，系统原处于静止。今有一水平力作用于 A 上，要使 A、B 不发生相对滑

动，则应有（　　）。

（A）$F \leqslant \mu_s mg$ 　　　　　　　　　（B）$F \leqslant \mu_s (l + m/M) mg$

（C）$F \leqslant \mu_s (m + M) mg$ 　　　　　（D）$F \leqslant \mu_k \dfrac{M + m}{M} mg$

4. 升降机内地板上放有物体 A，其上再放另一物体 B，两者的质量分别为 M_A、M_B。当升降机以加速度 a 向下加速运动时（$a<g$），物体 A 对升降机地板的压力在数值上等于（　　）。

（A）$M_A g$ 　　　　　　　　　　　　（B）$(M_A+M_B)g$

（C）$(M_A+M_B)(g+a)$ 　　　　　　（D）$(M_A+M_B)(g-a)$

5. 一个长方形板被锯成如图 2-17 所示的 A、B、C3 块，放在光滑水平面上。A、B 的质量为 1kg，C 的质量为 2kg。现在以 10N 的水平 F 沿 C 板的对称轴方向推 C，使 A、B、C 保持相对静止沿 F 方向移动在此过程中，C 对 A 的摩擦力大小是（　　）。

（A）10N 　　　　（B）2.17N 　　　　（C）2.5N 　　　　（D）1.25N

6. 物体 A 和皮带保持相对静止一起向右运动，其速度图线如图 2-18 所示。

（1）若已知在物体 A 开始运动的最初 2s 内，作用在 A 上的静摩擦力大小是 4N，求 A 的质量；

（2）开始运动后第 3s 内，作用在 A 上的静摩擦力大小为多少？

（3）在开始运动后的第 5s 内，作用在物体 A 上的静摩擦力的大小为多少？方向如何？

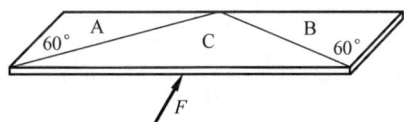

图 2-17　习题 5

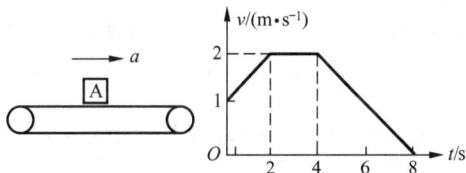

图 2-18　习题 6

7. 如图 2-19 所示，图中 A 为定滑轮，B 为动滑轮，3 个物体 $m_1=200g$，$m_2=100g$，$m_3=50g$，滑轮及绳的质量以及摩擦均忽略不计。求：

（1）每个物体的加速度；

（2）两根绳子的张力 T_1 与 T_2。

8. 摩托快艇以速率 v_0 行驶，它受到的摩擦阻力与速率平方成正比，可表示为 $F=-kv^2$（k 为正常数）。设摩托快艇的质量为 m，当摩托快艇发动机关闭后：

（1）求速率 v 随时间 t 的变化规律；

（2）求路程 x 随时间 t 的变化规律。

（3）证明速度 v 与路程 x 之间的关系为 $v = v_0 e^{-k'x}$，其中 $k' = k/m$。

9. 质量为 m 的子弹以速度 v_0 水平射入沙土中，设子弹所受阻力与速度反向，大小与速度成正比，比例系数为 K，忽略子弹的重力，求子弹进入沙土的最大深度。

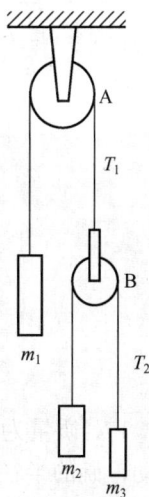

图 2-19　习题 7

10. 质量为 m 的物体，在 $F = F_0 - kt$ 的外力作用下沿 x 轴运动，已知 $t=0$ 时，$x_0 = 0$，$v_0 = 0$ 求物体在任意时刻的速度 v 和位移 x。

11. 质量为 m 的物体，最初静止于 x_0 处，在力 $F=-k/x^2$ 的作用下沿直线运动，试证明：

物体在任意位置 x 处的速度为 $v=\sqrt{2\left(\dfrac{k}{m}\right)\left(\dfrac{1}{x}-\dfrac{1}{x_0}\right)}$。

12. 铅直平面内的圆周运动。如图 2-20 所示，长为 l 的轻绳，一端系质量为 m 的小球，另一端系于定点 O。开始时小球处于最低位置。若使小球获得如图所示的初速 v_0，小球将在铅直平面内做圆周运动。求小球在任意位置的速率 v 及绳的张力 T。

13. 如图 2-21 所示，有一密度为 ρ 的细棒，长度为 l，其上端用细线悬着，下端紧贴着密度为 ρ' 的液体表面。现悬线剪断，求细棒在恰好全部没入水中时的沉降速度。设液体没有粘性。

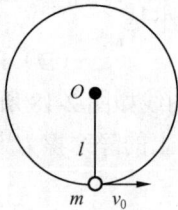

图 2-20　习题 12

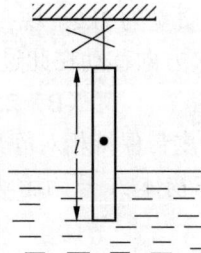

图 2-21　习题 13

14. 一辆装有货物的汽车，设货物与车底板之间的静摩擦系数为 0.25，如汽车以 30km/h 的速度行驶。则要使货物不发生滑动，汽车从刹车到完全静止所经过的最短路程是多少？

15. 一长为 l、质量均匀的软绳，挂在一半径很小的光滑轴上，如图 2-22 所示。开始时，$BC=b$。求证当 $BC=\dfrac{2}{3}l$ 时，绳的加速度为 $a=g/3$，速度为 $v=\sqrt{\dfrac{2g}{l}\left(-\dfrac{2}{9}l^2+bl-b^2\right)}$。

16. 如图 2-23 所示，一条长为 L 的柔软链条，开始时静止地放在一光滑表面 AB 上，其一端 D 至 B 的距离为 $L-a$。BC 与水平面之间角度为 α。试证当 D 端滑到 B 点时，链条的速率为：$v=\sqrt{\dfrac{L}{g}(L^2-a^2)\sin\alpha}$。

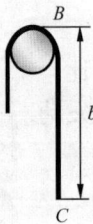

图 2-22　习题 15

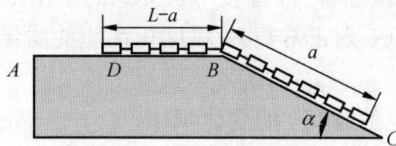

图 2-23　习题 16

17. 质量为 m 的小球沿半球形碗的光滑的内面，正以角速度 ω 在一水平面内做匀速圆周运动，碗的半径为 R，求该小球做匀速圆周运动的水平面离碗底的高度。

第 3 章 运动的守恒定律

【学习目标】

● 熟练掌握动量和冲量的概念以及质点和质点系的动量定理、质点系的动量守恒定律,并能熟练处理相关问题。

● 熟练掌握功的概念,理解一般力及保守力的特点,熟练掌握各种保守力对应的势能,会计算万有引力、重力和弹性力的势能。

● 熟练掌握动能的概念,以及质点和质点系的动能定理,并能熟练处理相关问题。

● 熟练掌握机械能的概念,并能利用功能原理及机械能守恒定律处理相关问题。

● 了解完全弹性碰撞和完全非弹性碰撞的特点,并能处理较简单的完全弹性碰撞和完全非弹性碰撞的问题。

● 了解质心和质心系的概念。

本章将通过探讨力对时间、空间的累积效果,观察质点以及质点系动量和能量的变化。在一定条件下,质点和质点系的动量或者能量将保持守恒,动量和能量的守恒不仅是力学的基本定律,而且通过某些变化,还会广泛应用于物理学的各种运动形式中。动量守恒和能量守恒是自然界中已知的一些基本守恒定律中的两个。

3.1 动量定理

我们知道,力是时间的函数,牛顿第二定律是关于力和质点运动的瞬时关系的。那么,如果有外力在质点上作用了一段时间,外力和运动的过程之间存在什么关系呢?换句话说,有没有牛顿第二定律的积分形式呢?

答案是肯定的,并且形式也不是唯一的:一种是力对时间的积累,一种是力对空间的积累。我们将分别对这两种形式进行探讨。下面先讨论第一种情况。

3.1.1 质点的动量定理

牛顿第二定律的积分形式为

$$\vec{F}(t) = \frac{\mathrm{d}\vec{p}(t)}{\mathrm{d}t} = \frac{\mathrm{d}(m\vec{v})}{\mathrm{d}t}$$

即

$$\vec{F}(t)\mathrm{d}t = \mathrm{d}\vec{p} = \mathrm{d}(m\vec{v})$$

在经典力学里，当物体运动的速度远远小于光速时，物体的质量可以认为是不依赖于速度的常量，此时上式可变形为

$$\vec{F}(t)\mathrm{d}t = \mathrm{d}\vec{p} = m\mathrm{d}\vec{v}$$

在力 $\vec{F}(t)$ 作用的一段时间 $\Delta t = t_2 - t_1$ 内，上式两端可积分，得

$$\int_{t_1}^{t_2} \vec{F}\mathrm{d}t = \vec{p}_2 - \vec{p}_1 = m\vec{v}_2 - m\vec{v}_1 \tag{3-1}$$

式中，$\vec{p}_1$、$\vec{v}_1$ 以及 $\vec{p}_2$、$\vec{v}_2$ 分别对应质点在 t_1、t_2 时刻的动量和速度。式子左面 $\int_{t_1}^{t_2} \vec{F}\mathrm{d}t$ 为力在这段时间内对时间的积累，叫做力的冲量，用符号"$\vec{I}$"表示，即

$$\vec{I} = \int_{t_1}^{t_2} \vec{F}\mathrm{d}t$$

于是式（3-1）可表示为 $\vec{I} = \vec{p}_2 - \vec{p}_1$，其物理意义为：**在给定的时间间隔内，质点所受的合外力的冲量，等于该物体动量的增量，这就是质点的动量定理。**一般情况下，冲量的方向和瞬时力 $\vec{F}$ 的方向不同，而和质点速度改变（即动量改变）的方向相同。

式（3-1）是矢量式，可以沿着坐标轴的各个方向分解。在直角坐标系中，其分量式为

$$\begin{cases} I_x = \int_{t_1}^{t_2} F_x\mathrm{d}t = mv_{2x} - mv_{1x} \\ I_y = \int_{t_1}^{t_2} F_y\mathrm{d}t = mv_{2y} - mv_{1y} \\ I_z = \int_{t_1}^{t_2} F_z\mathrm{d}t = mv_{2z} - mv_{1z} \end{cases} \tag{3-2}$$

式（2-2）表明，动量定理可以在某个方向上成立。某方向受到冲量时，该方向上动量就增加。

3.1.2 质点系的动量定理

上面我们讨论了质点的动量定理，在由多个质点组成的质点系中，外力的冲量和动量之间又有什么联系呢？

先看一种最简单的情况，由两个质点组成的质点系。如图 3-1 所示的系统中含有两个质点，其质量为 m_1 和 m_2，分别受到来自系统外的作用力 $\vec{F}_1$ 和 $\vec{F}_2$ 的作用，我们把这种来自系统外的力称为外力，记做 $\vec{F}_{\mathrm{ex}}$；此外，两个质点分别受到彼此之间的作用力 $\vec{F}_{12}$ 和 $\vec{F}_{21}$ 的作用，我们把这种来自系统内部的力称为内力，记做 $\vec{F}_{\mathrm{in}}$。现分别对两质点应用质点的动量定理

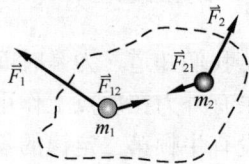

图 3-1 质点系的内外力

$$\int_{t_1}^{t_2} (\vec{F}_1 + \vec{F}_{12})\mathrm{d}t = m_1\vec{v}_1 - m_1\vec{v}_{10}$$

$$\int_{t_1}^{t_2} (\vec{F}_2 + \vec{F}_{21})\mathrm{d}t = m_2\vec{v}_2 - m_2\vec{v}_{20}$$

因为

$$\vec{F}_{12} + \vec{F}_{21} = 0$$

两个式子相加，得

$$\int_{t_1}^{t_2}(\vec{F}_1 + \vec{F}_2)\mathrm{d}t = (m_1\vec{v}_1 + m_2\vec{v}_2) - (m_1\vec{v}_{10} + m_2\vec{v}_{20}) \qquad (3\text{-}3)$$

由此可见，内力的冲量效果为零。作用于两个质点组成的质点系的外力的冲量等于系统内两质点动量的增量，即系统动量的增量。

若系统是由 N 个质点组成，不难看出，由于内力总是成对出现，且互为作用力与反作用力，其矢量和必为零，即 $\sum\vec{F}_{\mathrm{in}} = 0$，这样，对系统动量的增量有贡献的只有系统所受到的合外力 $\sum\vec{F}_{\mathrm{ex}}$。设系统的初末动量分别为 $\vec{p}_1$ 和 $\vec{p}_2$，则

$$\int_{t_1}^{t_2}\vec{F}_{\mathrm{ex}}\mathrm{d}t = \sum_{i=1}^{n}m_{i2}\vec{v}_{i2} - \sum_{i=1}^{n}m_{i1}\vec{v}_{i1} = \vec{p}_2 - \vec{p}_1 \qquad (3\text{-}4)$$

即：**作用于系统的合外力的冲量等于系统动量的增量**，这叫做**质点系的动量定理**。

值得注意的是，需要区分系统的外力和内力。系统受到的合外力等于作用于系统中每一质点的外力的矢量和，只有外力才对系统动量的变化有贡献，而系统中质点之间的内力仅能改变系统内单个物体的动量，但不能改变系统的总动量。这样，对于由多个质点组成的系统的动力学问题就变得简单了。

由于冲量是力对时间的积累，故常力 $\vec{F}$ 的冲量可以直接写作 $\vec{I} = \vec{F}\Delta t$；而对于变力的冲量可以分以下两种情况讨论。

第一种情况，若变力不是连续的，如图 3-2（a）所示，则其合力的冲量为

$$\vec{I} = \overline{F}_1\Delta t_1 + \overline{F}_2\Delta t_2 + \cdots + \overline{F}_n\Delta t_n = \sum_{t=1}^{n}\overline{F}_i\Delta t_i$$

第二种情况，当力是连续变化时，可以用积分的形式求出各个方向上的冲量。以二维情况为例，有

$$I_x = \int_{t_1}^{t_2}F_x\,\mathrm{d}t \qquad I_y = \int_{t_1}^{t_2}F_y\,\mathrm{d}t$$

如图 3-2（b）所示，此时，冲量 $\vec{I}_x$ 在数值上等于 F_x–t 图线与坐标轴所围的面积。

动量定理在"打击"或"碰撞"问题中有着非常重要的作用。在"打击"或"碰撞"过程中，两物体接触时间非常短暂，作用力在很短时间内达到最大值，然后迅速下降为零。这种作用时间很短暂、变化很快、数值很大的作用力我们称之为冲力。因为冲力是个变力，而且和时间的关系又很难确定，所以无法直接用牛顿定律等求其数值。但是我们可以用动量定理求此过程中的平均冲力。如图 3-3 所示，在"打击"或"碰撞"过程中，由于力 $\vec{F}$ 的方向保持不变，曲线与 t 轴所包围的面积就是 t_1 到 t_2 这段时间内力 $\vec{F}$ 的冲量的大小，它可以等效为某个常力在此时间内的冲量，此时曲线下的面积和图中虚线所包围的面积相等。根据改变动量的等效性，这个常力即可以看作此过程中的平均冲力 $\overline{F}$。

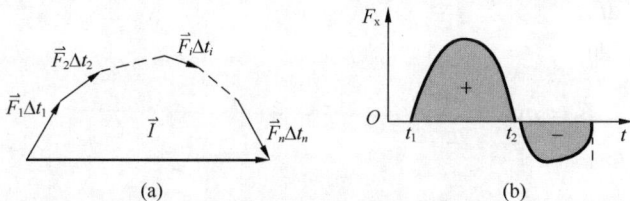

图 3-2　变力的冲量

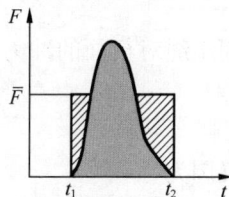

图 3-3　平均冲力

动量定理常可用来解决变质量问题。另外，由于动量定理是牛顿第二定律的积分形式，因此，动量定理适用范围也是惯性系。

【例 3-1】 质量为 m 的小球自高为 y_0 处沿水平方向以速率 v_0 抛出，与地面碰撞后跳起的最大高度为 $\frac{1}{2}y_0$，水平速率为 $\frac{1}{2}v_0$，求此碰撞过程中：

（1）地面对小球的水平冲量的大小；

（2）地面对小球的垂直冲量的大小。

解：（1）如图 3-4 所示，显然小球受到地面的水平冲量为

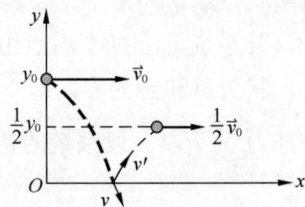

图 3-4　例 3-1

$$I_x = \frac{1}{2}mv_0 - mv_0 = -\frac{1}{2}mv_0$$

（2）在竖直方向上，设其接触地面过程中的初末速度大小分别为 v_y 和 v_y'，由运动学知识可得

$$v_y^2 = 2gy_0 \quad v_y = -\sqrt{2gy_0},$$

又

$$0 - v_y'^2 = -2g \cdot \frac{1}{2}y_0$$

$$v_y' = \sqrt{gy_0}$$

因此，其竖直方向所受到地面的冲量为

$$I_y = mv_y' - mv_y = \left(1 + \sqrt{2}\right)m\sqrt{gy_0}$$

【例 3-2】 一质量均匀分布的柔软细绳铅直地悬挂着，绳长为 L，质量为 M，绳的下端刚好触到水平桌面上，如果把绳的上端放开，绳将自由下落到桌面上。试证明：在绳下落的过程中，任意时刻作用于桌面的压力，等于已落到桌面上的绳重量的 3 倍。

解：建立如图 3-5 所示的坐标系，设 t 时刻已经有长度为 x 的绳子落到桌面上，随后 dt 时间内将有质量为 dm 的绳子落到桌面上而停止，$dm = \rho dx = \frac{M}{L}dx$，根据定义，其速度为 $\frac{dx}{dt}$，则它的动量变化率为

$$\frac{dP}{dt} = \frac{-\rho dx \cdot \frac{dx}{dt}}{dt}$$

根据动量定理，桌面对柔绳的冲力为

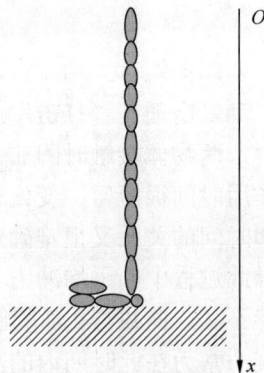

图 3-5　例 3-2

$$F' = \frac{dP}{dt} = \frac{-\rho dx \cdot \frac{dx}{dt}}{dt} = -\rho v^2$$

而柔绳对桌面的冲力 $F = -F'$，即

$$F = \rho v^2 = \frac{M}{L}v^2$$

又因为

$$v^2 = 2gx$$

因此
$$F = 2Mgx/L$$

而已落到桌面上的柔绳的重量为
$$mg = Mgx/L$$

因此
$$F_{总} = F + mg = 2Mgx/L + Mgx/L = 3mg$$

证毕。

【例 3-3】 列车在平直铁轨上装煤，列车空载时质量为 m_0，煤炭以速率 v_1 竖直流入车厢，每秒流入质量为 α。假设列车与轨道间的摩擦系数为 μ，列车相对于地面的运动速度 v_2 保持不变，求机车的牵引力。

解： 如图 3-6 所示，以车和下落的煤为系统，向下为 y 轴正向，向左为 x 轴正向，建立坐标系。

$t \to t + \mathrm{d}t$ 时间内，将有质量 $\mathrm{d}m = \alpha \mathrm{d}t$ 的煤炭流入车厢。

t 时刻，系统的动量为
$$\vec{P}(t) = (m_0 + \alpha t)\vec{v_2} + \alpha \mathrm{d}t \cdot \vec{v_1}$$

$t + \mathrm{d}t$ 时刻，系统总动量为
$$\vec{P}(t + \mathrm{d}t) = (m_0 + \alpha t + \alpha \mathrm{d}t)\vec{v_2}$$

联立可得，其动量的改变量为
$$\mathrm{d}\vec{P} = \vec{P}(t + \mathrm{d}t) - \vec{P}(t) = (\vec{v_2} - \vec{v_1})\alpha \mathrm{d}t$$

如图 3-7 所示，此系统共受到 4 个外力的作用，分别为牵引力 $\vec{F}$、列车与轨道间的摩擦力 $\vec{f}$、轨道支持力 $\vec{N}$ 和煤与车厢的重力。因此，有
$$\vec{F} + \vec{f} + \vec{N} + (m_0 + \alpha t)\vec{g} = \frac{\mathrm{d}\vec{P}}{\mathrm{d}t} = \alpha\vec{v_2} - \alpha\vec{v_1}$$

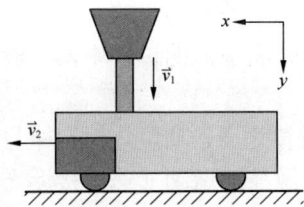

图 3-6 例 3-3

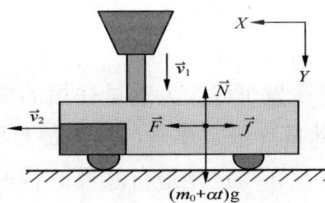

图 3-7 例 3-3 受力分析

竖直方向上
$$(m_0 + \alpha t)g - N = -\alpha v_1$$
$$N = \alpha v_1 + (m_0 + \alpha t)g$$

在水平方向上
$$F - f = \alpha v_2$$

可得机车的牵引力
$$F = \alpha v_2 + f = \alpha v_2 + \mu N = \mu(m_0 + \alpha t)g + \alpha(v_2 + \mu v_1)$$

3.2 动量守恒定律

由式 $\int_{t_1}^{t_2} \vec{F}_{\text{ex}} \mathrm{d}t = \sum_{i=1}^{n} m_{i2}\vec{v}_{i2} - \sum_{i=1}^{n} m_{i1}\vec{v}_{i1} = \vec{p}_2 - \vec{p}_1$ 可知，若系统的合外力为零（即 $\vec{F}_{\text{ex}} = 0$）时，系统的总动量的变化为零，此时，$\vec{p}_2 = \vec{p}_1$，或写成

$$\vec{P} = \sum_{i=1}^{n} m_i \vec{v}_i = \text{常矢量} \tag{3-5}$$

其文字表述为：**当系统所受的合外力为零时，系统的总动量将保持不变**。这就是**动量守恒定律**。

式（3-5）是矢量式，在实际计算中，可以沿各坐标轴进行分解，若某个方向的合外力为零，则此方向上的总动量保持不变，以直角坐标系为例，可以写成如下形式

$$m_1 v_{1x} + m_2 v_{2x} + \cdots + m_n v_{nx} = \text{常量}$$
$$m_1 v_{1y} + m_2 v_{2y} + \cdots + m_n v_{ny} = \text{常量}$$
$$m_1 v_{1z} + m_2 v_{2z} + \cdots + m_n v_{nz} = \text{常量}$$

即，系统受到的外力矢量和可能不为零，但合外力在某个方向上的分矢量和可能为零。此时，哪个方向所受的合外力为零，则哪个方向的动量守恒。

需要注意以下几点。

（1）在动量守恒中，系统的总动量不改变，但是并不意味着系统内某个质点的动量不改变。虽然对于一切惯性系，动量守恒定律都成立，研究某个系统的动量守恒时，系统内各个质点动量的研究都应该对应同一惯性系。

（2）内力的存在只改变系统内动量的分配，即可改变每个质点的动量，而不能改变系统的总动量，也就是说，内力对系统的总动量无影响。

（3）动量守恒要求系统所受的合外力为零，但是，有时系统的合外力并不为零，然而与系统内力相比，外力的大小有限或远小于内力时，往往可忽略外力的影响，认为系统的动量是守恒的。例如，在"碰撞""打击""爆炸"等相互作用时间极短的过程中，一般可以这样处理。反冲现象可以作为动量守恒的典型例子。

（4）动量守恒定律是自然界最重要、最基本的基本规律之一。动量守恒定律与能量守恒定律、角动量守恒定律是自然界的普遍规律，在微观粒子做高速运动（速度接近光速）的情况下，牛顿定律已经不适用，但是动量守恒定律等仍然适用。现代物理学研究中，动量守恒定律已经成为一个重要的基础定律。

【例3-4】 如图3-8所示，一个静止物体炸成3块，其中两块质量相等，且以相同速度 30m/s 沿相互垂直的方向飞开，第三块的质量恰好等于这两块质量的总和。试求第三块的速度（大小和方向）。

解： 物体静止时的动量等于零，炸裂时爆炸力是物体内力，它远大于重力，故在爆炸中，可认为动量守恒。由此可知，物体分裂成3块后，这3块碎片的动量之和仍等于零，即

$$m_1\vec{v}_1 + m_2\vec{v}_2 + m_3\vec{v}_3 = 0$$

因此，这3个动量必处于同一平面内，且第三块的动量必和第一、第二块的合动量大小

相等方向相反，如图 3-8 所示。因为 v_1 和 v_2 相互垂直，所以

$$(m_3 v_3)^2 = (m_1 v_1)^2 + (m_2 v_2)^2$$

设 $m_1 = m_2 = m$，则 $m_3 = 2m$，可得 $\vec{v_3}$ 的大小为

$$v_3 = \frac{1}{2}\sqrt{v_1^2 + v_2^2} = \frac{1}{2}\sqrt{30^2 + 30^2} = 21.2 \text{m/s}$$

由于 $\vec{v_1}$ 和 $\vec{v_3}$ 所成角 α 由下式决定

$$\alpha = 180° - \theta$$

又因 $\tan\theta = \dfrac{v_2}{v_1} = 1$，$\theta = 45°$，所以

$$\alpha = 135°$$

即 $\vec{v_3}$ 与 $\vec{v_1}$ 和 $\vec{v_2}$ 都成 135°，且三者都在同一平面内。

【例 3-5】　如图 3-9 所示，A、B 两船均以速度 v 鱼贯而行，每只船的人与船质量之和均为 M，A 船上的人以相对速度 u，将一质量为 m 的铅球扔给 B 船上的人。试求：球抛出后 A 船的速度以及 B 船接到球后的速度。

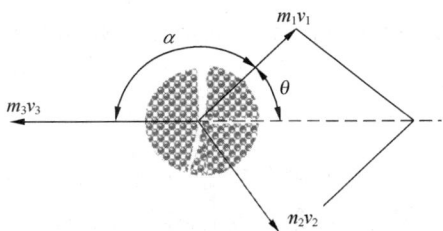

图 3-8　3 块小物体动量守恒

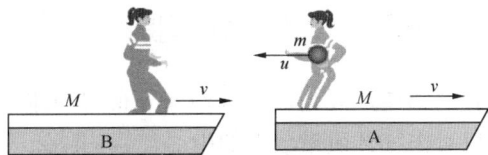

图 3-9　例 3-5

解： 设抛球后 A 船的速度大小为 v_A，接球后 B 船的速度大小为 v_B。分析如图 3-10 所示，把 A 船和铅球看作一个系统，由于抛球的过程水平方向不受外力作用，因此动量守恒。选地球为参考系。抛球前后，对于 A 船，可得

$$(M + m)v = m(v_A - u) + Mv_A$$

同理，如图 3-11 所示，把 B 船和铅球看作一个系统，由于接球的过程水平方向不受外力作用，因此动量守恒。接球前后，对于 B 船，可得

$$Mv + m(v_A - u) = (M + m)v_B$$

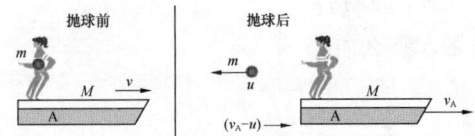

图 3-10　A 船抛球前后动量守恒

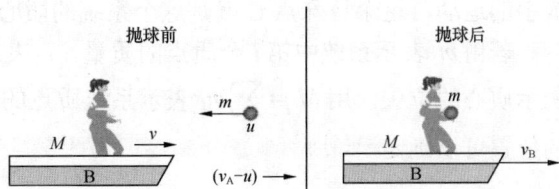

图 3-11　B 船抛球前后动量守恒

上两式联立，可得

$$v_A = v + \frac{mu}{M + m}$$

$$v_B = \frac{(M^2 - m^2)v + Mmu}{(M + m)^2}$$

【例 3-6】 人与船的质量分别为 m 及 M，船长为 L，若人从船尾走到船首。试求船相对于岸的位移。

解： 如图 3-12 所示，设人相对于船的速度为 u，船相对于岸的速度为 v，取岸为参考系，选择人和船作为一个系统，由于其水平方向所受外力为零，故由动量守恒

$$Mv + m(v - u) = 0$$

图 3-12 人船系统动量守恒

得

$$v = \frac{m}{M + m}u$$

船相对于岸的位移

$$\Delta x = \int v dt = \frac{m}{M + m} \int u dt = \frac{m}{M + m}L$$

可知，船的位移和人的行走速度无关。不管人的行走速度如何变化，其结果是相同的。

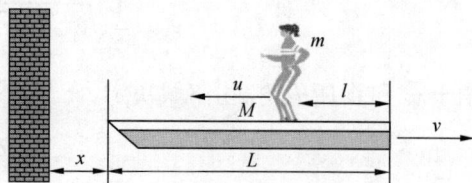

3.3 质心运动 *火箭飞行问题

我们知道，规则、质量均匀分布的物体的质量可以看作集中在其几何中心，这个几何中心可以看作物体质量分布的中心，我们称之为**质心**。但是，如果物体是不规则的呢？在研究多个质点组成的系统的运动时，质心将是一个很有用的概念。

3.3.1 质心

任何物体都可以看作是由许多质点组成的质点系。大家都有向空中抛物体的例子，但是不知是否曾用心观察。下面，我们斜抛一质量均匀的物体（例如一把扳手），如图 3-13 所示。通过观测会发现，扳手在空中的运动是很复杂的。但是，扳手上存在一点 C，它的运动轨迹始终是抛物线。其他点的运动可以看作是平动以及围绕 C 做转动的运动的合成，因此，我们可以用 C 点的运动来描述整个扳手的运动，这个特殊点 C 就是这个系统的**质心**。

图 3-13 质心

若用 m_i 表示系统中第 i 个质点的质量，$\vec{r}_i$ 表示其位矢，而用 $\vec{r}_C$ 表示质心的位矢，用 $M = \sum m_i$ 表示系统质点的总质量，那么质心的位置可以确定

$$\vec{r}_C = \frac{m_1\vec{r}_1 + m_2\vec{r}_2 + \cdots + m_i\vec{r}_i + \cdots}{m_1 + m_2 + \cdots + m_i + \cdots} = \frac{\sum m_i\vec{r}_i}{M} \tag{3-6a}$$

在各坐标轴上分解后

$$x_C = \frac{\sum m_i x_i}{M}, \quad y_C = \frac{\sum m_i y_i}{M}, \quad z_C = \frac{\sum m_i z_i}{M} \tag{3-6b}$$

如果系统质量是连续分布的，则可用积分的形式求其质点

$$x_C = \frac{1}{M} \int x \mathrm{d}m \;, \quad y_C = \frac{1}{M} \int y \mathrm{d}m \;, \quad z_C = \frac{1}{M} \int z \mathrm{d}m \tag{3-6c}$$

【例 3-7】　如图 3-14 所示，相距为 l 的两个质点 A、B，质量分别为 m_1、m_2。求此系统的质心。

解：沿两质点的连线取 x 轴，若原点 O 取在质点 A 处，则质点 A、B 的坐标为 $x_1 = 0$，$x_2 = l$。

按质心的位置坐标公式

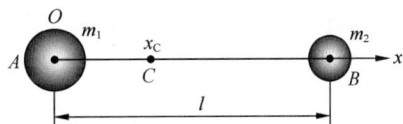

图 3-14　例 3-7

$$x_C = \frac{\sum m_i x_i}{M} \;, \quad y_C = \frac{\sum m_i y_i}{M} \;, \quad z_C = \frac{\sum m_i z_i}{M}$$

得质心 C 的位置坐标为

$$x_C = OC = \frac{m_1 \times 0 + m_2 l}{m_1 + m_2} = \frac{m_2 l}{m_1 + m_2}$$

$$y_C = z_C = 0$$

质心 C 到质点 B 处的距离为

$$CB = l - x_C = l - \frac{m_2 l}{m_1 + m_2} = \frac{m_1 l}{m_1 + m_2}$$

由上两式可知

$$\frac{OC}{CB} = \frac{m_2}{m_1}$$

即质心 C 与两质点的距离之比，和两质点的质量成反比。可见，对给定的系统而言，其质心具有确定的相对位置。

【例 3-8】　求证：一均质杆的质心位置 C 在杆的中点。

证：设杆长为 l，质量为 m，因杆为均质，即杆的质量均匀分布，其密度为 ρ，则每单位长度的质量为 $\rho = m/l$。

如图 3-15 所示，沿杆长取 x 轴，原点 O 选在杆的中点，在坐标为 x 处取长为 $\mathrm{d}x$ 的质元，其质量为 $\mathrm{d}m$。在上述以杆的中心为原点的坐标系中，若将杆分成许多质量相等的质元，在坐标 x_1 处有一质元 m_1，由于对称，在坐标为 $-x_1$ 处必有一个质量相同的质元 m_1，因而求和时，相应两项之和为

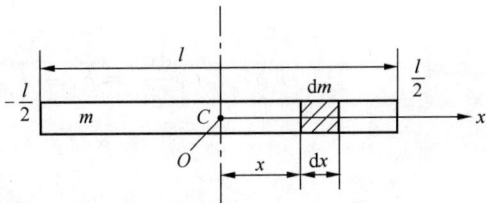

图 3-15　均质杆的质心

$$m_1 x_1 + m_1(-x_1) = 0$$

其他每一对对称质元都是如此，则总和 $\sum m_i x_i = 0$，按质心位置坐标的公式

$$x_C = \frac{\sum m_i x_i}{M}$$

得

$$x_C = \frac{1}{m}\int_l x\mathrm{d}m = \frac{1}{m}\int_{-l/2}^{l/2} \frac{m}{l}x\mathrm{d}x = \frac{0}{l} = 0$$

即杆的质心在杆的中点。

根据这种"对称性"分析的方法就可以验证，质量均匀分布、几何形体对称的物体，其质心必在其几何中心上。例如，匀质圆环或圆盘的质心在圆心上，匀质矩形板的质心在对角线的交点上。

3.3.2 质心运动定律

系统运动时，系统中的每个质点都参与了运动。此时，质心不可避免地也要参与运动，下面我们来学习质心运动定律。

由式（3-6a）

$$\vec{r}_C = \frac{m_1\vec{r}_1 + m_2\vec{r}_2 + \cdots + m_i\vec{r}_i + \cdots}{m_1 + m_2 + \cdots + m_i + \cdots} = \frac{\sum m_i\vec{r}_i}{M}$$

可求质心的速度为

$$\vec{v}_C = \frac{\mathrm{d}\vec{r}_C}{\mathrm{d}t} = \frac{\sum m_i\dfrac{\mathrm{d}\vec{r}_i}{\mathrm{d}t}}{M} = \frac{\sum m_i\vec{v}_i}{M} \tag{3-7}$$

质心的加速度为

$$\vec{a}_C = \frac{\mathrm{d}\vec{v}_C}{\mathrm{d}t} = \frac{\sum m_i\dfrac{\mathrm{d}\vec{v}_i}{\mathrm{d}t}}{M} = \frac{\sum m_i\vec{a}_i}{M} \tag{3-8}$$

若用 $\vec{F}_1$、$\vec{F}_2$、$\vec{F}_3$、$\cdots$、$\vec{F}_i$、$\cdots$、$\vec{F}_n$ 表示各个质点所受来自系统外的力，即系统所受外力，用 $\vec{f}_{12}$、$\vec{f}_{21}$、$\cdots$、$\vec{f}_{i1}$、$\cdots$、$\vec{f}_{in}$ 等表示系统内各质点之间的相互作用力，即系统的内力，对于系统中各个质点来说

$$m_1\vec{a}_1 = m_1\frac{\mathrm{d}\vec{v}_1}{\mathrm{d}t} = \vec{F}_1 + \vec{f}_{12} + \vec{f}_{13} + \vec{f}_{14} + \cdots + \vec{f}_{1i} + \cdots + \vec{f}_{1n}$$

$$m_2\vec{a}_2 = m_2\frac{\mathrm{d}\vec{v}_2}{\mathrm{d}t} = \vec{F}_2 + \vec{f}_{21} + \vec{f}_{23} + \vec{f}_{24} + \cdots + \vec{f}_{2i} + \cdots + \vec{f}_{2n}$$

$$\cdots$$

$$m_i\vec{a}_i = m_i\frac{\mathrm{d}\vec{v}_i}{\mathrm{d}t} = \vec{F}_i + \vec{f}_{i1} + \vec{f}_{i2} + \vec{f}_{i3} + \cdots + \vec{f}_{in}$$

$$\cdots$$

$$m_n\vec{a}_n = m_n\frac{\mathrm{d}\vec{v}_n}{\mathrm{d}t} = \vec{F}_n + \vec{f}_{n1} + \vec{f}_{n2} + \vec{f}_{n3} + \cdots + \vec{f}_{nn-1}$$

考虑到系统内力总是成对出现，它们之间满足 $\vec{f}_{12} + \vec{f}_{21} = 0$，$\cdots$，$\vec{f}_{in} + \vec{f}_{ni} = 0$，因此把上列式子相加之后系统的内力之和为零，可得

$$m_1\vec{a}_1 + m_2\vec{a}_2 + \cdots + m_i\vec{a}_i + \cdots + m_n\vec{a}_n = \vec{F}_1 + \vec{F}_2 + \cdots + \vec{F}_i + \cdots + \vec{F}_n$$

或可写成

$$\sum m_i \vec{a}_i = \sum \vec{F}_i$$

代入式（3-8）中，得

$$\vec{a}_C = \frac{\sum \vec{F}_i}{M}$$

变形后，得

$$\sum \vec{F}_i = M\vec{a}_C \tag{3-9}$$

这就是**质心运动定理**。即**作用在系统上的合外力等于系统的总质量乘以系统质心的加速度**。可以看出，它与牛顿第二定律的形式完全一致，不同的是：系统的质量集中于质心，系统所受的合外力也全部集中作用于其质心上，把系统的运动转化为质心的运动。

【例 3-9】 一炮弹以 80m/s 的初速度，沿着 45° 的仰角发射出去，在最高点时爆炸成两块，其质量之比是 2：1，两块同时落地，且两块的落点和原炮弹的发射点在同一直线上，其中大块的落点距发射点为 450m，求小块的落点。

解： 把炮弹看作一个系统，由题意知，爆炸后质心运动的轨迹与炮弹未爆炸时为同一抛物线。设炮弹的原质量为 M，故质心的水平射程为

$$x_C = \frac{v_0^2 \sin 2\theta}{g} = \frac{80^2 \times \sin(2 \times 45°)}{9.8} = 653\text{m}$$

如图 3-16 所示，大碎块质量为 $\frac{2}{3}M$，落点在质心位置的左侧，则小碎块的落点在质心的右侧，取炮弹的发射位置为坐标原点，则质心的位置在 x 轴上坐标为 x_C，大块和小块的落点位置坐标分别为 450m 和 x，则由式（3-6b）可得

$$x_C = \frac{\frac{2}{3}M \times 450 + \frac{1}{3}Mx}{M} = 653\text{m}$$

得 $x = 1060\text{m}$。

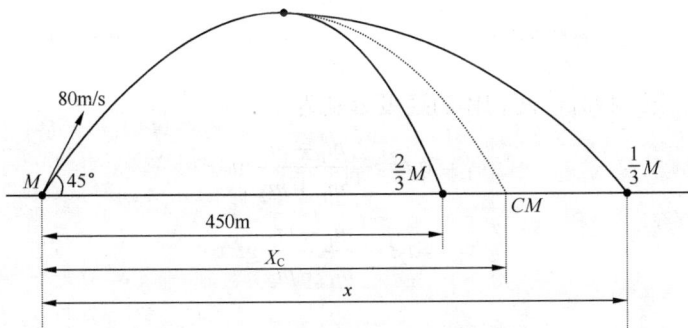

图 3-16 炮弹爆炸的质心问题

【例 3-10】 如图 3-17 所示的阿特伍德机中，两物体的质量分别是 m_1 和 m_2，且 $m_1 > m_2$，视两物体为一系统，忽略绳子的质量和摩擦力的影响，则物体自静止释放后，求：

（1）系统的质心加速度 $\vec{a}_C$；

（2）释放后第 t 秒的质心速度 $\vec{v}_C$。

解：（1）取竖直向上为正方向，向下为负，设绳子的张力大小为 T，受力分析如图 3-18 所示。根据牛顿定律，两物体的运动方程为

$$T - m_1g = m_1a_1$$

$$T - m_2g = m_2a_2$$

式中，a_1 和 a_2 分别表示 m_1 和 m_2 的加速度。由于 $m_1 > m_2$，所以 m_1 下降，m_2 上升，因此 $a_1 = -a_2$，代入上两式，可解得

$$a_1 = -a_2 = -\frac{m_1 - m_2}{m_1 + m_2}g$$

$$T = \frac{2m_1m_2}{m_1 + m_2}g$$

系统的质心加速度为

$$\vec{a}_C = -\frac{m_1\vec{a}_1 + m_2\vec{a}_2}{m_1 + m_2}$$

得

$$a_C = -\frac{m_1a_1 + m_2(-a_1)}{m_1 + m_2} = \frac{m_1 - m_2}{m_1 + m_2}a_1 = -\left(\frac{m_1 - m_2}{m_1 + m_2}\right)^2 g$$

负号的方向代表质心加速度的方向竖直向下。

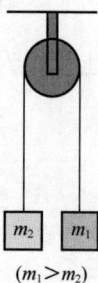

图 3-17　阿特伍德机

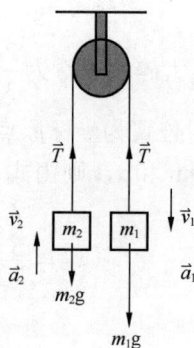

图 3-18　例 3-10受力分析

（2）在释放后第 t 秒时，两物体的速度分别为

$$v_1 = a_1t = -\frac{m_1 - m_2}{m_1 + m_2}gt$$

$$v_2 = a_2t = \frac{m_1 - m_2}{m_1 + m_2}gt$$

由质心的速度

$$\vec{v}_C = -\frac{m_1\vec{v}_1 + m_2\vec{v}_2}{m_1 + m_2}$$

得

$$v_C = -\frac{m_1\left(-\dfrac{m_1 - m_2}{m_1 + m_2}\right)gt + m_2\left(\dfrac{m_1 - m_2}{m_1 + m_2}\right)gt}{m_1 + m_2} = -\left(\frac{m_1 - m_2}{m_1 + m_2}\right)^2 gt$$

注：质心速度也可以直接用 $\vec{v}_C = \vec{a}_Ct$ 求得。

3.3.3　*火箭飞行

火箭飞行问题是一类很具有代表性的变质量问题。如图 3-19 所示，火箭在飞行时，向后不断喷出大量的速度很快的气体，使火箭获得向前的很大的动量，从而推动其向前高速运动。因为这一过程不需要依赖空气作用，所以火箭可以在宇宙空间中高速运行。

设火箭在外空间飞行，此时火箭不受重力或空气阻力等任何外力的影响。某时刻 t，火箭（包括火箭体和其中尚存的燃料）质量为 M，速度为 v，在其后的 $t+\mathrm{d}t$ 时间内，火箭向后喷出气体，质量为 $|\mathrm{d}M|$（注，$\mathrm{d}M$ 为质量 M 在 $\mathrm{d}t$ 时间内的增量，由于火箭质量 M 随时间而减少，故 $\mathrm{d}M$ 本身具有负号），相对火箭速度为 u，火箭体质量变为 $M-\mathrm{d}M$，获得了向前的速度后，速度为 $v+\mathrm{d}v$。火箭和喷出的气体作为一个系统，对于描述火箭运动的同一惯性系来说，t 时刻系统总动量为 Mv，而在喷气之后，火箭的动量变为 $(M+\mathrm{d}M)(v+\mathrm{d}v)$，所喷出气体的动量为 $(-\mathrm{d}M)(v+\mathrm{d}v-u)$，由于火箭不受外力作用，系统的总动量守恒，故由动量守恒定律，有

$$Mv = (M+\mathrm{d}M)(v+\mathrm{d}v)+(-\mathrm{d}M)(v+\mathrm{d}v-u)$$

上式展开后，略去二阶小量，整理后得

$$u\mathrm{d}M + M\mathrm{d}v = 0$$

或

$$\mathrm{d}v = -u\frac{\mathrm{d}M}{M}$$

上式表示，每当火箭喷出质量为 $|\mathrm{d}M|$ 的气体，其速度将增加 $\mathrm{d}v$。设火箭点火时质量为 M_1，初速为 v_1，燃烧完后火箭质量是 M_2，速度为 v_2，对上式积分得

$$v_2 - v_1 = u\ln\frac{M_1}{M_2} \tag{3-10}$$

上式表明，火箭在燃料燃烧后所增加的速度和喷气速度成正比，也与火箭的始末质量比的自然对数成正比。

若以喷出的气体为研究对象，可得喷气对火箭体的推力公式为

$$F = u\frac{\mathrm{d}M}{\mathrm{d}t}$$

图 3-19　火箭飞行

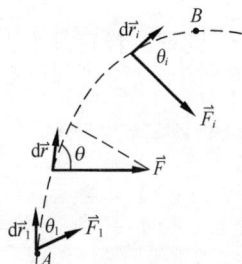

3.4　保守力与非保守力　势能

前面我们讨论了力对时间的积累，下面我们来认识力对空间的积累——功。

3.4.1　功

一质点在力的作用下沿着路径 *AB* 运动，如图 3-20 所示。某时间段内，质点在力 $\vec{F}$ 作用下发生元位移 $\mathrm{d}\vec{r}$，$\vec{F}$ 与 $\mathrm{d}\vec{r}$ 之间的夹角为

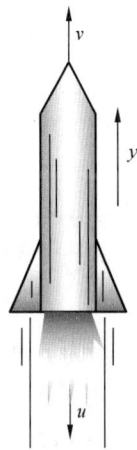

图 3-20　功的定义

θ。定义功为：**力在位移方向的分量与该位移大小的乘积**。则力 $\vec{F}$ 所做的元功为

$$dW = F\cos\theta |d\vec{r}| \tag{3-11a}$$

式（3-11a）也可以写成 $dW = F|d\vec{r}|\cos\theta$，即，位移在力方向上的分量和力的大小的乘积。此表述和上述功的定义表述是等效的。具体采用哪一种，应视具体情况而定。

由于 $ds = |d\vec{r}|$，则式（3-11a）也可写成

$$dW = F\cos\theta ds \tag{3-11b}$$

当 $0 < \theta < 90°$ 时，力做正功；当 $90° < \theta \leqslant 180°$ 时，力做负功；当 $\theta = 90°$ 时，力不做功。

因为 $\vec{F}$ 与 $d\vec{r}$ 均为矢量，所以元功的矢量形式为

$$dW = \vec{F} \cdot d\vec{r} \tag{3-11c}$$

功为 $\vec{F}$ 和 $d\vec{r}$ 的标积，因此，功是标量。

当质点由 A 点运动到 B 点，在此过程中作用于质点上的力的大小和方向时刻都在变化。为求得在此过程中变力所做的功，可以把由 A 到 B 的路径分成很多小段，每一小段都看作是一个元位移，在每个元位移中，力可以近似看作不变。因此，质点从 A 运动到 B，变力所做的总功等于力在每段元位移上所做的元功的代数和，可以用积分的形式求得。

$$W = \int_A^B \vec{F} \cdot d\vec{r} = \int_A^B F\cos\theta ds \tag{3-12a}$$

功的数值也可以用图示法来计算。如图 3-21 所示，图中的曲线表示力在位移方向上的分量 $F\cos\theta$ 随路径的变化关系，曲线下的面积等于变力做功的代数和。

功是一个和路径有关的过程量。

合力的功，等于各分力的功的代数和。我们可以把力 $\vec{F}$ 和 $d\vec{r}$ 看作是其在各个坐标轴上分力的矢量和，即

$$\vec{F} = F_x\vec{i} + F_y\vec{j} + F_z\vec{k}$$

$$d\vec{r} = dx\vec{i} + dy\vec{j} + dz\vec{k}$$

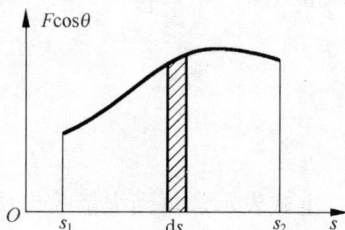

图 3-21　功的图示

此时，式（3-12a）可写成

$$W = \int_A^B \vec{F} \cdot d\vec{r} = \int_A^B (F_x dx + F_y dy + F_z dz) \tag{3-12b}$$

各分力所做功为

$$W_x = \int_{x_A}^{x_B} F_x dx, \quad W_y = \int_{y_A}^{y_B} F_y dy, \quad W_z = \int_{z_A}^{z_B} F_z dz \tag{3-12c}$$

同理，若有几个力 $\vec{F}_1$、$\vec{F}_2$、$\cdots$、$\vec{F}_n$ 同时作用在质点上，则其合力所做的功为

$$W = \int_A^B \vec{F} \cdot d\vec{r} = \int_A^B (\vec{F}_1 + \vec{F}_2 + \cdots + \vec{F}_n) \cdot d\vec{r}$$

即

$$W = \int_A^B \vec{F} \cdot d\vec{r} = \int_A^B \vec{F}_1 \cdot d\vec{r} + \int_A^B \vec{F}_2 \cdot d\vec{r} + \cdots + \int_A^B \vec{F}_n \cdot d\vec{r}$$

或写成

$$W = W_1 + W_2 + \cdots + W_n \tag{3-12d}$$

在国际单位制中，功的单位是焦耳，用符号"J"表示。

$$1\,J = 1\,N \cdot m$$

功随时间的变化率称为功率，用符号"P"表示。

$$P = \frac{dW}{dt} = \vec{F} \cdot \vec{v} \tag{3-13}$$

在国际单位制中，功率的单位为瓦特，简称瓦，用符号"W"表示。

$$1\,W = 1\,J \cdot s^{-1}$$

3.4.2 保守力与非保守力

让我们先考察几个常见力的做功情况。

首先，看一下重力的功。如图 3-22 所示，设质量为 m 的物体在重力的作用下从 a 点沿任意曲线 acb 运动到 b 点。选地面为参考，设 a、b 两点的高分别是 h_a 和 h_b，则在 c 点附近，在元位移 $\Delta \vec{r}$ 中，重力 $\vec{G}$ 所做的元功为

$$\Delta W = G \cos \alpha \Delta r = mg(\Delta r \cos \alpha) = mg \Delta h$$

式中，$\Delta h = \Delta r \cos \alpha$ 为物体在元位移 $\Delta \vec{r}$ 中下降的高度。

图 3-22 重力做功

因此，质点从 a 点沿曲线 acb 运动到 b 点过程中，重力所做的功为

$$W = \sum \Delta W = \sum mg \Delta h = mgh_a - mgh_b \tag{3-14}$$

可以看出，重力做功仅与物体的始末位置有关，而与物体运动的路径无关。即：物体在重力作用下，从 a 点沿另一任意曲线 adc 运动到 b 点时，重力所做的功和上述值相等。

设物体沿任一闭合路径 $adbca$ 运动一周，重力做功可以分为两部分，分别为在曲线 adb 的正功

$$W_{adb} = mgh_a - mgh_b$$

和在曲线 bca 上的负功

$$W_{bca} = -(mgh_a - mgh_b)$$

因此，沿着闭合路径一周，重力做的总功为

$$W = W_{adb} + W_{bca} = 0$$

或

$$W = \oint \vec{G} \cdot d\vec{r} = 0$$

我们再看一下万有引力的功。以地球围绕太阳为例，由于地球距离太阳很远，以太阳为参考系，则地球可以看作质点。设太阳质量为 M，地球质量为 m，a、b 两点为地球运行轨道上任意两点，距离太阳分别是 r_a 和 r_b。如图 3-23 所示，则某时刻在距离太阳为 r 处附近，万有引力所做的元功为

$$dW = \vec{F} \cdot d\vec{s} = F\,ds\,\cos(90° + \theta)$$

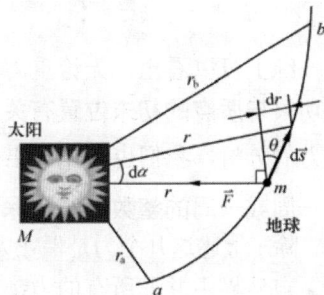

图 3-23 万有引力做功

注：在这里，之所以如此变换，是考虑到 $d\vec{s}$ 和其对应的张角 $d\alpha$ 非常小，故截取长度为 r

的线段后，可以认为截线和 r 垂直。

可得

$$dW = -G\frac{Mm}{r^2}\sin\theta\,ds = -G\frac{Mm}{r^2}dr$$

这样，地球运动从 a 到 b 万有引力做的总功为

$$W = -GMm\int_{r_a}^{r_b}\frac{dr}{r^2} = -\left[\left(-\frac{GMm}{r_b}\right) - \left(-\frac{GMm}{r_a}\right)\right] \tag{3-15}$$

可以看出，万有引力做功仅与物体的始末位置有关，而与运动物体所经历的路径无关。

下面看一下弹性力的功，如图 3-24 所示，一轻弹簧放置在水平桌面上，弹簧的一端固定，另一端与一质量为 m 的物体相连。当弹簧不发生形变时，物体所在位置为 O 点，这个位置叫做弹簧的平衡位置，此时弹簧的伸缩为零，现以平衡位置为坐标原点，取向右为正方向。

设弹簧受到沿 x 轴正向的外力 $\vec{F}'$ 的作用后被拉伸，拉伸量为物体位移 x，设弹簧的弹性力为 $\vec{F}$。根据胡克定律，在弹簧的弹性范围内，有

$$\vec{F} = -kx\vec{i}$$

式中，k 为弹簧的劲度系数。

尽管在拉伸过程中，$\vec{F}$ 是变力。但是，对于一段很小的位移 dx，弹性力 $\vec{F}$ 可以近似看作不变。所以，此时弹性力所做的元功为

$$dW = \vec{F}\cdot dx\vec{i} = -kx\vec{i}\cdot dx\vec{i} = -kxdx$$

当弹簧的伸长量由 x_1 变化到 x_2 时，弹性力所做的总功为

$$W = \int_{x_1}^{x_2}Fdx = \int_{x_1}^{x_2}-kxdx = -\left(\frac{1}{2}kx_2^2 - \frac{1}{2}kx_1^2\right) \tag{3-16}$$

可以看出，弹性力做功只与弹簧伸长的初末位置有关，和具体路径无关。

弹性力做功还可以由图示法得出，其总功等于图 3-25 中梯形的面积。

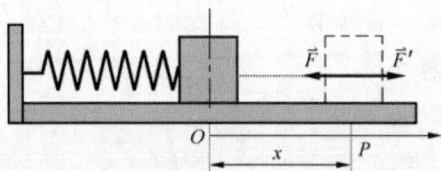

图 3-24　弹性力做功　　　　图 3-25　弹性力做功图示

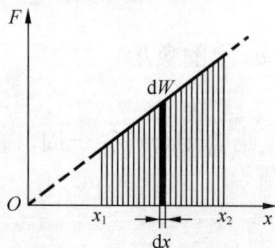

综上可以看出，无论重力、万有引力还是弹性力，其做功都具有一个共同的特点，即：**做功只与质点的初末位置有关，而与路径无关，我们把具有这种特点的力称为保守力**。通过重力的分析，我们也可以看出，保守力满足条件 $\oint\vec{F}\cdot d\vec{r} = 0$，即：**质点沿着任意闭合路径运动一周或一周的整数倍时，保守力对它所做的总功为零**。

除了上述这几个力是保守力外，电荷间的静电力以及原子间相互作用的分子力都是保守力。

自然界中并非所有的力都具有做功和路径无关这一特性，更多的力做的功和路径有关，路径不一样，功的大小也不一样，我们把具有这样特点的力叫做非保守力。人们熟知的摩擦力就是最常见的非保守力，路径越长，摩擦力做的功越多。

3.4.3 势能

从上面的讨论可知，保守力做功只与质点的初末位置有关，为此，我们引入势能的概念。**在具有保守力相互作用的系统内，只由质点间的相对位置决定的能量称为势能。** 势能用符号"E_P"表示。势能是机械能的一种形式。不同的保守力对应不同的势能。

例如，引力势能

$$E_P = -\frac{GMm}{r}$$

重力势能

$$E_P = mgh$$

将质点从 a 点移到参考点时，保守力所做的功，称为质点（系统）在 a 点所具有的势能。

$$E_{势a} = W_{a\to参} = \int_a^{参考点} \vec{F}_{保守力} \cdot \mathrm{d}\vec{r} \tag{3-17}$$

通常情况下，零势能点的选取规则如下。

（1）重力势能以地面为零势能点

$$E_{Pa} = \int_a^{参考点} \vec{F} \cdot \mathrm{d}\vec{r} = \int_h^0 -mg\,\mathrm{d}y = mgh$$

（2）引力势能以无穷远为零势能点

$$E_{Pa} = \int_a^\infty \vec{F} \cdot \mathrm{d}\vec{r} = -\frac{GMm}{r_a}$$

（3）弹性势能以弹簧原长为零势能点

$$E_{Pa} = \int_a^{参考点} \vec{F} \cdot \mathrm{d}\vec{r} = \int_{x_a}^0 (-kx)\,\mathrm{d}x = \frac{1}{2}kx_a^2$$

但是，具体问题中零势能点的选取要看具体情况。势能是相对量，具有相对意义。因此，选取不同的零势能点，物体的势能将具有不同的值。但是，无论零势能点选在何处，两点之间的势能差是绝对的，具有绝对性。

在保守力作用下，只要质点的初末位置确定了，保守力做的功也就确定了，即势能也就确定了，所以说势能是状态的函数，或者叫做坐标的函数。

另外，势能是由于系统内各物体之间具有保守力作用而产生的，因此，势能是属于整个系统的，离开系统谈单个质点的势能是没有意义的。我们通常所说的地球附近某个质点的重力势能实际上是一种简化说法，是为了叙述上的方便。实际上，它是属于地球和质点这个系统的。至于引力势能和弹性势能亦是如此。

3.4.4 势能曲线

当零势能点和坐标系确定后，势能仅是坐标的函数。此时，我们可将势能与相对位置的关系绘成曲线，用来讨论质点在保守力作用下的运动，这些曲线叫做**势能曲线**。图 3-26 给出了上述讨论的保守力的势能曲线。

图 3-26（a）所示为重力势能曲线，该曲线是一条直线。图 3-26（b）所示为弹性势能曲线，是一条双曲线，图中可以看出，其零势能点在其平衡位置，此时势能最小。图 3-26（c）所示为引力势能曲线，从图中亦可以看出，当 x 趋近于无穷时，引力势能趋近于零。

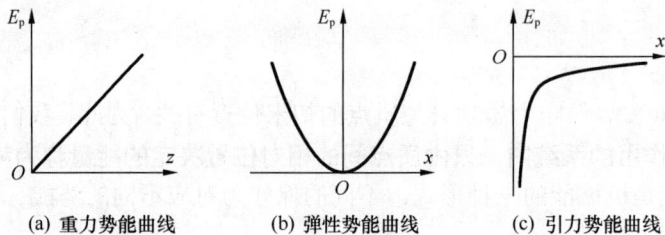

(a) 重力势能曲线   (b) 弹性势能曲线   (c) 引力势能曲线

图 3-26 势能曲线

利用势能曲线，还可以判断质点在某个位置所受保守力的大小和方向。因为保守力做功等于系统势能增量的负值，即

$$W = -(E_{P2} - E_{P1}) = -\Delta E_P$$

其微分形式为

$$dW = -dE_P$$

以一维情况为例，借用前面的公式，当某质点在保守力的作用下，沿 x 轴发生位移为 dx 时，保守力做功为

$$dW = F\cos\theta\, dx = F_x\, dx$$

由上述两式可得

$$F_x = -\frac{dE_P}{dx} \tag{3-18}$$

即：保守力沿某一坐标轴的分量等于势能对此坐标的导数的负值。

3.5 功能原理 能量守恒定律

功和能量的关系如何？下面来讨论一下，首先，我们来学习动能定理。

3.5.1 质点的动能定理

一运动质点，质量为 m，在外力 $\vec{F}$ 的作用下，沿任意路径曲线，从 A 点运动到 B 点，其速度发生了变化，设其在 A、B 两点的速度分别是 v_1 和 v_2，如图 3-27 所示，在某元位移中，外力 $\vec{F}$ 和 $d\vec{r}$ 之间的夹角为 θ。则由功及切向加速度的定义，外力 $\vec{F}$ 的元功为

$$dW = \vec{F} \cdot d\vec{r} = F\cos\theta\,|d\vec{r}| = F_t |d\vec{r}|$$

由于 $|d\vec{r}| = ds$，即 ds 是元位移的大小， $ds = v\,dt$。

另由牛顿第二定律，可得

$$dW = F_t\, ds = m\frac{dv}{dt}ds = mv\,dv$$

因此，质点在从 A 点运动到 B 点过程中，外力 $\vec{F}$ 所做的总功为

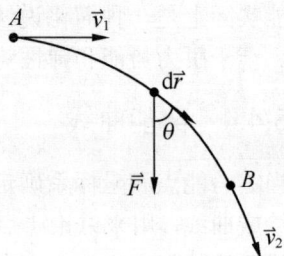

图 3-27 质点的动能定理

$$W = \int_{v_1}^{v_2} mv\,dv = \frac{1}{2}mv_2^2 - \frac{1}{2}mv_1^2 \tag{3-19}$$

式中，$\dfrac{1}{2}mv^2$ 叫做质点的**动能**，用符号"E_k"表示。即

$$E_k = \frac{1}{2}mv^2 \tag{3-20}$$

和势能一样，动能也是机械能的一种形式。这样，式（3-19）可以写作

$$W = \frac{1}{2}mv_2^2 - \frac{1}{2}mv_1^2 = E_{k2} - E_{k1} \tag{3-21}$$

式（3-21）就是**质点的动能定理**。E_{k1} 称为初动能，E_{k2} 称为末动能。动能定理的文字表述为：**合外力对质点所做的功等于质点动能的增量**。当合力做正功时，质点动能增大；反之，质点动能减小。

与牛顿第二定律一样，动能定理只适用于惯性系。由于在不同的惯性系中，质点的位移和速度不尽相同，因此，动能的量值与参考系有关。但是，对于不同的惯性系，动能定理的形式不变。

值得注意的是，动能定理建立了功和能量之间的关系，但是功是一个过程量，而动能是一个状态量，它们之间仅存在一个等量关系。

【**例 3-11**】　有一线密度为 ρ 的细棒，长度为 l，其上端用细线悬着，下端紧贴着密度为 ρ' 的液体表面。现将悬线剪断，求细棒在恰好全部没入水中时的沉降速度。设液体没有粘性。试利用动能定理求解。

解：如图 3-28 所示，细棒下落过程中受到向下的重力 G 和向上的浮力 F 的作用，合外力对它做的功为

$$W = \int_0^l (G - F)\mathrm{d}x = \int_0^l (\rho l - \rho' x)g\,\mathrm{d}x = \rho l^2 g - \frac{1}{2}\rho' l^2 g$$

图 3-28　例 3-11 受力分析

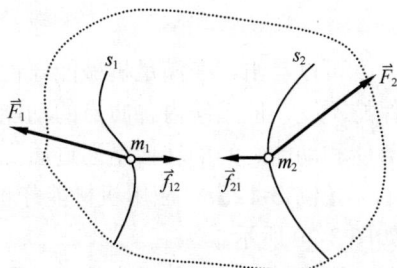

由动能定理，初速度为 0，设末速度为 v，可得

$$\rho l^2 g - \frac{1}{2}\rho' l^2 g = \frac{1}{2}mv^2 = \frac{1}{2}\rho l v^2$$

$$v = \sqrt{\frac{(2\rho l - \rho' l)}{\rho}g}$$

本题也可以用牛顿定律求解，但可以看出，应用动能定理解题更加简便。

3.5.2　质点系的动能定理

下面，我们把单个质点的动能定理推广到由若干质点组成的质点系中。此时系统既受到外力作用，又受到质点间的内力作用。为了简单起见，我们仍先分析最简单的情况：设质点系由两个质点 1 和 2 组成，它们的质量分别为 m_1 和 m_2，并沿着各自的路径 s_1 和 s_2 运动，如图 3-29 所示。

图 3-29　系统的内力和外力

分别对两质点应用动能定理，对质点 1 有

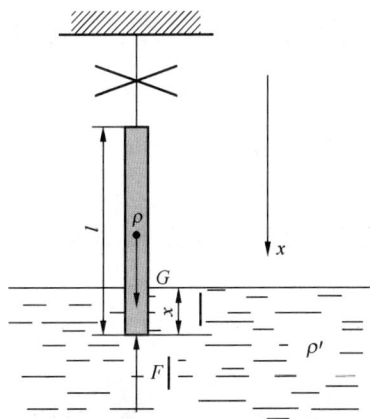

$$\int \vec{F}_1 \cdot \mathrm{d}\vec{r}_1 + \int \vec{f}_{12} \cdot \mathrm{d}\vec{r}_1 = \Delta E_{k1}$$

对质点 2 有

$$\int \vec{F}_2 \cdot \mathrm{d}\vec{r}_2 + \int \vec{f}_{21} \cdot \mathrm{d}\vec{r}_2 = \Delta E_{k2}$$

上两式相加，得

$$\int \vec{F}_1 \cdot \mathrm{d}\vec{r}_1 + \int \vec{F}_2 \cdot \mathrm{d}\vec{r}_2 + \int \vec{f}_{12} \cdot \mathrm{d}\vec{r}_1 + \int \vec{f}_{21} \cdot \mathrm{d}\vec{r}_2 = \Delta E_{k1} + \Delta E_{k2}$$

上式右面为系统的动能的增量，我们可以用 ΔE_k 表示，左面的前两项之和为系统所受外力的功，用 W_e 表示；后两项之和为系统内力的功，用 W_i 表示。于是上式可写为

$$W_e + W_i = \Delta E_k \tag{3-22}$$

即：**系统的外力和内力做功的总和等于系统动能的增量**。这就是**质点系的动能定理**。

可以看出，与质点系的动量定理不同的是，内力可以改变质点系的动能。

3.5.3 质点系的功能原理

对于系统来说，所受的力既有外力也有内力，而对于系统的内力来说，它们也有保守内力和非保守内力之分。所以，内力的功也分为保守内力的功 W_{ic} 和非保守内力的功 W_{id}，即

$$W_i = W_{ic} + W_{id}$$

保守内力的功可以用系统势能增量的负值来表示

$$W_{ic} = -\Delta E_P$$

因此，对于系统来说，若用 ΔE 表示其机械能的增量，其动能定理可以写作

$$W_e + W_{id} = \Delta E_k + \Delta E_P = \Delta E \tag{3-23a}$$

即：**当系统从状态 1 变化到状态 2 时，它的机械能的增量等于外力的功与非保守内力的功的总和**，这个结论叫做**系统的功能原理**。

3.5.4 机械能守恒定律

由式（3-23）可知，当 $W_e + W_{id} = 0$ 时，$\Delta E = 0$，或者写成

$$E_{k1} + E_{P1} = E_{k2} + E_{P2} \tag{3-23b}$$

即：**如果一个系统内只有保守内力做功，或者非保守内力与外力的总功为零，则系统内机械能的总值保持不变**。这一结论称为**机械能守恒定律**。

上式也可写成

$$E_{k2} - E_{k1} = E_{P1} - E_{P2} \tag{3-23c}$$

可以看出，在满足机械能守恒的条件下，尽管系统动能和势能之和保持不变，但系统内各质点的动能和势能可以互相转换。此时，质点内势能和动能之间的转换是通过质点系的保守内力做功来实现的。

【例 3-12】 应用机械能守恒的方法重新求证 2.3 节中的例 2-4，如图 3-30 所示。

证： 以钉子处的重力势能为零。静止时及另一边长为 x 时的机械能分别为

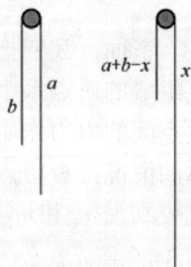

图 3-30 例 3-12

$$E_0 = -\frac{m}{a+b}ag\frac{a}{2} - \frac{m}{a+b}bg\frac{b}{2}$$

$$E = -\frac{m}{a+b}(a+b-x)g\frac{a+b-x}{2} - \frac{m}{a+b}xg\frac{x}{2} + \frac{1}{2}mv^2$$

由机械能守恒定律 $E = E_0$，求得

$$v = \sqrt{\frac{2g}{a+b}(x-a)(x-b)}$$

由 $v = \dfrac{dx}{dt}$ 得 $dt = \dfrac{dx}{v}$，积分得

$$t = \int_0^t dt = \int_a^{a+b}\frac{dx}{v} = \int_a^{a+b}\frac{dx}{\sqrt{\dfrac{2g}{a+b}(x-a)(x-b)}} = \sqrt{\frac{a+b}{2g}}\ln\frac{\sqrt{a}+\sqrt{b}}{\sqrt{a}-\sqrt{b}}$$

证毕。

【例 3-13】　如图 3-31 所示，质量为 m 的小球，系在绳的一端，绳的另一端固定在 O 点，绳长 l，今把小球以水平初速 v_0 从 A 点抛出，使小球在竖直平面内绕一周（不计空气摩擦阻力）。

（1）求证 v_0 必须满足下述条件：$v_0 \geqslant \sqrt{5gl}$；

（2）设 $v_0 = \sqrt{5gl}$，求小球在圆周上 C 点（$\theta = 60^\circ$）时，绳子对小球的拉力。

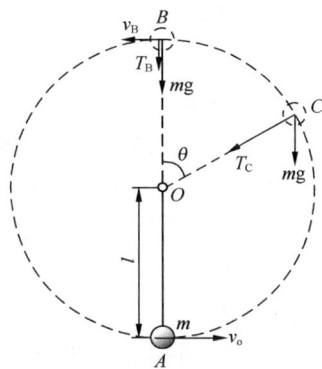

图 3-31　例 3-13

解：（1）取 m 与地球为系统，则系统机械能守恒，以最低点为零势能点，则

$$\frac{1}{2}mv_0^2 = \frac{1}{2}mv^2 + mgl(1+\cos\theta)$$

即

$$v_0^2 = v^2 + 2gl(1+\cos\theta)$$

又因为小球的向心力是由绳的拉力以及重力的合力提供，所以

$$T + mg\cos\theta = \frac{mv^2}{l}$$

即

$$T = \frac{mv^2}{l} - mg\cos\theta$$

因为 T 只能在有限个瞬间为 0，否则小球将做抛体运动，所以在 θ 取任意值时，均有 $T \geqslant 0$。

当 $\theta = 0$ 时

$$T = T_{\min} = \frac{mv^2}{l} - mg \geqslant 0$$

则

$$v^2 \geqslant gl$$

可得

$$v_0^2 = v^2 + 2gl(1+\cos\theta)\big|_{\theta=0} = v^2 + 4gl \geqslant 5gl$$

即

$$v_0 \geqslant \sqrt{5gl}$$

（2）因为

$$T = \frac{mv^2}{l} - mg\cos\theta$$

$$\frac{1}{2}mv_0^2 = \frac{1}{2}mv^2 + mgl(1+\cos\theta)$$

上两式联立，得

$$T = \frac{m}{l}[v_0^2 - 2gl(1+\cos\theta)] - mg\cos\theta = \frac{mv_0^2}{l} - 2mg - 3mg\cos\theta$$

当小球在 C 点时，将 $v_0 = \sqrt{5gl}$ 以及 $\theta = 60°$ 代入上式，得

$$T = \frac{3}{2}mg$$

【例 3-14】 一质量为 m 的小球，由顶端沿质量为 M 的圆弧形木槽自静止下滑，设圆弧形槽的半径为 R（如图 3-32 所示）。忽略所有摩擦，求：

（1）小球刚离开圆弧形槽时，小球和圆弧形槽的速度各是多少？

（2）小球滑到 B 点时对木槽的压力。

解： 设小球和圆弧形槽的速度分别为 v_1 和 v_2。

（1）由动量守恒定律

$$mv_1 + Mv_2 = 0$$

由机械能守恒定律

$$\frac{1}{2}mv_1^2 + \frac{1}{2}Mv_2^2 = mgR$$

两式联立，解得

$$v_1 = \sqrt{\frac{2MgR}{m+M}} = M\sqrt{\frac{2gR}{(m+M)M}}$$

$$v_2 = -m\sqrt{\frac{2gR}{(m+M)M}}$$

（2）小球相对槽的速度为

$$v = v_1 - v_2 = (M+m)\sqrt{\frac{2gR}{(m+M)M}}$$

竖直方向应用牛顿运动第二定律

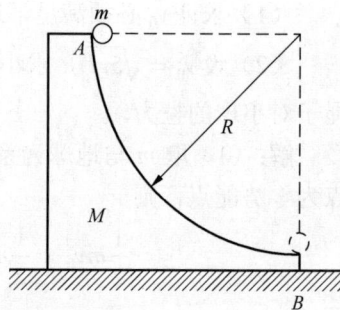

图 3-32 例 3-14

$$N - mg = m\frac{v^2}{R}$$

$$N' = N = mg + m\frac{v^2}{R} = mg + (M + m)^2 \frac{2mg}{(m + M)M} = 3mg + \frac{2m^2g}{M}$$

3.5.5 能量守恒定律

若存在一个系统不受外界影响，这个系统就叫做**孤立系统**。对于孤立系统来说，既然不受外界影响，则外力做功肯定为零。此时，影响系统能量的只有系统的内力。由前面可知，如果有非保守内力做功，系统的机械能就不再守恒，但是系统内部除了机械能之外，还存在其他形式的能量，比如热能、化学能、电能等，那么，系统的机械能就要和其他形式的能量发生转换。实验表明，**一个孤立系统经历任何变化时，该系统的所有能量的总和是不变的，能量只能从一种形式变化为另外一种形式，或从系统内一个物体传给另一个物体。**这就是普遍的能量守恒定律。即：某种形式的能量减少，一定有其他形式的能量增加，且减少量和增加量一定相等。

能量守恒定律，是人类历史上最普遍、最重要的基本定律之一。能量守恒和能量转化定律与细胞学说、进化论合称 19 世纪自然科学的三大发现。从物理、化学到地质、生物，大到宇宙天体，小到原子核内部，只要有能量转化，就一定服从能量守恒的规律。从日常生活到科学研究、工程技术，这一规律都发挥着重要的作用。人类对各种能量，如煤、石油等燃料以及水能、风能、核能等的利用，都是通过能量转化来实现的。能量守恒定律是人们认识自然和利用自然的有力武器。

3.6 碰撞问题

当两个或两个以上物体或质点相互接近时，在较短的时间内，通过相互作用，它们的运动状态（包括物质的性质）发生显著变化的现象，我们称之为**碰撞**。我们经常会遇到碰撞的情况，例如打台球时的情景。另外打桩（见图 3-33）、锻铁、分子、原子等微观粒子的相互作用，以及人从车上跳下、子弹打入物体等现象都可以认为是碰撞。如果把发生碰撞的几个物体看作一个系统，在碰撞过程中，它们之间的内力较之系统外物体对它们的作用力要大得多。因此，在研究碰撞问题时，可以将系统外物体对它们的作用力忽略不计。此时，系统的总动量守恒。碰撞时，时间极短，但碰撞前后物体运动状态的改变非常显著，因而易于分清过程始末状态。

锤头

桩

图 3-33 打桩

以两个物体之间的碰撞为例，若碰撞后，两物体的机械能完全未发生损失，这种碰撞叫做**完全弹性碰撞**，这是一种理想的情况；一般情况下，由于有非保守力的作用，导致系统的机械能和其他形式的能量相互转换，这种碰撞叫做**非弹性碰撞**；而如果碰撞之后两物体以同一速度运动，并不分开，这种碰撞叫做**完全非弹性碰撞**。

一般可用动量守恒定律并酌情引入机械能守恒定律处理碰撞问题。可用碰撞前后系统的状态（动量、动能、势能等）变化来反映碰撞过程，或用碰撞对系统所产生的效果来反映碰撞过程，从而回避了碰撞本身经历的实际过程，简化了问题。下面通过具体例题讨论一下碰撞问题。

【例 3-15】 设有两个质量分别为 m_1 和 m_2，速度分别为 $\vec{v}_{10}$ 和 $\vec{v}_{20}$ 的弹性小球作对心碰撞，两球的速度方向相同，如图 3-34 所示。若碰撞是完全弹性的，求碰撞后的速度 $\vec{v}_1$ 和 $\vec{v}_2$。

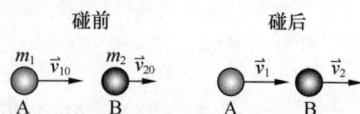
图 3-34　例 3-15

解：取初始速度方向为正方向，由动量守恒定律

$$\left.\begin{aligned}m_1\vec{v}_{10} + m_2\vec{v}_{20} &= m_1\vec{v}_1 + m_2\vec{v}_2 \\ m_1(v_{10} - v_1) &= m_2(v_2 - v_{20})\end{aligned}\right\} \qquad ①$$

由机械能守恒定律得

$$\left.\begin{aligned}\frac{1}{2}m_1v_{10}^2 + \frac{1}{2}m_2v_{20}^2 &= \frac{1}{2}m_1v_1^2 + \frac{1}{2}m_2v_2^2 \\ m_1(v_{10}^2 - v_1^2) &= m_2(v_2^2 - v_{20}^2)\end{aligned}\right\} \qquad ②$$

由式①、式②可解得

$$\left.\begin{aligned}v_{10} + v_1 &= v_2 + v_{20} \\ v_{10} - v_{20} &= v_2 - v_1\end{aligned}\right\} \qquad ③$$

由式①、式③可解得

$$v_1 = \frac{(m_1 - m_2)v_{10} + 2m_2v_{20}}{m_1 + m_2}$$

$$v_2 = \frac{(m_2 - m_1)v_{20} + 2m_1v_{10}}{m_1 + m_2}$$

可以看出

（1）若 $m_1 = m_2$，则 $v_1 = v_{20}$，$v_2 = v_{10}$；

（2）若 $m_2 >> m_1$，且 $v_{20} = 0$，则 $v_1 \approx -v_{10}$，$v_2 \approx 0$；

（3）若 $m_2 << m_1$，且 $v_{20} = 0$，则 $v_1 \approx v_{10}$，$v_2 \approx 2v_{10}$。

【例 3-16】 如图 3-35 所示，为一冲击摆。摆长为 l，木块质量为 M，在质量为 m 的子弹击中木块后，冲击摆摆过的最大偏角为 θ，试求子弹击中木块时的初速度。

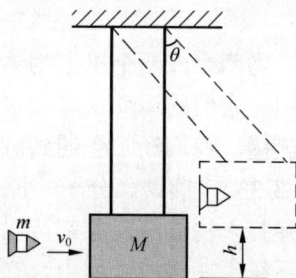
图 3-35　例 3-16

解：（1）子弹射入木块内停止下来的过程为非弹性碰撞，在此过程中动量守恒而机械能不守恒，设子弹与木块碰撞瞬间共同速度为 v。因此有

$$v = \frac{mv_0}{m + M}$$

（2）摆从平衡位置摆到最高位置的过程，重力与张力合力不为零。由于张力不做功，系统动量不守恒，而机械能守恒。因此有

$$(m + M)gh = (m + M)v^2 / 2$$

而

$$h = (1 - \cos\theta)l$$

所以

$$v_0 = \frac{m+M}{m}\sqrt{2gh} = \frac{m+M}{m}\sqrt{2gl(1-\cos\theta)}$$

【例 3-17】　光滑斜面与水平面的夹角为 $\alpha = 30°$，轻弹簧上端固定。今在弹簧的另一端轻轻地挂上质量为 $M = 1.0\text{kg}$ 的木块，则木块沿斜面向下滑动。当木块向下滑 $x = 30\text{cm}$ 时，恰好有一质量 $m = 0.01\text{kg}$ 的子弹，沿水平方向以速度 $v = 200\text{m/s}$ 射中木块并深陷在其中。设弹簧的倔强系数为 $k = 25\text{N/m}$，求子弹打入木块后它们的共同速度。

解：如图 3-36 所示，木块下滑过程中，以木块、弹簧、地球为系统的机械能守恒。选弹簧原长处为弹性势能和重力势能的零点，以 v_1 表示木块下滑 x 距离时的速度，则

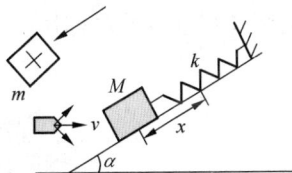

图 3-36　以木块、弹簧、地球为系统的机械能守恒

$$\frac{1}{2}kx^2 + \frac{1}{2}Mv_1^2 - Mgx\sin\alpha = 0$$

$$v_1 = \sqrt{2gx\sin\alpha - \frac{kx^2}{M}} \approx 0.83\text{m/s}$$

方向沿斜面向下。

以子弹和木块为系统，在子弹射入木块的过程中，外力沿斜面方向的分力可略去不计，沿斜面方向应用动量守恒定律。以 v_2 表示子弹射入木块后的共同速度，则有

$$Mv_1 - mv\cos\alpha = (M+m)v_2$$

得

$$v_2 = \frac{Mv_1 - mv\cos\alpha}{M+m} \approx -0.89\,\text{m/s}$$

负号表示此速度的方向沿斜面向上。

此外，快速飞行的子弹穿过物体时，由于其作用时间极短，作用力很大，故也可以用碰撞原理来加以解决此类问题。而如图 3-37 所示的情况，因其所受阻力很小，子弹前后状态改变不大，故不适宜归于碰撞问题，即碰撞问题要根据实际情况来具体分析，灵活运用。

(a) 子弹穿过苹果瞬间　　　　　(b) 子弹穿过扑克牌瞬间

图 3-37　子弹穿过物体瞬间

3.7 *对称性与守恒定律

动量守恒定律和能量守恒定律是从牛顿定律中推导出来的，但是这些守恒定律的应用范围却比牛顿定律广泛得多，在一些牛顿定律不适用的范畴，它们仍然适用。现代物理学已经确认，这些基本定律与时空对称性紧密相联系，在本书范围内，我们不能做严格的证明和讨

论，只能简单介绍一下。

3.7.1　对称性

最初，对称性来自于生活中对自然万物的认识。雪花、树叶、人的身体以及宏伟的古代建筑都具有很好的对称性，如图 3-38 所示。

(a)　　　　　　　　　　　　　　　　(b)

图 3-38　物体的对称性

对称性的普遍的严格的定义是德国数学家魏尔（H·Weyl）于 1951 年提出的：对某一体系进行一次变换或操作。如果经此操作后，该体系完全复原，则称该体系对所经历的操作是对称的，而该操作就叫对称操作。其中，"体系"是指我们所讨论的对象，也称做"系统"，"变换"是指体系从一个状态变到另一个状态的过程，也叫做"操作"。

物理学中几种常见的对称性操作有空间平移、空间转动以及时间平移等。以物理实验为例，空间平移对称是指任意给定的物理实验或物理现象的发展变化过程，是和此实验所在的空间位置无关的，亦即换一个地方做实验，其进展过程也完全一样；空间转动对称是指任意给定的物理实验的发展过程和此实验装置在空间的取向无关，亦即把实验装置转换一个方向，并不影响实验的进展过程；时间平移对称是指任意给定的物理实验的发展过程和此实验开始的时间无关，亦即早些开始做，还是迟些开始做，甚至现在开始做，此实验的进展过程也是完全一样的。

在物理学中讨论对称性问题时，我们要注意区分两类不同性质的对称性。一类是某个系统或某件具体事物的对称性，另一类是物理定律的对称性。由两质点组成的系统具有轴对称性，属于前者；牛顿定律具有伽利略变换不变性，则属于后者。

3.7.2　守恒定律与对称性

物理定律的对称性是指经过一定的操作后，物理定律的形式保持不变。因此，物理定律的对称性又叫不变性。物理学中的各种守恒定律并不是偶然存在的，而是各种对称性的反映。1918 年德国女数学家尼约特（A.E·Noether，1882～1935 年）创建了一条定理，该定理指出：**每一条守恒定律都与某一种对称性相联系，每一种对称性也都对应着一条守恒定律。**

首先看能量守恒定律。从宏观的角度看，物体系有保守系和非保守系之分。前者机械能守恒，后者则不然。从微观的角度看无所谓耗散力，在一切系统中，粒子与粒子之间的相互作用可通过相互作用势（分子力势能）来表达。时间平移不变性意味着，这种相互作用势只与两粒子的相对位置有关。对于同样的相对位置，粒子间的相互作用势不应随时间而变。在这种情况下系统的总能量（动能+势能）自然是守恒的。我们可以举一个反例来说明，在相反的情况下能量可以不守恒。设某地建设一个抽水蓄能电站，夜间用电低谷时抽水上山，白天用电高峰时放水发电。利用昼夜能源的价值不同，可以获得很好的经济效益。倘若昼夜变化的不仅是能源的价值，也是重力加速度，进而水库中同样水位所蓄的重力势能也做周期性的变化，则抽水蓄能电站获得的不仅是经济效益，也是能量的赢余。于是，永动机的梦想实现了。但是，重力加速度的时间的平移不变性是不允许出现这种情况的。

其次看动量守恒定律。如图 3-39 所示，考虑两个粒子 A 和 B，它们的相互作用势能为 E_P。现将 A 沿任意方向移动到 A'，如图 3-39（a）所示，此位移造成势能的改变（抵抗 B 给 A 的力所做的功）为

$$\Delta E_P = -f_{B \to A} \cdot \Delta s$$

若 A 不动，将 B 沿反方向移动相等的距离到 B'，如图 3-39（b）所示，则势能的改变（抵抗 A 给 B 的力所做的功）为

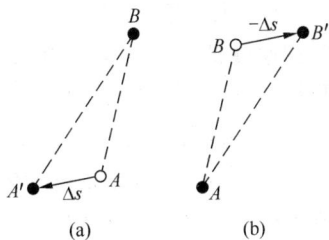

图 3-39　空间平移不变性

$$\Delta E_P' = -f_{A \to B} \cdot (-\Delta s) = f_{A \to B} \cdot \Delta s$$

上述两种情况结果的区别仅在于由两粒子组成的系统整体在空间有个平移，它们的相对位置是一样的

$$\overline{A'B} = \overline{A'B}$$

因为空间平移不变性意味着两粒子之间的相互作用势能只与它们的相对位置有关，与它们整体在空间的平移无关，所以两种情况终态的势能应相等。

$$\Delta E_P = -f_{BA} \cdot \Delta s = \Delta E_P' = f_{AB} \cdot \Delta s$$

因为 Δs 是任意的，所以有

$$f_{B \to A} = -f_{A \to B}$$

设 A 的动量为 $\vec{p}_A$，B 的动量为 $\vec{p}_B$，由牛顿第二定律可知

$$\frac{\mathrm{d}\vec{p}_A}{\mathrm{d}t} + \frac{\mathrm{d}\vec{p}_B}{\mathrm{d}t} = 0$$

即 $\vec{p}_A + \vec{p}_B =$ 常量。于是，我们从空间的平移不变性推导出了动量守恒定律。

在物理学各个领域中，各种定理、定律和法则的地位并不是平等的，而是有层次的。例如，力学中的胡克定律，热学中的物态方程，电学中的欧姆定律，都是经验性的，仅适用于一定的物料，一定的参量范围。这些是较低层次的规律。而层次较高的，例如，统帅整个经典力学的是牛顿定律，统帅整个电磁学的是麦克斯韦方程，它们都是物理学中某一个领域中的基本规律，层次要高得多。

那么，是否还有凌驾于这些基本规律之上更高层次的定律等？回答是肯定的，对称性原理就是这样的，由时空对称性导出的能量、动量等守恒定律，也是跨越物理学各个领域的普遍法则。这就是为什么在不涉及一些具体定律时，我们也往往有可能根据对称性原理和守恒定律做出一些定性的判断，得到一些有用的信息的原因。

复 习 题

一、思考题

1. 有无物体只有动量而无机械能？反之，只有机械能而无动量的物体是否存在？
2. 何为内力？何为外力？它们对于改变物体和物体系的动量各有什么贡献？对于改变

物体和物体系的动能各有什么贡献？

3．一大一小两条船，距岸一样远，从哪条船跳到岸上容易些？为什么？

4．动能也具有相对性，它与重力势能的相对性在物理意义上是一样的吗？

5．以速度 v 匀速提升一质量为 m 的物体，在时间 t 内提升力做功若干；又以比前面快一倍的速度把该物体匀速提高同样的高度，试问所做的功是否比前一种情况大？为什么？在这两种情况下，它们的功率是否一样？

6．分析静摩擦力与滑动摩擦力做功情况，它们一定做负功吗？

7．向心力为什么对物体不做功？在静止斜面上滑行的物体，支持力对物体做功吗（光滑水平上放着的劈性物体 A，斜面上放置的物体 B，B 由于重力而下滑，A 对 B 的支持力做功吗）？

8．如果力的方向不变，而大小随位移均匀变化，那么在这个变力作用下物体运行一段位移，其做功如何计算？

9．试从物理意义上、数学表达式的性质上、适用领域上比较动能定理与动量定理。

10．在质点系的质心处一定存在一个质点吗？

二、习题

1．下列几种说法：

（1）质点系总动量的改变与内力无关；

（2）质点系总动能的改变与内力无关；

（3）质点系机械能的改变与保守内力无关。

则对上面说法判断正确的是（　　）。

  （A）只有（1）正确   （B）（1）和（2）正确

  （C）（1）和（3）正确   （D）（2）和（3）正确

2．质量为 20g 的子弹沿 x 轴正向以 500m/s 的速率射入一木块后，与木块一起仍沿 x 轴正向以 50m/s 的速率前进，在此过程中木块所受冲量的大小为（　　）。

  （A）9N·s   （B）−9N·s   （C）10N·s   （D）−10N·s

3．质量为 m 的质点在外力作用下，其运动方程为 $\vec{r}=A\cos\omega t\,\vec{i}+B\sin\omega t\,\vec{j}$，式中 A、B、ω 都是正的常量。由此可知外力在 $t=0$ 到 $t=\pi/(2\omega)$ 这段时间内所做的功为（　　）。

  （A）$\dfrac{1}{2}m\omega^2\left(A^2+B^2\right)$ （B）$m\omega^2\left(A^2+B^2\right)$

  （C）$\dfrac{1}{2}m\omega^2\left(A^2-B^2\right)$ （D）$\dfrac{1}{2}m\omega^2\left(B^2-A^2\right)$

4．有一、二两球分别以速度 $\vec{v}_1=\vec{v}$ 和 $\vec{v}_2=-\vec{v}$ 相向运动而发生完全弹性正碰，设碰后一球静止，则二球的速度为（　　）。

  （A）$\vec{v}$ （B）$\sqrt{2}\vec{v}$ （C）$\dfrac{1}{2}\vec{v}$ （D）$2\vec{v}$

5．对功的概念有以下几种说法：

（1）保守力做正功时系统内相应的势能增加；

（2）质点运动经一闭合路径，保守力对质点做的功为零；

（3）作用力与反作用力大小相等、方向相反，所以两者所做的功的代数合必为零。

在上述说法中：（　　）。

（A）（1）、（2）是正确的　　　　（B）（2）、（3）是正确的

（C）只有（2）是正确的　　　　　（D）只有（3）是正确的

6．质量为 m 的小球在水平面内做速率为 v_0 的匀速圆周运动，试求小球经过（1）1/4 圆周，（2）1/2 圆周，（3）3/4 圆周，（4）整个圆周的过程中的动量改变量，试从冲量计算得出结果。

7．一子弹从枪口飞出的速度是300m/s，在枪管内子弹所受合力的大小符合下式：

$$f = 400 - \frac{4}{3} \times 10^5 t \quad (\text{SI})$$

（1）画出 $f \sim t$ 图。

（2）若子弹到枪口时所受的力变为零，计算子弹行经枪管长度所花费的时间。

（3）求该力冲量的大小。

（4）求子弹的质量。

8．煤矿采煤，安全原因，多采用水力，使用高压水枪喷出的强力水柱冲击煤层。如图 3-40 所示，设水柱直径 $D=30\text{mm}$，水速 $v=56\text{m/s}$。水柱垂直射在煤层表面上，冲击煤层后的速度为零，求水柱对煤的平均冲力。

9．一质量为 0.05kg、速率为 10m·s^{-1} 的钢球，以与钢板法线呈 $45°$ 角的方向撞击在钢板上，并以相同的速率和角度弹回来，如图 3-41 所示。设碰撞时间为 0.05s，求在此时间内钢板所受到的平均冲力。

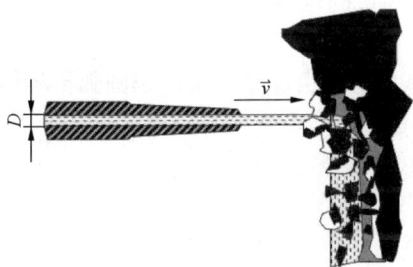

图 3-40　习题 8

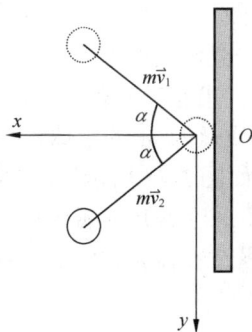

图 3-41　习题 9

10．一辆装煤车以 2m/s 的速率从煤斗下面通过，煤粉通过煤斗以每秒 $5t$ 的速率竖直注入车厢。如果车厢的速率保持不变，车厢与钢轨间摩擦忽略不计，求牵引力的大小。

11．一小船质量为 100kg，船头到船尾共长 3.6m。现有一质量为 50kg 的人从船尾走到船头时，船头将移动多少距离？假定水的阻力不计。

12．一炮弹，竖直向上发射，初速度为 v_0，在发射后经 t 秒后在空中自动爆炸，假定分成质量相同的 A、B、C 三块碎块。其中，A 块的速度为零，B、C 两块的速度大小相同，且 B 块速度方向与水平成 α 角，求 B、C 两碎块的速度（大小和方向）。

13．质量为 2kg 的质点受力 $\vec{F} = 3\vec{i} + 5\vec{j}$（N）的作用。当质点从原点移动到位矢为 $\vec{r} = 2\vec{i} - 3\vec{j}$（m）处时，

（1）此力所做的功为多少？它与路径有无关系？

（2）如果此力是作用在质点上的唯一的力，则质点的动能将变化多少？

14．用铁锤将一只铁钉击入木板内，设木板对铁钉的阻力与铁钉进入木板之深度成正比，如果在击第一次时，能将钉击入木板内 1cm，再击第二次时（锤仍然以第一次同样的速度击

钉），能击入多深？

15. 一链条，总长为 l，放在光滑的桌面上，其一端下垂，长度为 a，如图 3-42 所示。假定开始时链条静止。求链条刚刚离开桌边时的速度。

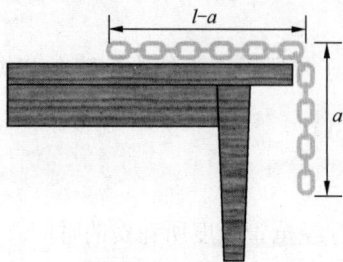

图 3-42 习题 15

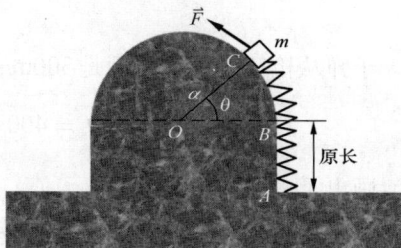

图 3-43 习题 16

16. 一弹簧，劲度系数为 k，一端固定在 A 点，另一端连一质量为 m 的物体，靠在光滑的半径为 a 的圆柱体表面上，弹簧原长为 AB（如图 3-43 所示）。在变力下作用下，物体极缓慢地沿表面从位置 B 移到 C，求力 F 所做的功。

17. 一质量为 m 的物体，位于质量可以忽略的直立弹簧正上方高度为 h 处，该物体从静止开始落向弹簧，若弹簧的劲度系数为 k，不考虑空气阻力，求物体可能获得的最大动能。

18. 如图 3-44 所示，一轻质弹簧劲度系数为 k，两端各固定一质量均为 M 的物块 A 和 B，放在水平光滑桌面上静止。今有一质量为 m 的子弹沿弹簧的轴线方向以速度 v_0 射入一物块而不复出，求此后弹簧的最大压缩长度。

19. 一质量为 m 的小球，由顶端沿质量为 M 的圆弧形木槽自静止下滑，设圆弧形槽的半径为 R（如图 3-45 所示）。忽略所有摩擦，求：

（1）小球刚离开圆弧形槽时，小球和圆弧形槽的速度各是多少？

（2）小球滑到 B 点时对木槽的压力。

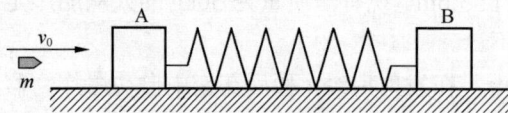

图 3-44   习题 18

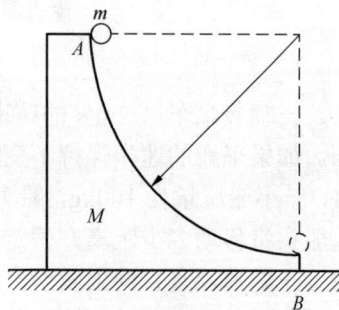

图 3-45 习题 19

20. 一质量为 m 的中子与一质量为 M 的原子核做对心弹性碰撞，如中子的初始动能为 E_0，试证明在碰撞过程中，改成中子动能的损失为 $4mME_0/(M+m)^2$。

21. 如图 3-46 所示，地面上竖直安放着一个劲度系数为 k 的弹簧，其顶端连接一静止的质量为 M 的物体。另有一质量为 m 的物体，从距离顶端为 h 处自由落下，与 M 做完全非弹性碰撞。求证弹簧对地面的最大压力为

$$N = (m+M)g + mg\sqrt{1 + \frac{2kh}{(m+M)g}}$$

22．如图 3-47 所示，质量为 m 的小球在外力作用下，由静止开始从 A 点出发做匀加速直线运动，到 B 点时撤销外力，小球无摩擦地冲上一竖直半径为 R 的半圆环，恰好能到达最高点 C，而后又刚好落到原来的出发点 A 处，试求小球在 AB 段运动的加速度为多大？

23．如图 3-48 所示，一质量为 m 的铁块静止在质量为 M 的斜面上，斜面本身又静止于水平桌面上。设所有接触都是光滑的。当铁块位于高出桌面 h 处时，铁块—斜面系统由静止开始运动。当铁块落到桌面上时，劈尖的速度有多大？设劈尖与地面的夹角为 α。

24．火箭起飞时，从尾部喷出的气体的速度为 3 000m/s，每秒喷出的气体质量为 600kg。若火箭的质量为 50t，求火箭得到的加速度。

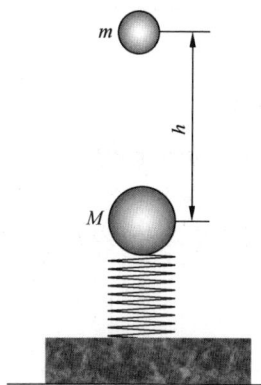

图 3-46　习题 21

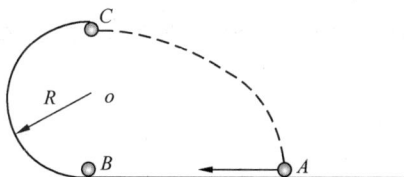

图 3-47　习题 22

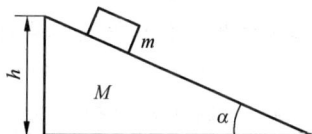

图 3-48　习题 23

第4章 刚体的转动

【学习目标】

- 熟练掌握刚体的概念，掌握刚体绕定轴转动的特点。
- 熟练掌握力矩、转动惯量的概念，并能求出简单刚体的转动惯量。
- 熟练掌握质点和刚体的角动量的概念，以及刚体角动量定理和角动量守恒定律，并能处理一般质点在平面内运动以及刚体绕定轴转动情况下的角动量守恒问题。
- 掌握转动动能的概念，以及刚体的定轴转动动能定理。能在刚体绕定轴转动的问题中正确地应用机械能守恒定律。
- 熟练掌握力矩的功和功率。
- 了解进动的相关概念。

前面研究了质点系的运动。对于质点系来说，运动情况比较简单。质点的运动实际上只是代表了物体的平动，并不能描述具体物体的转动以及更复杂的运动。研究机械运动的最终目的是要研究具体物体的运动。对于具体物体，在外力的作用下，其形状、大小要发生变化。简单起见，我们设想有一类物体，在外力的作用下，其大小、形状均不发生变化，即物体内任意两点的距离都不因外力的作用而改变，这样的一类物体称之为**刚体**。刚体仍是个理想模型。本章将重点研究刚体的定轴转动及其相关的规律，为进一步研究真实物体的机械运动打下基础。

4.1 刚体 刚体的运动

4.1.1 刚体的平动和转动

刚体的运动形式可分为平动和转动。若刚体中所有点的运动轨迹都保持完全相同，或者说，刚体内任意两点间的连线总是平行于它们的初始位置间的连线，那么这种运动叫做平动，如图 4-1（a）所示。刚体平动实际上是质点平动的集中体现。刚体中任意一点的运动都可代替刚体的运动。一般常以质心作为代表点。而转动是指刚体中所有的点都绕同一直线做圆周运动，如图 4-1（b）所示。这条直线叫做转轴。

转动分为定轴转动和非定轴转动两种。若转轴的位置或方向固定不变，这种转动叫做刚体的定轴转动，此时，垂直于转轴所在的平面叫做**转动平面**。刚体上各点都绕同一固定转轴做不同半径的圆周运动，且在相同时间内转过相同的角度，即有相同的角速度。反之，若转轴不固定，刚体做的就是非定轴转动。一般情况下，刚体的运动可以看作平动和转动的合成运动。例如，行进中的车轮的运动，可以看作是车轮中心点的平动以及轮上周围各点围绕中心点的转动的合成，如图 4-2 所示。

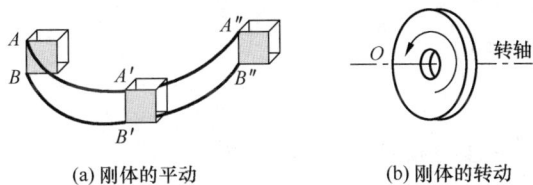

(a) 刚体的平动　　　　　　　(b) 刚体的转动

图 4-1　刚体的平动和转动

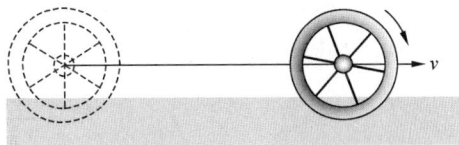

图 4-2　刚体的一般运动

本章中，我们重点研究的是刚体的定轴转动。

4.1.2　定轴转动的角量和线量

在第 1 章里面，我们已经介绍过关于角量的问题。刚体的定轴转动可以看作是刚体中所有质点均围绕其转轴做圆周运动，也有角位置、角位移、角速度和角加速度等物理量。因此，可以参考 1.3 节中的角量和线量的关系来描述刚体定轴转动中的相应物理量。

图 4-3　角量和线量的关系

如图 4-3 所示，有一做定轴转动的刚体，角速度大小为 ω，转动平面上有任意一点 P，其线速度大小为 v，于是有

$$v = r\omega \qquad (4\text{-}1a)$$

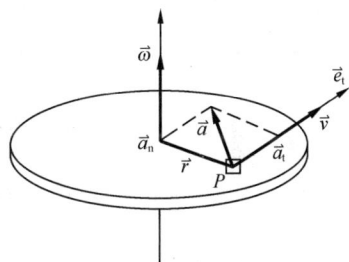

可以看出，刚体上点的线速度大小 v 与各点到转轴的距离 r 成正比，距离越远，线速度越大。上式也可写成矢量形式

$$\vec{v} = r\omega\vec{e}_{\tau} \qquad (4\text{-}1b)$$

P 点的切向加速度和法向加速度则分别为

$$a_{\tau} = r\alpha \qquad (4\text{-}2)$$

$$a_{n} = r\omega^2 \qquad (4\text{-}3)$$

总加速度

$$\vec{a} = r\alpha\vec{e}_{\tau} + r\omega^2\vec{e}_{n} \qquad (4\text{-}4)$$

由式（4-2）、式（4-3）可知，对于绕定轴转动的刚体，距离轴越远，其切向加速度和法向加速度越大。

【**例 4-1**】　一飞轮半径为 0.2m，转速为 150r/min，因受制动而均匀减速，经 30s 停止转动。试求：

（1）角加速度和在此时间内飞轮所转的圈数；

（2）制动开始后 $t = 6s$ 时飞轮的角速度；

（3）$t = 6s$ 时飞轮边缘上一点的线速度、切向加速度和法向加速度。

解：（1）由题意可知，$\omega_0 = 5\pi\ \text{rad} \cdot \text{s}^{-1}$，当 $t = 30s$ 时，$\omega = 0$。设 $t = 0$ 时，$\theta_0 = 0$。因为飞轮做匀减速运动，角加速度

$$\alpha = \frac{\omega - \omega_0}{t} = \frac{0 - 5\pi}{30} \text{rad} \cdot \text{s}^{-1} = -\frac{\pi}{6} \text{rad} \cdot \text{s}^{-2}$$

飞轮 30s 内转过的角度

$$\theta = \frac{\omega^2 - \omega_0^2}{2\alpha} = \frac{-(5\pi)^2}{2 \times (-\pi/6)} = 75\pi \text{ rad}$$

所以，转过的圈数为

$$N = \frac{\theta}{2\pi} = \frac{75\pi}{2\pi} = 37.5 \text{ rad}$$

（2）$t = 6\text{s}$ 时飞轮的角速度

$$\omega = \omega_0 + \alpha t = (5\pi - \frac{\pi}{6} \times 6) \text{rad} \cdot \text{s}^{-1} = 4\pi \text{rad} \cdot \text{s}^{-1}$$

（3）$t = 6\text{s}$ 时飞轮边缘上一点的线速度大小为

$$v = r\omega = 0.2 \times 4\pi \text{m} \cdot \text{s}^{-2} = 2.5\text{m} \cdot \text{s}^{-2}$$

该点的切向加速度和法向加速度

$$a_\tau = r\alpha = 0.2 \times (-\frac{\pi}{6}) \text{m} \cdot \text{s}^{-2} = -0.105 \text{ m} \cdot \text{s}^{-2}$$

$$a_n = r\omega^2 = 0.2 \times (4\pi)^2 \text{m} \cdot \text{s}^{-2} = 31.6 \text{ m} \cdot \text{s}^{-2}$$

4.2 力矩 转动惯量 定轴转动定律

本节将研究刚体绕定轴转动时的一些运动规律。我们知道，要让一个绕定轴的物体转动起来，不仅与外力的大小有关，也与外力的作用点和方向有关，例如，门把手的位置将影响到开关门的力量。这涉及一个物理概念——力矩。

4.2.1 力矩

图 4-4 所示为一绕 Oz 轴转动的刚体的转动平面，外力 $\vec{F}$ 在此平面内且作用于 P 点，P 点相对于 O 点的位矢为 $\vec{r}$，则定义力 $\vec{F}$ 对 O 点的**力矩**为

$$\vec{M} = \vec{r} \times \vec{F} \tag{4-5}$$

如果 $\vec{r}$ 和力 $\vec{F}$ 之间的夹角为 θ，从点 O 到力 $\vec{F}$ 的作用线的垂直距离为 d，则 d 叫做力对转轴的**力臂**。此时力矩的大小为

$$M = Fr\sin\theta = Fd \tag{4-6}$$

力矩垂直于 $\vec{r}$ 和 $\vec{F}$ 组成的平面。如图 4-5 所示力矩 $\vec{M}$ 的方向为：**右手拇指伸直，四指弯曲，弯曲的方向为由 $\vec{r}$ 通过小于 180° 的角转到 $\vec{F}$ 的方向，则此时拇指的方向为力矩 $\vec{M}$ 的方向。**

在国际单位制中，力矩的单位为 N・m。

对于定轴转动的刚体，作用在同一作用点上的力，若其方向相反，对于刚体的转动的作用效果来说也正好是相反的。

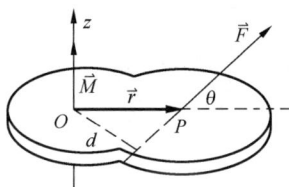

图 4-4 力矩

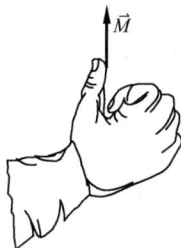

图 4-5 力矩的方向

若 $\vec{F}$ 不在转动平面内，则可将 $\vec{F}$ 分解为平行于转轴的分力 $\vec{F}_z$ 和垂直于转轴的分力 $\vec{F}_\perp$，其中 $\vec{F}_z$ 对转轴的力矩为零，对转动起作用的只有分力 $\vec{F}_\perp$，如图 4-6 所示。故 $\vec{F}$ 对转轴的力矩为

$$M_z \vec{k} = \vec{r} \times \vec{F}_\perp \qquad (4\text{-}7\text{a})$$

即

$$M_z = r F_\perp \sin\theta \qquad (4\text{-}7\text{b})$$

若有几个外力同时作用在绕定轴转动的刚体上，那么它们的合力矩等于这几个外力力矩的**矢量和**。

$$\vec{M} = \vec{M}_1 + \vec{M}_2 + \vec{M}_3 + \cdots$$

若这几个力都在转动平面内或平行于转动平面，各个力的力矩方向要么同向，要么反向，此时，其合力矩等于这几个力的力矩的**代数和**。

由于质点间的力总是成对出现，且符合牛顿第三定律，因此，刚体内质点间作用力和反作用力的力矩互相抵消，即：**内力的力矩对于刚体转动的作用效果为零**，如图 4-7 所示。

$$\vec{M}_{ij} = -\vec{M}_{ji}$$

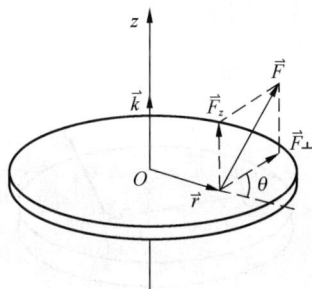

图 4-6 不在转动平面内的力的力矩

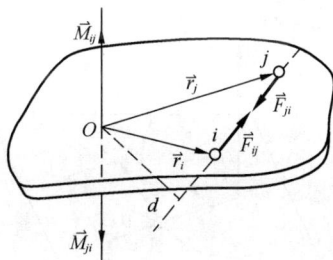

图 4-7 内力的力矩

【**例 4-2**】 一质量为 m、长为 l 的均匀细棒，可在水平桌面上绕通过其一端的竖直固定轴转动，已知细棒与桌面的摩擦系数为 μ，求棒转动时受到的摩擦力矩的大小。

解：如图 4-8 所示，在细棒上距离转轴为 x 处，沿 x 方向取一长度为 $\mathrm{d}x$ 的质量元，此质量元的质量为

$$\mathrm{d}m = \frac{m}{l}\mathrm{d}x$$

图 4-8 例 4-2

对于此质量元，受到的摩擦力矩大小为

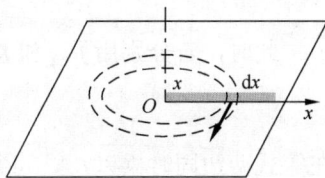

$$\mathrm{d}M = x(\mu \mathrm{d}mg)$$

因此，整个细棒所受到的摩擦力矩可以用积分的形式求得

$$M = \int x\mu \mathrm{d}mg = \frac{\mu mg}{l}\int_0^L x\mathrm{d}x = \frac{1}{2}\mu mgL$$

4.2.2 转动定律

首先我们来看一种情况，如图 4-9 所示，单个质点质量为 m，与一转轴 Oz 刚性相连，其相对于 O 点的位矢为 $\vec{r}$，设质点受到垂直于转轴且在质点转动平面内的外力 $\vec{F}$ 作用，$\vec{r}$ 和力 $\vec{F}$ 之间的夹角为 θ。此时，力 $\vec{F}$ 可分解为沿着转动轨迹切向的分力 $\vec{F}_t$ 和沿径向的分力 $\vec{F}_n$，显然，过转轴的分力 $\vec{F}_n$ 对于质点绕 Oz 轴的转动无贡献，有贡献的只有其切向分力 $\vec{F}_t$。由圆周运动和牛顿定律，得

$$F_\tau = ma_\tau = mr\alpha$$

此时，力矩的大小

$$M = rF\sin\theta$$

而 $F\sin\theta = F_t$，所以得

$$M = rF_\tau = mr^2\alpha \tag{4-8}$$

下面我们再看另一种情况，如图 4-10 所示，设质点 P 为绕定轴 Oz 转动的刚体中任一质点，质量为 Δm_i，P 点离转轴的距离为 r_i，即其位矢为 $\vec{r}_i$，刚体绕定轴转动的角速度和角加速度分别为 ω 和 α。此时质点既受到系统外的作用力（即外力 $\vec{F}_{ei}$），又受到系统内其他质点的作用力（即内力 $\vec{F}_{ii}$）。简单起见，设 $\vec{F}_{ei}$ 和 $\vec{F}_{ii}$ 均在转动平面内且通过质点 P，根据牛顿第二定律，对于质点 P，有

$$\vec{F}_{ei} + \vec{F}_{ii} = \Delta m_i \vec{a}_i$$

式中，$\vec{a}_i$ 为质点的加速度，质点在合力的作用下绕转轴做圆周运动。

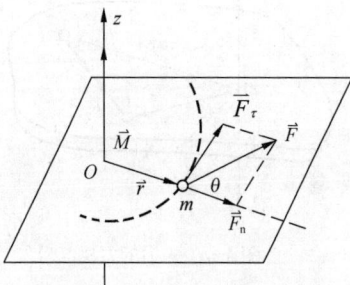

图 4-9 单个质点的转动 　　　　　　　　图 4-10 转动定律的推导图

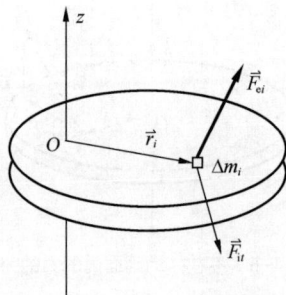

此时，若分别用 $\vec{F}_{eit}$ 和 $\vec{F}_{iit}$ 表示外力和内力沿切向方向的分力，则有

$$F_{ei\tau} \pm F_{ii\tau} = \Delta m_i r_i \alpha$$

在等式两边同时乘以 r_i，可得

$$F_{ei\tau} r_i \pm F_{ii\tau} r_i = \Delta m_i r_i^2 \alpha \tag{4-9}$$

式中，$F_{ei\tau}r_i$ 和 $F_{ii\tau}r_i$ 分别为外力 $\vec{F}_{ei}$ 和内力 $\vec{F}_{ii}$ 力矩的大小。因此

$$M_{ei} \pm M_{ii} = \Delta m_i r_i^2 \alpha$$

对整个刚体，有

$$\sum M_{ei} \pm \sum M_{ii} = \sum \Delta m_i r_i^2 \alpha$$

由于刚体中内力的力矩互相抵消，有 $\sum M_{ii} = 0$，所以上式可写为

$$\sum M_{ei} = (\sum \Delta m_i r_i^2)\alpha$$

用 M 表示刚体内所有质点所受的外力对转轴的力矩的代数和，即

$$M = \sum M_{ei}$$

可得

$$M = (\sum \Delta m_i r_i^2)\alpha$$

式中，$\sum \Delta m_i r_i^2$ 叫做刚体的**转动惯量**，用符号"J"表示，它只与刚体的几何形状、质量分布以及转轴的位置有关，即：转动惯量只与刚体本身的性质和转轴的位置有关。绕定轴转动的刚体一旦确定，其转动惯量即为一恒定量。此时，上式可写作

$$M = J\alpha \tag{4-10a}$$

其矢量形式为

$$\vec{M} = J\vec{\alpha} \tag{4-10b}$$

式（4-10）即为刚体绕定轴转动时的转动定律，简称**转动定律**。其文字表述为：**刚体绕定轴转动的角加速度与它所受的合外力矩成正比，与刚体的转动惯量成反比**。转动定律是解决刚体定轴转动问题的基本方程，其地位相当于解决质点运动问题时的牛顿第二定律。由式（4-10）也可以看出，转动定律的形式和牛顿第二定律的形式是一致的。对于同样的外力，分别作用于两个绕定轴转动的刚体，其分别获得的角加速度是不一样大的。转动惯量大的刚体获得的角加速度小，即保持原有转动状态的惯性大；反之，转动惯量小的刚体获得的角加速度大，即其转动状态容易改变。因此，转动惯量是描述刚体转动惯性的物理量。

4.2.3　转动惯量　平行轴定理和正交轴定理

下面讨论一下转动惯量的计算问题。由于 $J = \sum \Delta m_i r_i^2$，对于质量离散分布的刚体来说，其转动惯量为各离散质点的转动惯量的代数和，即

$$J = \sum_i \Delta m_i r_i^2 = m_1 r_1^2 + m_2 r_2^2 + \cdots \tag{4-11a}$$

对于质量连续分布的刚体，其转动惯量可以用积分的形式进行计算，即

$$J = \sum_i \Delta m_i r_i^2 = \int r^2 \mathrm{d}m \tag{4-11b}$$

式中，$\mathrm{d}m$ 叫做质量元。解题时，往往先取任一质量元，然后利用密度这个中间量进行转化后求解。

例如，对于质量线分布的刚体，设其质量线密度为λ，则 $\mathrm{d}m=\lambda\mathrm{d}l$；对于质量面分布的刚体，其质量面密度为$\sigma$，则 $\mathrm{d}m=\sigma\mathrm{d}S$；对于质量体分布的刚体，其质量体密度为$\rho$，则 $\mathrm{d}m=\rho\mathrm{d}V$。请读者针对具体情况进行具体分析。

在国际单位制中，转动惯量的单位为：千克平方米，其符号为 $\mathrm{kg}\cdot\mathrm{m}^2$。

需要注意的是，只有形状简单、质量连续且均匀分布的刚体，才能用积分的形式求其转动惯量。而对于一般刚体来说，往往通过实验来测定其转动惯量。表 4-1 所示为一些常见刚体的转动惯量。

表 4-1   常见刚体的转动惯量

$I=MR^2$	$I=\dfrac{MR^2}{2}$	$I=\dfrac{MR^2}{2}$	$I=\dfrac{M}{2}\left(R^2+r^2\right)$
$I=\dfrac{MR^2}{2}$	$I=\dfrac{MR^2}{4}+\dfrac{ML^2}{12}$	$I=\dfrac{2MR^2}{5}$	$I=\dfrac{2MR^2}{3}$

【例 4-3】 一质量为 m、长为 l 的均匀细长棒，求通过棒中心并与棒垂直的轴的转动惯量。

解：如图 4-11 所示，设棒的线密度为λ，取一距离转轴 OO' 为 r 处的质量元 $\mathrm{d}m=\lambda\mathrm{d}r$，则此质量元对转轴的转动惯量为 $\mathrm{d}J=r^2\mathrm{d}m=\lambda r^2\mathrm{d}r$，由于细棒两端通过其中心对称，故可求其总的转动惯量为

图 4-11 例 4-3

$$J=2\lambda\int_0^{l/2}r^2\mathrm{d}r=\frac{1}{12}\lambda l^3=\frac{1}{12}ml^2$$

同理，若转轴过端点垂直于棒，则其对转轴的转动惯量为

$$J=\lambda\int_0^l r^2\mathrm{d}r=\frac{1}{3}ml^2$$

可以看出，细棒对通过其中心的轴和通过其一端的轴的转动惯量是不同的。通常，我们用 J_c 表示转轴通过刚体质心时的转动惯量。从上面两个结果可以看出，$J_\mathrm{c}=\dfrac{1}{12}ml^2$，而通其一端的转动惯量 J 和 J_c 有如下关系

$$J=\frac{1}{3}ml^2=\frac{1}{12}ml^2+\frac{1}{4}ml^2=J_\mathrm{c}+m(\frac{1}{2}l)^2$$

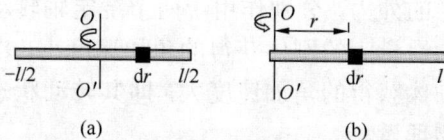

式中，$\dfrac{1}{2}l$ 为两个转轴之间的距离。实验证明，若质量为 m 的刚体围绕通过其质心的轴转动，刚体的转动惯量为 J_c。则对任一与该轴平行，相距为 d 的转轴的转动惯量为

$$J = J_c + md^2 \qquad (4\text{-}12)$$

上述关系叫做转动惯量的**平行轴定理**（见**图 4-12**）。例 4-3 的结果是验证平行轴定理很好的例子。从式（4-12）可以看出，刚体通过其质心轴的转动惯量 J_c 最小，而其他任何与质心轴平行的轴线的转动惯量都大于 J_c。

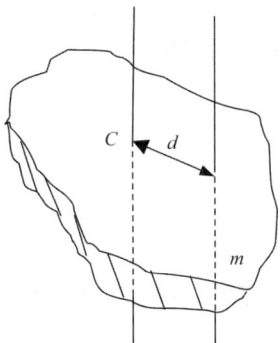

图 4-12　平行轴定理

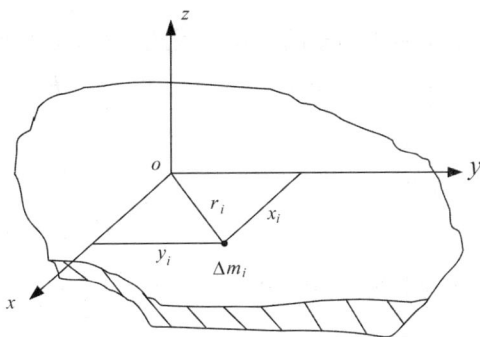

图 4-13　正交轴定理

设有一薄板如图 4-13 所示，过其上一点 O 作 z 轴垂直于板面，x、y 轴在板面内，若取一质量元 Δm_i，则有

$$J_z = \sum \Delta m_i r_i^2 = \sum \Delta m_i (x_i^2 + y_i^2) = \sum \Delta m_i x_i^2 + \sum \Delta m_i y_i^2 = J_x + J_y$$

即

$$J_z = J_x + J_y \qquad (4\text{-}13)$$

式（4-13）说明，薄板型刚体对于板内的两条正交轴的转动惯量之和等于这个物体对该两轴交点并垂直于板面的那条转轴的转动惯量，这一结论称为正交轴定理。

【例 4-4】　质量为 m_1 的物体 A 静止在光滑水平面上，和一不计质量的绳索相连接，绳索跨过一半径为 R、质量为 m_c 的圆柱形滑轮 C，并系在另一质量为 m_2 的物体 B 上，B 竖直悬挂，滑轮与绳索间无滑动，且滑轮与轴承间的摩擦力可略去不计。求：

（1）两物体的线加速度为多少？水平和竖直两段绳索的张力各为多少？

（2）物体 B 从静止落下距离 y 时，其速率是多少？

解：（1）在第 2 章的关于滑轮的例题中，我们曾假设滑轮的质量不计，即不考虑滑轮的转动。但在实际情况中，滑轮的质量是不能忽略的，其本身具有转动惯量，要考虑它的转动。A、B 两个物体做的是平动，其加速度分别由其所受的合外力决定。而滑轮做转动，其角加速度是由其所受的合外力矩决定。因此，我们用隔离法分别对各物体做受力分析，如图 4-14 所示，以向右和向下为正方向建立坐标。

隔离体法分析物体受力如图 4-15 所示。物体 A 受到重力、支持力以及水平方向上拉力 $\vec{F}_{T1}$ 作用，物体 B 受到向下的重力和向上的拉力 $\vec{F}'_{T2}$ 作用。滑轮受到自身重力、转轴对它的约束力、以及两侧的拉力 $\vec{F}'_{T1}$ 和 $\vec{F}'_{T2}$ 产生的力矩作用，由于其自身重力及轴对它的约束力都过滑轮中心轴，对转动没有贡献，故影响其转动的只有拉力 $\vec{F}'_{T1}$ 和 $\vec{F}'_{T2}$ 的力矩。这里，我们不能先假

定 $\vec{F}_{T1} = \vec{F}_{T2}$，但是 $\vec{F}_{T1} = \vec{F}'_{T1}$，$\vec{F}_{T2} = \vec{F}'_{T2}$。

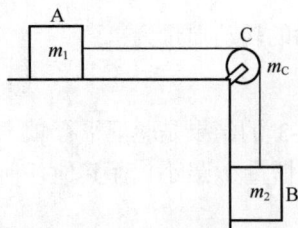

图 4-14　例 4-4

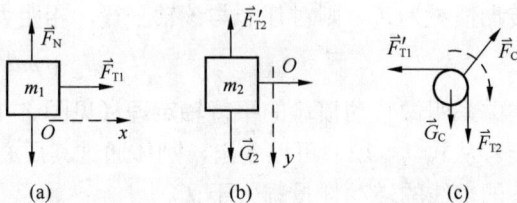

图 4-15　隔离体法分析物体受力

由于不考虑绳索的伸长，因此，对 A、B 两物体，可由牛顿第二定律求解，得

$$F_{T1} = m_1 a$$

$$m_2 g - F_{T2} = m_2 a$$

对于滑轮，有

$$RF_{T2} - RF_{T1} = J\alpha$$

式中，J 为滑轮的转动惯量，可知 $J = \dfrac{1}{2} m_c R^2$。由于绳索无滑动，滑轮边缘上一点的切向加速度与绳索和物体的线加速度大小相等，即角量和线量有如下的关系

$$a = R\alpha$$

上述 4 个式子联立，可得

$$a = \frac{m_2 g}{m_1 + m_2 + m_c/2}$$

$$F_{T1} = \frac{m_1 m_2 g}{m_1 + m_2 + m_c/2}$$

$$F_{T2} = \frac{(m_1 + m_c/2)m_2 g}{m_1 + m_2 + m_c/2}$$

可以看出，$\vec{F}_{T1}$ 和 $\vec{F}_{T2}$ 并不相等。只有当忽略滑轮质量，即当 $m_c = 0$ 时，才有

$$\vec{F}_{T1} = \vec{F}_{T2} = \frac{m_1 m_2 g}{m_1 + m_2}$$

（2）由题意知，B 由静止出发做匀加速直线运动，下落距离 y 时的速率为

$$v = \sqrt{2ay} = \sqrt{\frac{2m_2 gy}{m_1 + m_2 + m_c/2}}$$

【例 4-5】　质量为 m、长为 l 的匀质细杆一端固定在地面上，一开始杆竖直放置，当其受到微小扰动时便可在重力的作用下绕轴自由转动，问当细杆摆至与水平面呈 60° 夹角时和到达水平位置时的角速度、角加速度为多大。

解：细杆受到自身重力和固定端的约束力的作用，因为细杆是匀质的，所以重力可以看作集中于杆的中心处，当杆转过与水平方向呈角度 θ 时，其重力力矩为 $mg\dfrac{l}{2}\cos\theta$，因为约束力过转轴，所以其力矩为零，如图 4-16 所示。由转动定律，得

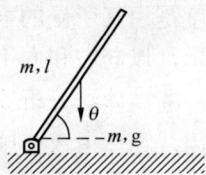

图 4-16　例 4-5

$$mg\frac{l}{2}\cos\theta = J\alpha = \frac{1}{3}ml^2\alpha$$

式中， $J = \frac{1}{3}ml^2$ 为杆绕一端转动时的转动惯量。杆的角加速度为

$$\alpha = \frac{3g\cos\theta}{2l}$$

由角加速度的定义，有

$$\frac{d\omega}{dt} = \frac{3g\cos\theta}{2l}$$

在等式两边同时乘以 $d\theta$ ，上式的值不变，有

$$\frac{d\omega}{dt}d\theta = \frac{3g\cos\theta}{2l}d\theta$$

因为 $\omega = \frac{d\theta}{dt}$ ，所以上式可变形为

$$\omega d\omega = \frac{3g\cos\theta}{2l}d\theta$$

其初始状态 $t = 0$ 时， $\theta_0 = 0$ ， $\omega_0 = 0$ ，上式两端同时积分，得

$$\int_0^{\omega}\omega d\omega = \int_0^{\theta}\frac{3g}{2l}\cos\theta d\theta$$

于是得，当细杆与水平面呈任意角度 θ 时的角速度为

$$\omega = \sqrt{\frac{3g}{l}\sin\theta}$$

将 $\theta = 60°$ 代入到上式，得

$$\omega_1 = \sqrt{\frac{3g}{l}\sin 60°} = \sqrt{\frac{3\sqrt{3}}{2l}g}$$

$$\alpha_1 = \frac{3}{4l}g$$

当 $\theta = 0$ 时，得

$$\omega_2 = \sqrt{\frac{3g}{l}\sin 0°} = 0$$

$$\alpha_2 = \frac{3}{2l}g$$

4.3 角动量 角动量守恒定律

本节我们将探讨力矩对时间的积累问题。

4.3.1 质点的角动量和角动量守恒定律

质量为 m 的质点以速度 $\vec{v}$ 在空间运动。某时刻相对原点 O 的位矢为 $\vec{r}$ ，如图 4-17（a）所示，我们定义质点相对于原点的**角动量**为

$$\vec{L} = \vec{r} \times \vec{p} = \vec{r} \times m\vec{v} \tag{4-14}$$

角动量是一个矢量，用符号"$\vec{L}$"表示，其方向垂直于$\vec{r}$和$\vec{v}$组成的平面，并遵守右手螺旋定则：**右手的拇指伸直，四指弯曲的方向为由$\vec{r}$通过小于 180°的角转到$\vec{v}$的方向，此时，拇指的方向为力矩$\vec{L}$的方向**，如图 4-15（b）所示。

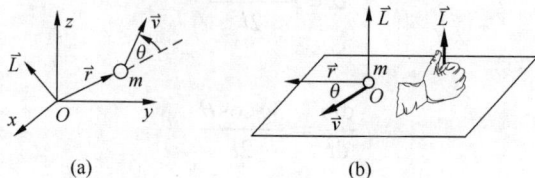

(a)　　　　　　(b)

图 4-17　质点的角动量

角动量的大小可由积矢法则求得

$$L = rmv\sin\theta \tag{4-15}$$

式（4-15）中θ为位矢$\vec{r}$和速度$\vec{v}$之间的夹角。另外，由于速度$\vec{v}$与动量$\vec{p}$的方向一致，所以上述式子中描述$\vec{v}$的方向可用$\vec{p}$的方向来代替。在国际单位制中，角动量的单位为：千克平方米/每秒，其符号为 $kg \cdot m^2 \cdot s^{-1}$。

质点以角速度ω做半径为r的圆周运动时，由于任意点的位矢$\vec{r}$和速度$\vec{v}$总是垂直的，所以质点相对圆心的角动量$\vec{L}$的大小为

$$L = mr^2\omega = J\omega$$

如图 4-18 所示。

应当注意的是：并非质点仅在做圆周运动时才具有角动量，质点做直线运动时，对于不在此直线上的参考点也具有角动量。角动量和所选取的参考点O的位置有关，参考点不同，角动量往往不同，因此，在描述质点的角动量时，必须指明是相对哪一点的角动量。

另外，虽然质点相对于任一直线（例如z轴）上的不同参考点的角动量是不相等的，但是这些角动量在该直线上的投影却是相等的。如图 4-19 所示，取S平面与z轴垂直，则质点对于O点及O'点的角动量分别为L与L'，L和L'分别等于以r及mv为邻边及以r'及mv为邻边的平行四边形的面积，L与L'在z轴上的投影分别是$L_z = L\cos\alpha$和$L'_z = L'\cos\alpha'$（α和α'分别为L与L'和z间的夹角。由图 4-17 可以看出，L_z和L'_z分别是相应的两个平行四边形在S面上的投影面积，两者是相同的，故

$$L_z = L'$$

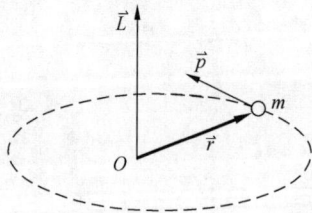

图 4-18　质点圆周运动时的角动量

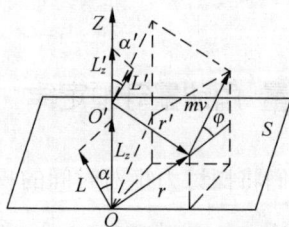

图 4-19　角动量的投影

下面，介绍质点的角动量定理。

设质点在合外力 $\vec{F}$ 的作用下运动，某时刻其相对原点的位矢为 $\vec{r}$，动量为 $\vec{p}$。由角动量的定义

$$\vec{L} = \vec{r} \times \vec{p}$$

上式两端同时对 t 求导，可得

$$\frac{\mathrm{d}\vec{L}}{\mathrm{d}t} = \frac{\mathrm{d}}{\mathrm{d}t}(\vec{r} \times \vec{p}) = \vec{r} \times \frac{\mathrm{d}\vec{p}}{\mathrm{d}t} + \frac{\mathrm{d}\vec{r}}{\mathrm{d}t} \times \vec{p}$$

等式右面第二项中，由于 $\frac{\mathrm{d}\vec{r}}{\mathrm{d}t} = \vec{v}$，而 $\vec{v} \times \vec{p} = 0$，因此其第二项为零。

可得

$$\frac{\mathrm{d}\vec{L}}{\mathrm{d}t} = \vec{r} \times \frac{\mathrm{d}\vec{p}}{\mathrm{d}t}$$

由牛顿第二定律可知 $\frac{\mathrm{d}\vec{p}}{\mathrm{d}t} = \vec{F}$，上式可变为

$$\frac{\mathrm{d}\vec{L}}{\mathrm{d}t} = \vec{r} \times \frac{\mathrm{d}\vec{p}}{\mathrm{d}t} = \vec{r} \times \vec{F}$$

而式中 $\vec{r} \times \vec{F}$ 为合外力 $\vec{F}$ 对参考原点 O 的合力矩 $\vec{M}$。于是上式可写作

$$\vec{M} = \frac{\mathrm{d}\vec{L}}{\mathrm{d}t} \tag{4-16}$$

式（4-16）表明，**作用于质点的合力对参考点 O 的力矩，等于质点对该 O 的角动量随时间的变化率。这就是质点的角动量定理。**

式（4-16）还可写成 $\mathrm{d}\vec{L} = \vec{M}\mathrm{d}t$。若外力在质点上作用了一段时间，即有力矩对时间的积累，那么，上式两端取积分，可得

$$\int_{t_1}^{t_2} \vec{M}\mathrm{d}t = \vec{L}_2 - \vec{L}_1 \tag{4-17}$$

式中，$\vec{L}_1$ 和 $\vec{L}_2$ 分别为质点在 t_1 和 t_2 时刻对参考点 O 的角动量，$\int_{t_1}^{t_2} \vec{M}\mathrm{d}t$ 叫做质点在 t_1 到 t_2 时间内所受的**冲量矩**。因此，角动量定理还可表述为如下形式：**对同一参考点 O，质点所受的冲量矩等于质点角动量的增量。**

从式（4-17）可以看出，当质点所受的合外力矩为零，即 $\int_{t_1}^{t_2} \vec{M}\mathrm{d}t = 0$ 时，$\vec{L}_1 = \vec{L}_2$。其物理意义为：**质点所受对参考点 O 的合力矩为零时，质点对该参考点 O 的角动量为一恒矢量。这就是质点的角动量守恒定律。**

可能有以下几种情况，导致质点的角动量守恒：一种是质点所受的合外力为零；另一种是合外力虽然不为零，但合外力过参考点，导致合外力矩为零，质点做匀速圆周运动时就属于这种情况，此时质点所受到的合力为向心力，对圆心的角动量守恒。另外，只要作用于质点的力为向心力，那么，质点对于力心的力矩总是零，其角动量总是守恒。例如，以太阳为参考点，地球围绕太阳的角动量是守恒的。

【例 4-6】　一半径为 R 的光滑圆环置于竖直平面内。一质量为 m 的小球穿在圆环上，并可在圆环上滑动。小球开始时静止于圆环上的点 A（该点在通过环心 O 的水平面上），然后从 A 点开始下滑。设小球与圆环间的摩擦略去不计，求小球滑到点 B 时对环心 O 的角动

量和角速度。

解： 如图 4-20 所示，小球受重力和支持力作用。支持力指向圆心，其力矩为零，故小球所受合外力矩仅为重力矩，其方向垂直纸面向里，大小为

$$M = mgR\cos\theta$$

小球在下滑过程中，角动量的大小时刻变化，但是其方向也始终垂直纸面向里。由质点的角动量定理，得

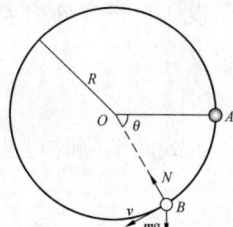

图 4-20 例 4-6

$$\vec{M}dt = d\vec{L}$$

$$mgR\cos\theta = \frac{dL}{dt}$$

移项之后，得

$$dL = mgR\cos\theta dt$$

因为 $\omega = d\theta/dt$, $L = mRv = mR^2\omega$，所以上式左端乘以 L，右端乘以 $mR^2\omega$ 后其值不变，有

$$LdL = m^2gR^3\cos\theta d\theta$$

因为 $t = 0$ 时，$\theta_0 = 0$，$L_0 = 0$，可对上式两端积分，得

$$\int_0^L LdL = m^2gR^3\int_0^\theta \cos\theta d\theta$$

因此，有

$$L = mR^{3/2}(2g\sin\theta)^{1/2}$$

将 $L = mR^2\omega$ 代入上式可得

$$\omega = (\frac{2g}{R}\sin\theta)^{1/2}$$

4.3.2 刚体定轴转动的角动量定理

下面介绍由多个质点组成的系统—刚体绕定轴转动时的角动量定理。

如图 4-21 所示，以角速度 ω 绕定轴 Oz 转动的刚体上任意一点 m_i，距离中心轴为 r_i，其对于转轴的角动量为 $m_i r_i v_i = m_i r_i^2 \omega$。由于刚体上所有质点都以相同的角速度绕 Oz 轴做圆周运动，因此，刚体上所有质点对转轴的角动量为

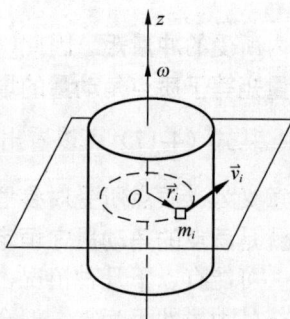

图 4-21 刚体的角动量

$$\vec{L} = (\sum_i m_i r_i^2)\vec{\omega}$$

这也是刚体对转轴 Oz 的角动量。

可以看出，$\sum_i m_i r_i^2$ 为刚体绕转轴 Oz 的转动惯量，即 $J = \sum_i m_i r_i^2$。因此，上式可写成

$$\vec{L} = J\vec{\omega} \tag{4-18}$$

对于刚体上任意质点 m_i，满足质点的角动量定理，设其所受的合力矩为 $\vec{M}_i$，则应有

$$\vec{M}_i = \frac{d\vec{L}_i}{dt} = \frac{d}{dt}(m_i r_i^2 \vec{\omega})$$

而合力矩 $\overrightarrow{M}_i$ 既包括来自系统外的力的力矩（外力矩 $\overrightarrow{M}_{ei}$），又包括来自系统内质点间力的力矩（即内力矩 $\overrightarrow{M}_{ii}$）。我们知道，对于绕定轴转动的刚体，其内部各质点间的内力矩之和为零，即 $\sum \overrightarrow{M}_{ii} = 0$，因此，作用于绕定轴 Oz 转动刚体的力矩 $\overrightarrow{M}$ 为

$$\overrightarrow{M} = \sum \overrightarrow{M}_{ei} = \frac{\mathrm{d}}{\mathrm{d}t}(\sum \vec{L}_i) = \frac{\mathrm{d}}{\mathrm{d}t}[(\sum m_i r_i^2)\vec{\omega}]$$

$\overrightarrow{M}$ 为其所受的合外力矩。上式也可写成

$$\overrightarrow{M} = \frac{\mathrm{d}\vec{L}}{\mathrm{d}t} = \frac{\mathrm{d}(J\vec{\omega})}{\mathrm{d}t} \tag{4-19}$$

这就是**刚体绕定轴转动的角动量定理：刚体绕定轴转动时，作用于刚体的合外力矩等于刚体绕此定轴的角动量随时间的变化率**。

刚体的角动量定理也可用积分形式表示。若在外力矩作用下，绕定轴转动的刚体角动量在 t_1 到 t_2 时间内，由 $L_1 = J\omega_1$ 变为 $L_2 = J\omega_2$，则其所受合力对给定轴的冲量矩为

$$\int_{t_1}^{t_2} M\mathrm{d}t = J\omega_2 - J\omega_1 \tag{4-20a}$$

若刚体在转动过程中，其内部各质点对于转轴的距离或位置发生了变化，此时刚体的转动惯量也要相应发生变化，设在 t_1 到 t_2 时间内，转动惯量由 J_1 变为 J_2，则式（4-20a）应写为

$$\int_{t_1}^{t_2} M\mathrm{d}t = J_2\omega_2 - J_1\omega_1 \tag{4-20b}$$

式（4-20b）在由多个离散质点组成的质点系中表现得尤为明显。

式（4-20）表明，**定轴转动的刚体对轴的角动量的增量等于外力对该轴的冲量矩**。

4.3.3　刚体定轴转动的角动量守恒定律

由前面可知，质点所受的合外力矩为零时，质点对参考点的角动量守恒。同样，也可得出刚体绕定轴转动的角动量守恒定律，即：**当作用在刚体上的合外力矩为零，或外力矩虽然存在，但其沿转轴的分量为零时，刚体对给定轴的角动量守恒**。或表述为

$$\text{若 } M = 0，\text{则有 } L = J\omega = \text{常量} \tag{4-21}$$

若刚体的转动惯量保持不变，刚体会以恒定角速度转动；若其转动惯量发生了变化，那么刚体转动的角速度也会发生相应变化，但二者的乘积保持不变。

如果刚体由多个离散物体组成，同样也可得出系统的角动量守恒定律。最简单的情况，设系统由两个物体组成，其中一个的转动惯量为 J_1，角速度为 ω_1；另一个转动惯量为 J_2，角速度为 ω_2，则有

$$\text{当 } M = 0 \text{ 时，} J_1\omega_1 = J_2\omega_2 = \text{常量} \tag{4-22}$$

即：当系统内一个物体的角动量发生了变化，另外一个物体的角动量必然要发生与之相应的变化，从而保持整个系统的角动量不发生变化。

另外，角动量守恒定律是矢量式，它有 3 个分量，各分量可以分别守恒。例如，

若 $M_x = 0$，则 $L_x = $ 常量；

若 $M_y = 0$，则 $L_y = $ 常量；

若 $M_z = 0$，则 $L_z = $ 常量。

和动量守恒、能量守恒定律一样，角动量守恒定律也是自然界普遍适用的一条基本规律。日常生活中，好多现象也可用角动量守恒来解释。例如滑冰运动员，在做旋转动作时，往往先将双臂展开旋转，然后迅速将双臂收拢靠近身体。这样，运动员就获得了更快的旋转角速度，如图 4-20 所示。又如跳水运动员的"团身—展体"动作，运动员在空中时往往将手臂和腿蜷缩起来，以减小其转动惯量，从而获得更大的角速度。在快入水时，又将手臂和腿伸展开，从而减小转动的角速度，保证其能以一定的方向入水。

图 4-22 滑冰

【例 4-7】 如图 4-23 所示，一质量为 m 的子弹以水平速度射入一静止悬于顶端长棒的下端，穿出后速度损失 3/4，求子弹穿出后，棒的角速度 ω。已知棒长为 l，质量为 M。

解： 碰撞的过程中，棒对子弹的阻力 f 和子弹对棒的作用力 f' 为作用力与反作用力，其大小相等，方向相反。

对子弹来说，碰撞过程中，棒对子弹的阻力 f 的冲量为

$$\int f \mathrm{d}t = m(v - v_0) = -\frac{3}{4} m v_0$$

而子弹对棒的反作用力对棒的冲量矩为

$$\int f' l \mathrm{d}t = l \int f' \mathrm{d}t = J\omega$$

由 $f' = -f$，又棒绕其一端转动时转动惯量为 $J = \frac{1}{3} M l^2$，上两式联立，可得

$$\omega = \frac{3 m v_0 l}{4 J} = \frac{9 m v_0}{4 M l}$$

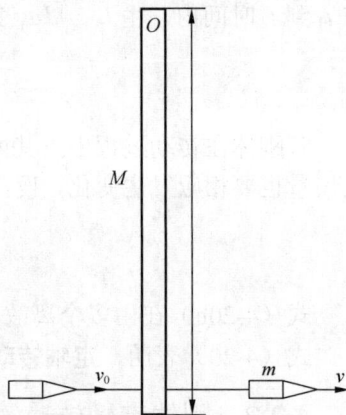

图 4-23 例 4-7

【例 4-8】 如图 4-24（a）所示，一质量很小、长度为 l 的均匀细杆，可绕过其中心 O 并与纸面垂直的轴在竖直平面内转动。当细杆静止于水平位置时，有一只小虫以速率 v_0 垂直落在距点 O 为 $l/4$ 处，并背离点 O 向细杆的端点 A 爬行。设小虫与细杆的质量均为 m。问：欲使细杆以恒定的角速度转动，小虫应以多大速率向细杆端点爬行？

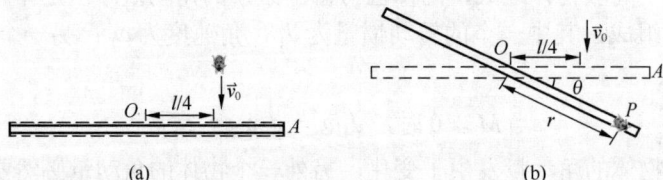

(a)

(b)

图 4-24 例 4-8

解： 选小虫与细杆为系统，小虫落在细杆上，即小虫和细杆的碰撞可视为完全非弹性碰撞，因为碰撞时间极短，所以重力的冲量矩可以忽略。碰撞后，细杆连同小虫一起以角速度 ω 转动，见图 4-24（b）。碰撞前后系统角动量守恒，即

$$mv_0 \frac{l}{4} = \left[\frac{1}{12}ml^2 + m\left(\frac{l}{4}\right)^2 \right] \omega$$

可得 $\omega = \dfrac{12}{7}\dfrac{v_0}{l}$ ，为小虫和杆的共同角速度。

又因为细杆对转轴 O 的重力矩为零，所以小虫爬到距 O 点为 r 的点 P 时，系统所受到的外力矩仅为小虫的重力矩，即

$$M = mgr\cos\theta$$

又因为角速度恒定，由角动量定理可得

$$M = \frac{\mathrm{d}L}{\mathrm{d}t} = \frac{\mathrm{d}(J\omega)}{\mathrm{d}t} = \omega\frac{\mathrm{d}J}{\mathrm{d}t}$$

而小虫在 P 点时，小虫和细杆的转动惯量分别为 mr^2 和 $\frac{1}{12}ml^2$ ，因此

$$mgr\cos\theta = \omega\frac{\mathrm{d}}{\mathrm{d}t}\left(\frac{1}{12}ml^2 + mr^2\right) = 2mr\omega\frac{\mathrm{d}r}{\mathrm{d}t}$$

考虑到 $\theta = \omega t$ ，由上式可得

$$\frac{\mathrm{d}r}{\mathrm{d}t} = \frac{g}{2\omega}\cos\omega t = \frac{7lg}{24v_0}\cos\left(\frac{12v_0}{7l}t\right)$$

按照速率的定义，$\dfrac{\mathrm{d}r}{\mathrm{d}t}$ 即为小虫的爬行速率。

本题为一理想情况。在实际情况中，想控制小虫的爬行速度几乎是不可能的，但是可以用数字机器人来模拟上述的过程。

4.4　刚体定轴转动的功能关系

本节要介绍的是力矩对空间的累积效应——力矩的功。

4.4.1　力矩的功和功率

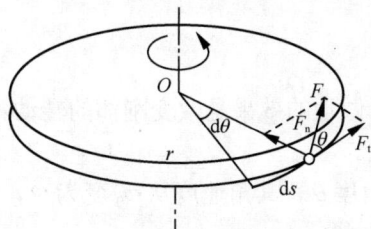

图 4-25　力矩的功

力矩对绕定轴转动刚体做功的效果是：刚体在外力的作用下转动而发生了角位移。

如图 4-25 所示，刚体在外力 $\overline{F}$ 的作用下，围绕转轴转过了 $\mathrm{d}\theta$ 角，即其角位移为 $\mathrm{d}\theta$ ；力的作用点的位移为 $\mathrm{d}s = r\mathrm{d}\theta$ 。此时，可将外力 $\overline{F}$ 分解为沿着切向的分力 $\overline{F}_t$ 和沿着法向的分力 $\overline{F}_n$ 。在刚体绕定轴转动时 F_t 做功，而 F_n 不做功。

因此，在此过程中，外力做的元功为

$$\mathrm{d}W = F_\tau\mathrm{d}s = F_\tau r\mathrm{d}\theta$$

又因为上式中 $F_t r$ 即为 F_t 对于转轴的力矩大小，即 $M = F_\tau r$ ，所以上式可写为

$$\mathrm{d}W = M\mathrm{d}\theta$$

若力矩的大小和方向都为恒定值，当刚体在此力矩作用下从角度 θ_0 转到角度 θ 时，外力矩做的总功为

$$W = \int_{\theta_0}^{\theta} \mathrm{d}W = \int_{\theta_0}^{\theta} M\mathrm{d}\theta = M\int_{\theta_0}^{\theta} \mathrm{d}\theta = M(\theta - \theta_0) = M\Delta\theta \tag{4-23}$$

即：**合外力矩对绕定轴转动刚体所做的功为合外力矩与角位移的乘积。**

按照功率的定义，单位时间内力矩对刚体做的功叫做力矩的功率。设刚体在外力矩作用下，在 $\mathrm{d}t$ 时间内转过了 $\mathrm{d}\theta$ 角，力矩的功率为

$$P = \frac{\mathrm{d}W}{\mathrm{d}t} = M\frac{\mathrm{d}\theta}{\mathrm{d}t} = M\omega \tag{4-24}$$

4.4.2　刚体的转动动能

刚体绕定轴转动时，动能为刚体内所有质点动能的总和，叫做转动动能。转动动能是动能的一种，也用符号"E_k"表示，我们把质点做平动时具有的动能叫做平动动能。设刚体中各质量元的质量分别为 Δm_1，Δm_2，…，Δm_i，…，其线速率分别为 v_1，v_2，…，v_i，…，各质量元到转轴的垂直距离分别为 r_1，r_2，…，r_i，…，当刚体以角速度 ω 转动时，任一点 Δm_i 的动能为

$$\frac{1}{2}\Delta m_i v_i^2 = \frac{1}{2}\Delta m_i r_i^2 \omega^2$$

所以整个刚体的转动动能为

$$E_k = \sum_{i=1}^{n} \frac{1}{2}\Delta m_i r_i^2 \omega^2 = \frac{1}{2}\left(\sum_{i=1}^{n}\Delta m_i r_i^2\right)\omega^2$$

因为 $\sum_{i=1}^{n}\Delta m_i r_i^2$ 即为刚体的转动惯量，所以上式可写为

$$E_k = \frac{1}{2}J\omega^2 \tag{4-25}$$

上式表明，**刚体绕定轴转动的转动动能等于刚体的转动惯量与其角速度的平方的乘积的一半。** 可以看出，转动动能与质点的平动动能 $E_k = \frac{1}{2}mv^2$ 相比，数学表达形式是完全一致的。

4.4.3　刚体绕定轴转动的动能定理

刚体在力矩的作用下转过一定角度，力矩对刚体做了功，做功的效果是改变刚体的转动状态，改变了刚体的什么状态？答案是改变了刚体的转动动能。

设刚体在合外力矩作用下，在 Δt 时间内，从角度 θ_0 转到角度 θ，其角速度从 ω_0 变为 ω，由合外力矩的功的定义

$$W = \int_{\theta_0}^{\theta} M\mathrm{d}\theta$$

设转动惯量 J 为常量，力矩 $M = J\alpha = J\frac{\mathrm{d}\omega}{\mathrm{d}t}$，代入上式中，则功为

$$W = \int_{\theta_0}^{\theta} M\mathrm{d}\theta = \int_{\theta_0}^{\theta} J\frac{\mathrm{d}\omega}{\mathrm{d}t}\mathrm{d}\theta$$

而 $\omega = \dfrac{\mathrm{d}\theta}{\mathrm{d}t}$，则上式等价于

$$W = \int_{\omega_0}^{\omega} J\omega\mathrm{d}\omega$$

即

$$W = \frac{1}{2}J\omega^2 - \frac{1}{2}J\omega_0^2 \tag{4-26}$$

这就是**刚体绕定轴转动的动能定理**：合外力矩对绕定轴转动的刚体做功的代数和等于刚体转动动能的增量。

当系统中既有平动的物体又有转动的刚体，且系统中只有保守力做功，其他力与力矩不做功时，物体系的机械能守恒。这叫做**物体系的机械能守恒定律**。此时，物体系的机械能包括质点的平动动能、刚体的转动动能、势能等。具体情况可以具体分析。

【例 4-9】　如图 4-26 所示，质量为 m、半径为 R 的圆盘，以初角速度 ω_0 在摩擦系数为 μ 的水平面上绕质心轴转动，问：圆盘转动几圈后静止。

解： 以圆盘为研究对象，则圆盘在转动过程中只有摩擦力矩做功。

其始末状态动能分别为

$$E_{k0} = \frac{1}{2}J\omega_0^2 \ \text{和} \ E_k = 0$$

根据绕定轴转动刚体的动能定理，摩擦力矩的功等于刚体转动动能的增量，下面我们求摩擦力矩的功，根据题意，先求摩擦力矩的大小。图 4-27 所示为将圆盘分割成无限多个圆环。

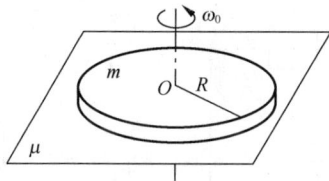

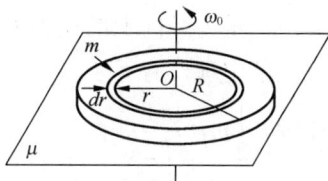

图 4-26　例 4-9　　　　　　　图 4-27　将圆盘分割成无限多个圆环

圆盘的面密度为 $\sigma = \dfrac{m}{\pi R^2}$，圆环的质量为：$\mathrm{d}m = \sigma\mathrm{d}S = \sigma2\pi r\mathrm{d}r$，因此，每个圆环产生的摩擦力矩，即阻力矩 $\mathrm{d}M_{阻} = -\mu\mathrm{d}mgr$。

于是，可得整个圆盘产生的阻力矩

$$M_{阻} = \int\mathrm{d}M_{阻} = -\int_0^R \mu\mathrm{d}mgr$$

$$= -\int_0^R 2\pi\mu g\sigma r^2\mathrm{d}r = -\frac{2}{3}mg\mu R$$

下面求阻力矩的功

$$W_{阻} = \int M_{阻}\mathrm{d}\theta$$

$$= -\int_0^\theta \frac{2}{3}mg\mu R\mathrm{d}\theta = -\frac{2}{3}mg\mu R\theta$$

由动能定理，可得

$$-\frac{2}{3}mg\mu R\theta = 0 - \frac{1}{2}J\omega_0^2$$

对绕中心轴转动的圆盘来说，转动惯量 $J = \frac{1}{2}mR^2$，代入上式中，可得转过的角度为

$$\theta = \frac{3J\omega_0^2}{4mg\mu R}$$

则转过的圈数为

$$n = \frac{\theta}{2\pi} = \frac{3R\omega_0^2}{16\pi g\mu}$$

【例 4-10】 如图 4-28 所示，一质量为 M、半径为 R 的圆盘，可绕垂直通过盘心的无摩擦的水平轴转动。圆盘上绕有轻绳，一端挂质量为 m 的物体。问物体在静止下落高度 h 时，其速度的大小为多少？设绳的质量忽略不计。

解： 如图 4-29 所示，取向下为正方向，

分析受力，对圆盘转动起作用的力矩为向下的绳的拉力 $\vec{F}_1$，设 θ、θ_0 和 ω、ω_0 分别为圆盘最终和起始时的角坐标和角速度。

拉力 $\vec{T}_1$ 对圆盘做功。由刚体绕定轴转动的动能定理可得：拉力 $\vec{T}_1$ 的力矩所做的功为

$$\int_{\theta_0}^{\theta} T_1 R \mathrm{d}\theta = R\int_{\theta_0}^{\theta} T_1 \mathrm{d}\theta = \frac{1}{2}J\omega^2 - \frac{1}{2}J\omega_0^2$$

而物体受到向下的重力和向上的拉力 $\vec{T}_1$，对物体应用质点动能定理，有

$$mgh - R\int_{\theta_0}^{\theta} T_1 \mathrm{d}\theta = \frac{1}{2}mv^2 - \frac{1}{2}mv_0^2$$

因为物体由静止开始下落，所以 $v_0 = 0, \omega_0 = 0$。并考虑到圆盘的转动惯量 $J = \frac{1}{2}MR^2$，而 $v = \omega R$，可得

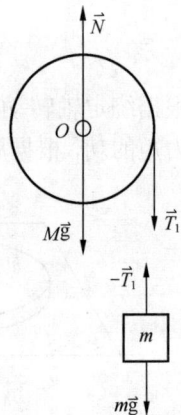

图 4-28　例 4-10　　图 4-29　例 4-10 受力分析

$$v = 2\sqrt{\frac{mgh}{M+2m}} = \sqrt{\frac{m}{(M/2)+m}2gh}$$

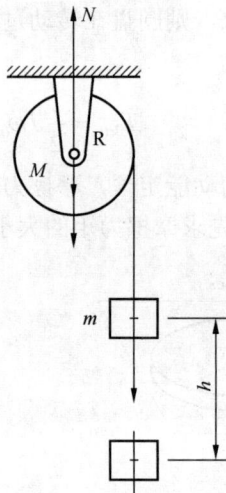

本题也可用物体系的机械能守恒来计算。取圆盘及物体为系统，因为系统内只有保守力做功，所以系统机械能守恒。

根据物体系机械能守恒定律，有

$$mgh = \frac{1}{2}J\omega^2 + \frac{1}{2}mv^2$$

将 $J = \frac{1}{2}MR^2$ 和 $\omega = \frac{v}{R}$ 代入，同样可得

$$v = 2\sqrt{\frac{mgh}{M+2m}} = \sqrt{\frac{m}{(M/2)+m}2gh}$$

可以看出，应用物体系机械能守恒定律解题会更加简单。

刚体绕定轴转动的规律的学习，可以对比前面质点运动的一些规律。表 4-2 列举了这两方面一些对应的物理量和公式，供读者参考。

表 4-2　　　　　　　　　质点的运动规律和刚体定轴转动规律的对比

质点的运动	刚体的定轴转动
速度 $\vec{v} = \dfrac{\mathrm{d}\vec{r}}{\mathrm{d}t}$	角速度 $\omega = \dfrac{\mathrm{d}\theta}{\mathrm{d}t}$
加速度 $\vec{a} = \dfrac{\mathrm{d}\vec{v}}{\mathrm{d}t}$	角加速度 $\alpha = \dfrac{\mathrm{d}\omega}{\mathrm{d}t}$
质量 m，力 F	转动惯量 J，力矩 M
力的功 $W = \displaystyle\int_a^b \vec{F} \cdot \mathrm{d}\vec{r}$	力矩的功 $W = \displaystyle\int_{\theta_a}^{\theta_b} M \cdot \mathrm{d}\theta$
动能 $E_k = \dfrac{1}{2}mv^2$	转动动能 $E_k = \dfrac{1}{2}J\omega^2$
运动定律 $\vec{F} = m\vec{a}$	运动定律 $M = J\alpha$
动量定理 $\vec{F} = \dfrac{\mathrm{d}(m\vec{v})}{\mathrm{d}t}$	角动量定理 $M = \dfrac{\mathrm{d}(J\omega)}{\mathrm{d}t}$
动量守恒 $\displaystyle\sum_i m_i v_i = 常量$	角动量守恒 $\displaystyle\sum J\omega = 常量$
动能定理 $W = \dfrac{1}{2}mv^2 - \dfrac{1}{2}mv_0^2$	动能定理 $W = \dfrac{1}{2}J\omega^2 - \dfrac{1}{2}J\omega_0^2$

4.5　*进动

日常生活中，并不是所有的刚体都围绕定轴转动，也有一些绕非定轴转动的现象存在。大家应该都玩过陀螺的游戏，陀螺在急速转动时，除了绕自身对称轴线转动外，对称轴还将绕竖直轴 Oz 转动，这种回转现象称为**进动**，又称为**旋进**。

图 4-30 所示为一个较简单的陀螺进动示意图。当陀螺按图示方向转动时，其对 O 点的角动量可以看作是对其本身对称轴的角动量；另外可以看出，陀螺所受的外力矩仅有重力的力矩 $\vec{M}$，其方向垂直于转轴和重力组成的平面。在 $\mathrm{d}t$ 时间内，陀螺的角动量由 $\vec{L}$ 增加到 $\vec{L}+\mathrm{d}\vec{L}$，即增加了 $\mathrm{d}\vec{L}$，由定义式 $\vec{M}\mathrm{d}t = \mathrm{d}\vec{L}$ 可以看出，$\mathrm{d}\vec{L}$ 的方向与外力矩的方向一致，因外力矩方向垂直于 $\vec{L}$ 的方向，故 $\mathrm{d}\vec{L}$ 和 $\vec{L}$ 的方向也互相垂直，使 $\vec{L}$ 大小不变而方向发生了变化。此时，陀螺按逆时针方向转过了角度 $\mathrm{d}\varphi$，将出现在途中 $\vec{L}+\mathrm{d}\vec{L}$ 的位置上，由图可以看出，此时

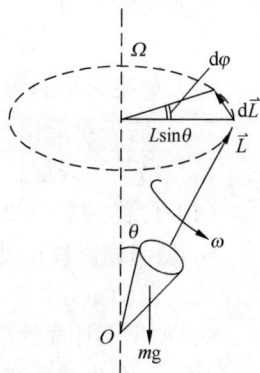

图 4-30　进动

$$\left|\mathrm{d}\vec{L}\right| = L\sin\theta \,\mathrm{d}\varphi$$

由于 $\mathrm{d}L = M\mathrm{d}t$，代入上式中，得

$$Mdt = L\sin\theta d\varphi = J\omega\sin\theta d\varphi$$

式中，ω 为陀螺自转的角速度，J 为陀螺绕自身轴转动时的转动惯量。按照定义，进动的角速度用符号"Ω"表示，$\Omega = \dfrac{d\varphi}{dt}$，得

$$\Omega = \frac{M}{J\omega\sin\theta} \tag{4-27}$$

进动现象应用非常广泛，子弹、炮弹、导弹在飞行时常遇到阻力，阻力往往可以使子弹发生反转而并不一定是弹头着地。为了解决这个问题，人们在枪膛或者炮膛中设计了来复线，使子弹或者炮弹在飞行过程中绕自身的轴旋转，遇到阻力偏离轴向后，产生进动，总的运动仍保持原方向前进。

进动的现象在微观世界中也能看到，例如，自旋电子在外磁场中一方面自转，另一方面还以外磁场的方向为轴做进动。我们在电磁学中还将会学到这方面的内容。

复 习 题

一、思考题

1. 汽车在转弯时做的运动是不是平动？在平直公路上向前运动时呢？

2. 平行于 z 轴的力对 z 轴的力矩一定是零，垂直于 z 轴的力对 z 轴的力矩一定不是零，这两种说法都对吗？

3. 一个有固定轴的刚体，受有两个力作用，当这两个力的矢量和为零时，它们对轴的合力矩也一定是零吗？当这两个力的合力矩为零时，它们的矢量和也一定为零吗？举例说明之。

4. 影响刚体转动惯量的因素有哪些？

5. 一个系统动量守恒和角动量守恒的条件有何不同？

6. 两个半径相同的轮子，质量相同，但一个轮子的质量聚集在边缘附近，另一个轮子的质量分布比较均匀。试问：

（1）如果它们的角动量相同，哪个轮子转得快？

（2）如果它们的角速度相同，哪个轮子的角动量大？

7. 有的矢量是相对于一定点（或轴）来确定的，有的矢量是与定点（或轴）的选择无关的。请指出下列矢量各属于哪一类：

（1）位置矢量；（2）位移；（3）速度；（4）动量；（5）角动量；（6）力；（7）力矩。

8. 做匀速圆周运动的质点，对于圆周上的某一定点，它的角动量守恒吗？对于哪一个定点，它的角动量守恒？

9. 如果不计摩擦阻力，做单摆运动的质点，角动量是否守恒？为什么？

10. 一个生鸡蛋和一个熟鸡蛋放在桌子上使之旋转，请问如何判断哪个是生鸡蛋？哪个是熟鸡蛋？并说明原因。

11. 细线一端连接一质量 m 的小球，另一端穿过水平桌面上的光滑小孔，小球以角速度 ω_0 转动，用力 f 拉线，使转动半径从 r_0 减小到 $r_0/2$，则拉力做功是否为零？为什么？

二、习题

1. 一因受制动而均匀减速的飞轮半径为 0.2m，减速前转速为 150r·min^{-1}，经 30s 停止转动。求：

（1）角加速度以及在此时间内飞轮所转的圈数；

（2）制动开始后 $t=6s$ 时飞轮的角速度；

（3）$t=6s$ 时飞轮边缘上一点的线速度、切向加速度和法向加速度。

2. 设一质量为 m、长为 l 的均匀细棒，可在水平桌面上绕通过其一端的竖直固定轴转动，已知细棒与桌面的摩擦系数为 μ，求棒转动时受到的摩擦力矩的大小。

3. 一转轮的质量为 60kg、直径为 0.50m、转速为 1 000r/min，现要求在 5s 内使其制动，求制动力 F 的大小。设闸瓦与转轮之间的摩擦系数 $\mu=0.4$，且转轮的质量全部分布在轮的外周上。

4. 风扇在开启电源后，经 t_1 时间达到了额定转速，此时的角速度为 ω_0，当关闭电源后，经过 t_2 时间风扇停止转动。已知风扇电机转子的转动惯量为 J，并假设摩擦阻力矩和电机的电磁力矩均为常量，求电机的电磁力矩。

5. 如图 4-31 所示，两个同心圆盘结合在一起可绕中心轴转动，大圆盘质量为 m_1、半径为 R，小圆盘质量为 m_2、半径为 r，两圆盘都受到力 f 作用，求角加速度。

6. 如图 4-32 所示，设一光滑斜面倾角为 θ，顶端固定一半径为 R，质量为 M 的定滑轮，一质量为 m 的物体用一轻绳缠在定滑轮上沿斜面下滑，试求：下滑的加速度 a。

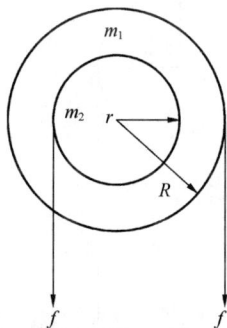

图 4-31 习题 5

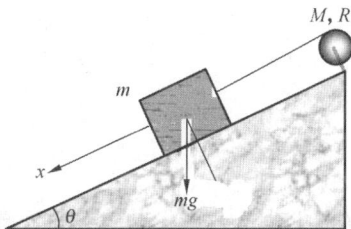

图 4-32 习题 6

7. 一电动机带动一个转动惯量为 $J=50kg·m^2$ 的系统做定轴转动。在 0.5s 内由静止开始最后达到 120r/min 的转速。假定在这一过程中转速是均匀增加的，求电动机对转动系统施加的力矩。

8. 如图 4-33 所示，物体 1 和 2 的质量分别为 m_1 与 m_2，滑轮的转动惯量为 J，半径为 r。

（1）如物体 2 与桌面间的摩擦系数为 μ，求系统的加速度 a 及绳中的张力 T_1 和 T_2（设绳子与滑轮间无相对滑动，滑轮与转轴无摩擦）；

（2）如物体 2 与桌面间为光滑接触，求系统的加速度 a 及绳中的张力 T_1 和 T_2。

9. *如图 4-34 所示，质量为 m、长为 l 的细杆两端用细线悬挂在天花板上，当其中一细线烧断的瞬间另一根细线中的张力为多大？

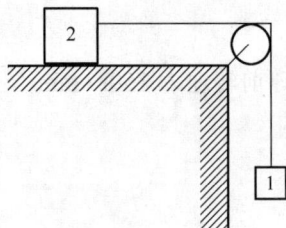

图 4-33 习题 8

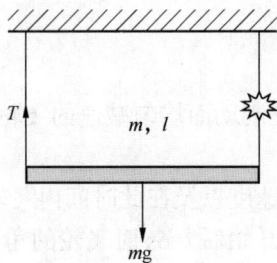

图 4-34 习题 9

10．在光滑水平桌面上放置一个静止的质量为 M、长为 $2l$、可绕中心转动的细杆，有一质量为 m 的小球以速度 v_0 与杆的一端发生完全弹性碰撞，求小球的反弹速度 v 及杆的转动角速度 ω。

11．如图 4-35 所示，匀质圆盘 M 静止，有一粘土块 m 从高 h 处下落，并与圆盘粘在一起。已知 $M = 2m$，$\theta = 60^\circ$，求碰撞后瞬间圆盘角速度 ω_0 的值。P 点转到 x 轴时圆盘的角速度和角加速度各为多少？

12．如图 4-36 所示，一轻绳绕过一半径为 R，质量为 $m/4$ 的滑轮。质量为 m 的人抓住了绳的一端，在绳的另一端系一个质量为 $m/2$ 的重物。求当人相对于绳匀速上爬时，重物上升的加速度是多少？

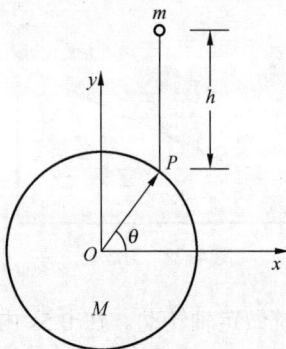

图 4-35 习题 11

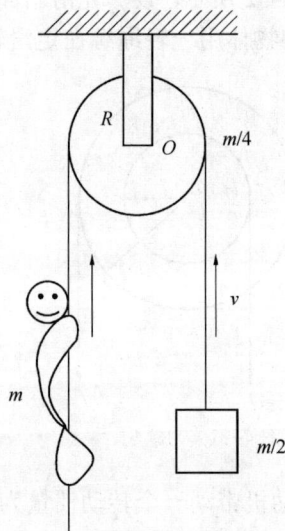

图 4-36 习题 12

13．一轻绳绕在有水平轴的定滑轮上，滑轮质量为 m，绳下端挂一物体，物体所受重力为 mg，滑轮的角加速度为 α_1，若将物体去掉而以与 mg 相等的力直接向下拉绳子，试比较滑轮的角加速度 α_2 与 α_1 的大小。

14．*一质量为 m，长为 l 的均匀棒，若用水平力 F 打击在离轴下 y 处，求：轴的反作用力。

15．一轻绳绕于半径 $r=20$cm 的飞轮边缘，在绳端施以大小为 98N 的拉力，飞轮的转动惯量 $J=0.5$kg·m^2。设绳子与滑轮间无相对滑动，飞轮和转轴间的摩擦不计。试求：

（1）飞轮的角加速度；

（2）当绳端下降 5m 时，飞轮的动能；

（3）如以质量 $m=10\text{kg}$ 的物体挂在绳端，试计算飞轮的角加速度。

16．如图 4-37 所示，一圆柱体质量为 m，长为 l，半径为 R，用两根轻软的绳子对称地绕在圆柱两端，两绳的另一端分别系在天花板上。现将圆柱体从静止释放，试求：

（1）它向下运动的线加速度；

（2）向下加速运动时，两绳的张力。

17．如图 4-38 所示，转台绕中心竖直轴以角速度 ω 作匀速转动。转台对该轴的转动惯量 $J=5\times10^{-5}\text{kg}\cdot\text{m}^2$。现有砂粒以 1g/s 的流量落到转台，并粘在台面形成一半径 $r=0.1\text{m}$ 的圆。试求砂粒落到转台，使转台角速度变为 $\omega/2$ 所花的时间。

18．*半径为 R 的均匀细圆环，可绕通过环上 O 点且垂直于环面的水平光滑轴在竖直平面内转动，若环最初静止时直径 OA 沿水平方向（如图 4-39 所示）。环由此位置下摆，求 A 到达最低位置时的速度。

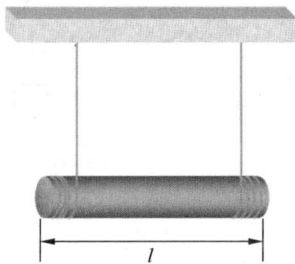

图 4-37　习题 16

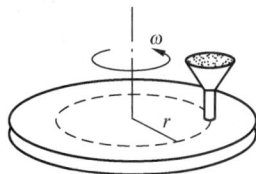

图 4-38　习题 17

19．如图 4-40 所示，人和转盘的转动惯量为 J_0，哑铃的质量为 m，初始转速为 ω_1，求：双臂收缩由 r_1 变为 r_2 时的角速度及机械能增量。

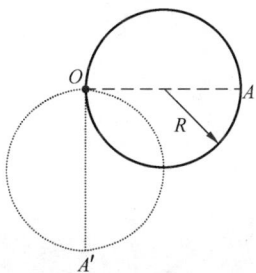

图 4-39　习题 18

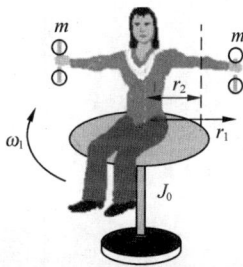

图 4-40　习题 19

20．质量为 M、长为 L 的均质细棒静止平放在滑动摩擦系数为 μ 的水平桌面上。它可绕 O 点垂直于桌面的固定光滑轴转动。另有一水平运动的质量为 m 的小滑块，从侧面垂直于棒的方向与棒发生碰撞，设碰撞时间极短。已知碰撞前后小滑块速度分别为 $\vec{v}_1$ 和 $\vec{v}_2$。求细棒碰撞后直到静止所需的时间是多少？

21．如图 4-41 所示，质量为 M，半径为 R 并以角速度 ω 旋转的飞轮，在某一瞬时，突然有一片质量为 m 的碎片从轮的边缘飞出。假定碎片脱离了飞轮时的速度正好向上，设其速度为 $\vec{v}_0$。求：

（1）碎片上升的高度为多少？

（2）余下部分的角速度、角动量及动能各为多少？

22．行星在椭圆轨道上绕太阳运动，太阳质量为 m_1，行星质量为 m_2，行星在近日点和远日点时离太阳中心的距离分别为 r_1 和 r_2，求行星在轨道上运动的总能量。

23．如图 4-42 所示，弹簧的劲度系数为 $k=2.0N/m$，轮子的转动惯量为 $0.5kg \cdot m^2$，轮子半径 $r=30cm$。当质量为 60kg 的物体落下 40cm 时的速率是多大？假设开始时物体静止而弹簧无伸长。

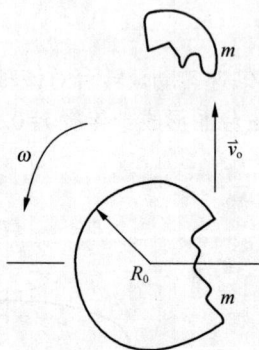

图 4-41　习题 21

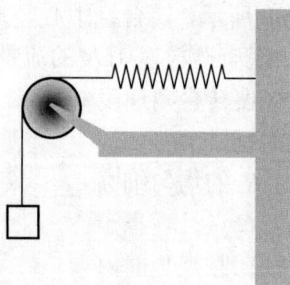

图 4-42　习题 23

模块 2　机械振动和机械波

在自然界中，到处都有振动存在。例如，一切发声体都在振动，机器的运转总伴随着振动，海浪的起伏以及地震也都是振动，就是晶体中的原子也都在不停地振动着。从广义上说，任何一个物理量随时间的周期性变化都可以叫做振动。振动的运动形式可以是机械运动、热运动、电磁运动等运动形式。对于不同的运动形式，振动的表现是不同的，但从振动的角度来看，这些运动的本质都是某一振动量随时间做周期性变化。本模块中，主要研究的是机械振动。

波是振动的传播。机械振动在弹性介质中进行传播的过程称为机械波，如水波、绳波、声波和地震波等。交变的电场与磁场在空间传播的过程称为电磁波，如光波、无线电波和 X 射线等。在微观领域中，对于原子、电子等一切的微观粒子也都具有波动的性质，相应的波称为物质波。波动是很常见的物理现象。各种波都有其独有的特性，但它们又有着相似的波动方程，都能产生反射、折射、干涉和衍射等现象。

【学习目标】

- 掌握简谐振动的概念，及描述简谐振动的各物理量的物理意义及其之间的关系。
- 掌握描述简谐振动的旋转矢量表示法，并能用于讨论和分析简谐运动的规律。
- 了解单摆和复摆的概念。
- 熟练掌握简谐振动的基本特征，能建立一维简谐振动的微分方程，能根据给定条件写出一维简谐振动的运动方程，并理解其物理意义。
- 掌握同方向、同频率简谐振动的合成规律，了解拍和相互垂直简谐振动合成的特点。
- 了解阻尼振动、受迫振动和共振的发生条件及规律。
- 了解电磁振荡的相关知识。

机械振动是常见的最直观的一种振动。物体或物体的某一部分在一定位置附近来回往复的运动，称为**机械振动**。机械振动在生产和生活实际中普遍存在。如钟摆的运动、气缸中活塞的运动、心脏的跳动、行车时的颠簸以及发声物体的运动等。电路中的电流、电压，电磁场中的电场强度和磁场强度也都可能随时间做周期性变化。这种变化也是振动——电磁振动或电磁振荡。这种振动虽然和机械振动有本质的不同，但它们随时间变化的情况以及许多其他性质在形式上都遵从相同的规律。

振动已广泛应用于建筑学、机械学、地震学、造船学、声学等领域，所以研究机械振动也是学习其他形式的振动的基础。

本章将从最简单的振动——简谐振动入手，由简到繁地介绍旋转矢量法、阻尼振动、受迫振动、共振、电磁振荡等内容。

5.1 简谐振动

在振动中，物体相对于平衡位置的位移随时间按正弦函数或余弦函数的规律变化，这种运动称为**简谐振动**，简称**谐振动**。简谐振动是最基本、最简单的振动。其他复杂的振动都可以看做是由若干个简谐振动合成的结果。下面将对简谐振动的运动规律进行研究分析。

如图 5-1 所示，一个劲度系数为 k 的轻弹簧的一端固定；另一端系一质量为 m 的物体，将其置于光滑的水平面上，弹簧的质量和物体所受到的阻力可忽略不计。当弹簧是原长 l_0 时，物体所受到的合力为零，此时物体处于平衡状态，所处的位置 O 为平衡位置。若让物体向右略微移动后释放，由于弹簧被拉长，物体将受到一指向平衡位置的弹性力的作用，迫使物体向左做一变加速运动；当到达平衡位置 O 时，弹簧处于自然长度，物体所受的弹性力为零，速度达到最大；此后，由于惯性它将继续向左运动，弹簧随之被压缩，但由于弹性力的方向还是指向平衡位置，物体将向左做变减速运动，一直到其速度为零为止；然后物体由于仍受到弹

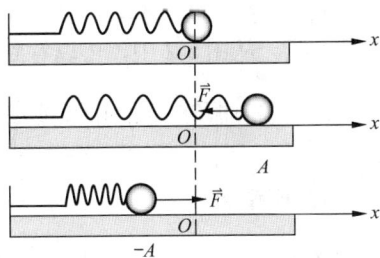

图 5-1　弹簧振子的简谐振动

性力，因此将反向向右运动……物体将在平衡位置附近做往返运动。这一包含弹簧和物体的振动系统叫做**弹簧振子**。

5.1.1　简谐振动的特征及其表达式

在图 5-1 中，取平衡位置 O 为坐标原点，水平向右为 Ox 轴正向。根据胡克定律可知，物体所受到的弹性力 F 与物体偏离平衡位置的位移 x 成正比，即

$$F = -kx \qquad (5-1)$$

式中，负号表示弹性力与位移的方向相反，劲度系数 k 的大小取决于弹簧的固有性质（材料、形状、大小等）。由牛顿第二定律，得

$$a = \frac{F}{m} = -\frac{k}{m}x$$

对于给定的弹簧振子，k 和 m 都是正值常量，令 $\omega^2 = \frac{k}{m}$，得

$$\frac{\mathrm{d}^2 x}{\mathrm{d}t^2} = -\omega^2 x \qquad (5-2)$$

求解式（5-2），得

$$x = A\cos(\omega t + \varphi) \qquad (5-3)$$

可知，弹簧振子做简谐振动。

式（5-2）为弹簧振子做简谐振动的动力学特征：物体加速度 a 与位移的大小成正比，而方向与其相反。

式（5-3）为弹簧振子做简谐振动的运动学特征：物体离开平衡位置的位移 x 按余弦（或正弦）函数的规律随时间变化。这里 A 和 φ 由初始条件来决定。只要某运动能整理出形如式（5-2）或式（5-3）的方程，都可认为该运动为简谐振动。

将式（5-3）对时间求导，可得到简谐振动的速度

$$v = \frac{\mathrm{d}x}{\mathrm{d}t} = -A\omega\sin(\omega t + \varphi) \qquad (5-4)$$

将式（5-4）对时间求导，则可得简谐振动的加速度

$$a = \frac{\mathrm{d}^2 x}{\mathrm{d}t^2} = -A\omega^2\cos(\omega t + \varphi) \qquad (5-5)$$

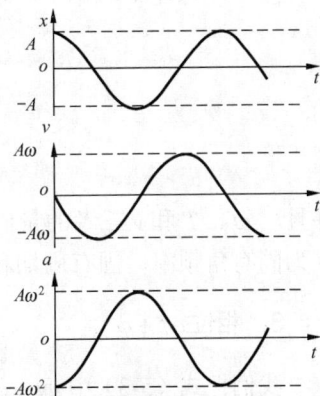

图 5-2　简谐振动的 $x - t$ 图、$v - t$ 图与 $a - t$ 图

式（5-3）、式（5-4）、式（5-5）分别为做简谐振动的质点的位移、速度和加速度与时间 t 的关系式。从图 5-2 中，可以看到位移、速度和加速度都随时间做周期性变化（图中取 $\varphi = 0$）。

5.1.2 振幅 周期和频率 相位

1. 振幅 A

式（5-3）中，A 表示质点离开平衡位置的最大距离的绝对值，或者质点运动范围的最大幅度，我们将其称为**振幅**。同理，$A\omega$ 称为速度振幅，$A\omega^2$ 称为加速度振幅。国际单位制中，振幅的单位是米（m）。其量值由初始条件决定。

2. 周期 T

物体做一次完全振动所需要的时间称为**振动周期**，常用 T 表示，单位是秒（s）。根据此定义，则对于任意时刻 t 的运动状态和在时刻 $t+T$ 的运动状态完全相同，即

$$x = A\cos(\omega t + \varphi) = A\cos[\omega(t+T) + \varphi]$$

我们知道余弦函数的周期为 2π，故

$$T = \frac{2\pi}{\omega}$$

和周期密切相关的另一个物理量是**频率**，它是物体在单位时间内做完全振动的次数，用 ν 表示，单位是赫兹（Hz）。显然有

$$\nu = \frac{1}{T}$$

于是可得到 ω、T、ν 三者的关系为

$$\omega = 2\pi\nu = \frac{2\pi}{T} \tag{5-6}$$

从式（5-6）可以看出，ω 表示的是物体在 2π 时间内所做的完全振动的次数，称为振动的**角频率**，又称圆频率，单位为弧度每秒（rad/s）。

对于弹簧振子的频率，有 $\omega = \sqrt{\dfrac{k}{m}}$，故其振动周期和频率分别为

$$T = 2\pi\sqrt{\frac{m}{k}}$$

$$\nu = \frac{1}{2\pi}\sqrt{\frac{k}{m}}$$

并且，ω、T 和 ν 三者的量值均由振动系统本身的固有属性所决定，与其他因素无关，故又称为固有角频率、固有周期和固有频率。

3. 相位 ωt + φ

我们把式（5-3）中 $\omega t + \varphi$ 称为**相位**。φ 是 $t=0$ 时的相位，称为初相位。在角频率 ω 和振幅 A 已知的简谐振动中，通过相位 $\omega t + \varphi$ 可确定物体的位移 x 和速度 v，即相位 $\omega t + \varphi$ 可以完全确定物体的运动状态。表 5-1 列出了不同的相位和运动状态的关系。可见，相位可以确

切地描绘物体的运动状态,当相位变化为 2π 时,物体的运动状态完全相同,所以相位的变化也反应了振动过程中物体运动的周期性。

表 5-1　　　　　　　　　　　不同的相位和运动状态的关系

$\omega t + \varphi$	0	$\pi/2$	π	$3\pi/2$	2π
$x(t)$	A	0	$-A$	0	A
$v(t)$	0	$-\omega A$	0	ωA	0
$a(t)$	$-\omega^2 A$	0	$\omega^2 A$	0	$-\omega^2 A$

在实际中,经常用到的是两个具有相同频率的简谐振动的相位差,用来反映两简谐振动的步调差异。顾名思义,相位差就是指两个相位之差。设两个同频率的简谐振动的振动方程分别为

$$x_1 = A_1 \cos(\omega t + \varphi_1)$$
$$x_2 = A_2 \cos(\omega t + \varphi_2)$$

它们的相位差为

$$\Delta\varphi = (\omega t + \varphi_2) - (\omega t + \varphi_1) = \varphi_2 - \varphi_1$$

可见,任意时刻它们的相位差都等于它们的初相之差,所以,对于同频率的两个简谐振动有确定的相位差。

若 $\Delta\varphi = 2k\pi$,则表示两振动的步调完全相同,称为两个振动**同相**。它们将同时通过平衡位置向同方向运动,同时到达同方向各自的最大位移处。如图 5-3(a)所示。

若 $\Delta\varphi = (2k+1)\pi$,则表示两振动的步调完全相反,称为两个振动**反相**。它们将同时通过平衡位置,但向相反方向运动,同时到达相反方向各自的最大位移处。如图 5-3(b)所示。

$\Delta\varphi$ 为其他值时,则表示两个振动不同相或反相。常用相位超前或相位落后来描述,如图 5-3(c)所示。相位差 $\Delta\varphi < 0$,表示 x_1 的振动要超前于 x_2 的振动 $\Delta\varphi$ 的相位,或 x_2 的振动要落后于 x_1 的振动 $\Delta\varphi$ 的相位。

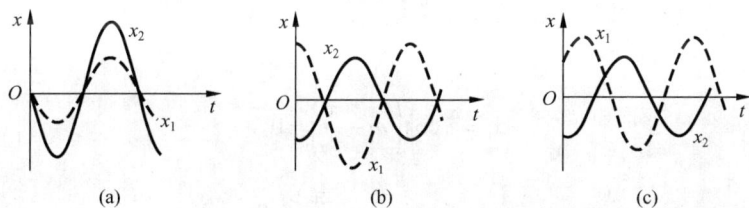

图 5-3　相位差的图示法

4. 常量 A 和 φ 的确定

在简谐振动方程 $x = A\cos(\omega t + \varphi)$ 中,角频率 ω 是由系统本身的固有性质决定的,那么在解微分方程时所引入的两个常量 A 和 φ 的量值又是由什么决定的呢?设振动的初始时刻(即 $t=0$ 时),物体相对于平衡位置的位移和速度分别为 x_0 和 v_0,带入式(5-3)和式(5-4),可得

$$x_0 = A\cos\varphi$$
$$v_0 = -A\omega\sin\varphi$$

联立两式，可得

$$A = \sqrt{x_0^2 + \frac{v_0^2}{\omega^2}} \tag{5-7}$$

$$\tan \varphi = -\frac{v_0}{\omega x_0} \tag{5-8}$$

上述结果表明，简谐振动方程中的 A 和 φ 是由初始条件决定的，且初相位 φ 的取值范围一般为 $0 \sim 2\pi$。

【例 5-1】 已知一个简谐振子的振动曲线如图 5-4 所示。

（1）求和 a、b、c、d、e 状态相应的相位。

（2）写出振动表达式。

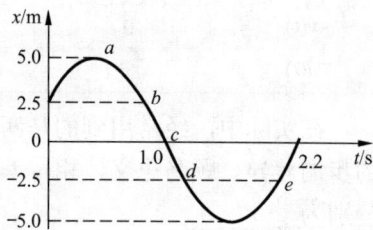

图 5-4 例 5-1

解：（1）由图可知，$A = 5\text{m}$。设质点的振动方程为

$$x = 5\cos(\omega t + \varphi)$$

则

$$v = -5\omega \sin(\omega t + \varphi)$$

a 点时，$x = 5, v = 0$，带入表达式可得相位为 0；同理可得 b、c、d 和 e 点所对应的相位分别为 $\pi/3$、$\pi/2$、$2\pi/3$ 和 $\frac{4}{3}\pi$。

（2）当 $t = 0$ 时，有

$$x_0 = 5\cos\varphi = 2.5 \qquad ①$$

$$v_0 = -5\omega\sin\varphi > 0 \qquad ②$$

由式①得 $\varphi = \pm\frac{\pi}{3}$，由式②得，$\sin\varphi < 0$，故

$$\varphi = -\frac{\pi}{3}$$

当 $t = 1\text{s}$ 时，有

$$x_1 = 5\cos\left(\omega - \frac{\pi}{3}\right) = 0 \qquad ③$$

$$v_1 = -5\omega\sin\left(\omega - \frac{\pi}{3}\right) < 0 \qquad ④$$

联立式③和式④，解得 $\omega = \frac{5}{6}\pi$，则质点的简谐振动的表达式为

$$x = 5\cos\left(\frac{5}{6}\pi t - \frac{\pi}{3}\right)$$

【例 5-2】 在倔强系数为 k 的竖直轻弹簧下端，悬挂一质量为 m_0 的盘子，一质量为 m 的重物自高为 h 的地方自由下落，掉在盘上，没有反弹。以物体掉在盘上的瞬时作为计时起点，如图 5-5 所示。

（1）试证明该系统做简谐振动。

（2）求该系统的角频率、振幅和初相。

解：（1）设在空盘静止时，弹簧的伸长量为 l_1，即 $m_0 g = k l_1$；物体和盘整个系统达到平衡时，弹簧的伸长量为 l_2，即 $(m_0 + m) g = k l_2$，同时取该位置为坐标原点 O，竖直向下为 y 轴正向。

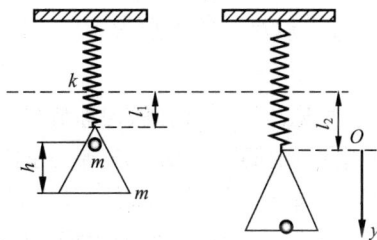
图 5-5 例 5-2

某一时刻，振动系统的位移为 y 时，所受的力为

$$F = (m_0 + m)g - k(y + l_2) = -ky$$

显然，符合简谐振动的动力学特征，故系统的振动为简谐振动。

（2）振动系统的角频率为

$$\omega = \sqrt{\frac{k}{m + m_0}}$$

对于振幅和初相则由初始条件来决定。

$t = 0$ 时刻时，$y_0 = -(l_2 - l_1)$，又 $m_0 g = k l_1$，$(m_0 + m)g = k l_2$，故初始位置为

$$y_0 = -mg / k$$

物体从 h 高度自由下落到盘上，速度 $v_0 = \sqrt{2gh}$，物体与盘子发生非弹性碰撞，竖直方向动量守恒，即

$$m v_0 = (m + m_0) u_0$$

则初始速度为

$$u_0 = \frac{m}{m + m_0} v_0 = \frac{m}{m + m_0} \sqrt{2gh}$$

代入公式得

$$A = \sqrt{y_0^2 + (\frac{u_0}{\omega})^2} = \frac{mg}{k} \sqrt{1 + \frac{2kh}{(m + m_0)g}}$$

$$\varphi = \arctan(\frac{-u_0}{\omega y_0}) + \pi = \arctan \sqrt{\frac{2kh}{(m + m_0)g}} + \pi$$

所以

$$y = A\cos(\omega t + \varphi) = \frac{mg}{k} \sqrt{1 + \frac{2kh}{(m + m_0)g}} \cos(\sqrt{\frac{k}{m + m_0}}t + \arctan \sqrt{\frac{2kh}{(m + m_0)g}} + \pi)$$

注意：初始时刻小球速度方向竖直向下，位移为负值，则初相为第三象限的角度。

5.2 简谐振动的旋转矢量表示法

前面我们分别用数学表达式法和振动图像来描述简谐振动，下面介绍一种更直观更为方便的描述方法——旋转矢量法。

如图 5-6 所示，在平面内作一坐标轴 Ox，由原点 O 作矢量 $\vec{A}$，其大小等于简谐振动的振

幅 A，$\vec{A}$ 在平面内以角速度 ω 绕 O 点逆时针匀速转动，那么矢量 $\vec{A}$ 就称为旋转矢量。设 $t=0$ 时，$\vec{A}$ 与 Ox 轴的夹角为 φ，t 时刻，矢量 $\vec{A}$ 的端点在 x 轴上的投影点 P 的坐标为

$$x = A\cos(\omega t + \varphi)$$

可见，当矢量 $\vec{A}$ 做匀速旋转时，其端点在 x 轴上的投影点 P 的运动与简谐振动的运动规律相同。由简谐振动的旋转矢量图可以看出，$\vec{A}$ 转动一周，相当于简谐振动的一个振动周期。所以，每一个简谐振动都可以用相应的旋转矢量来表示。

为了更好地展现简谐振动的规律，我们将旋转矢量图和位移—时间图像对应起来分析，如图 5-7 所示，取 $\varphi_0 = 0$，$t=0$ 时矢量 $\vec{A}$ 的矢端为 M_0 点，相位为 0，在 $x-t$ 图中对应正的最大位移处；经过 $T/4$ 后，矢量 $\vec{A}$ 的矢端为 M_1 点，相位为 $\pi/2$，$x-t$ 图中对应平衡位置，且速度方向为负向；经过 $3T/4$ 后，矢量 $\vec{A}$ 的矢端为 M_3 点，相位为 $3\pi/2$，$x-t$ 图中对应平衡位置，且速度方向为正向；经过 T 后，矢量 $\vec{A}$ 的矢端为 M_4 点，相位为 2π，$x-t$ 图中对应正的最大位移处。可见矢量 $\vec{A}$ 转动一圈后，相位变化了 2π，对简谐振动来说为一个周期的时间。

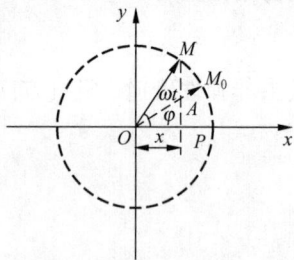

图 5-6 旋转矢量图

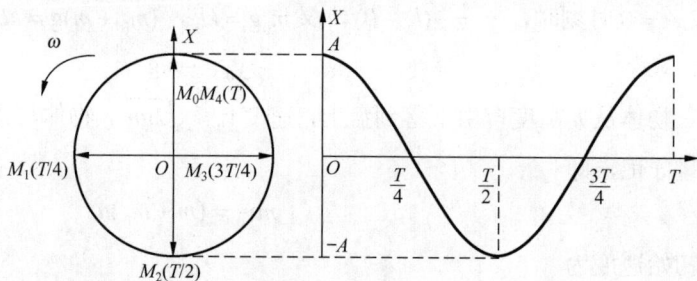

图 5-7 旋转矢量图和简谐振动的 $x-t$ 图

借助于旋转矢量法，我们还可获得简谐振动的速度矢量和加速度矢量。如图 5-8 所示，M 点的速率为 ωA，在任一时刻 t，速度矢量在 Ox 轴上的投影为

$$v = A\omega\cos\left(\omega t + \varphi + \frac{\pi}{2}\right) = -A\omega\sin(\omega t + \varphi)$$

这正是物体做简谐振动的速度表达式。M 点的加速率为 $\omega^2 A$，方向指向原点，在任一时刻 t，加速度矢量在 Ox 轴上的投影为

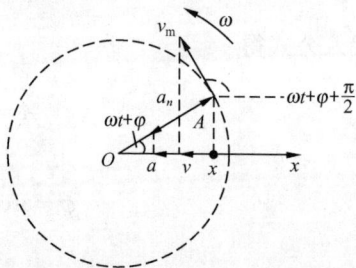

图 5-8 旋转矢量图中的速度和加速度

$$a = A\omega^2\cos(\omega t + \varphi + \pi) = -A\omega^2\cos(\omega t + \varphi)$$

这正是物体做简谐振动的加速度表达式。

可见，旋转矢量法可以很直观地描述简谐振动。但是应注意的是：引进旋转矢量 $\vec{A}$ 来描述简谐振动，并不意味着做简谐振动的物体本身在旋转。

前面我们通过相位差来比较两简谐振动的步调的差异。用旋转矢量图进行比较则更为直观。图 5-9 所示不同相位的两个简谐振动，$\vec{A_1}$ 和 $\vec{A_2}$ 的夹角是相位差 $\Delta\varphi$，且 x_2 的振动相位比 x_1 的振动相位超前 $\Delta\varphi$。当 $\Delta\varphi = 0$ 时，两振动同向如图 5-10（a）所示；当 $\Delta\varphi = \pi$ 时，两振动反向，如图 5-10（b）所示。

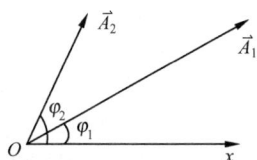

图 5-9　两个简谐振动的相位差

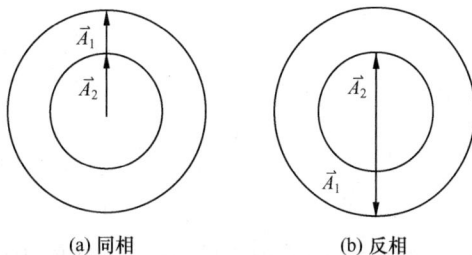

(a) 同相　　　　　(b) 反相

图 5-10　两个简谐振动的旋转矢量图

【例 5-3】　一水平弹簧振子做简谐振动，振幅 A，周期为 T，（1）$t=0$ 时，$x_0 = A/2$，且向 x 轴正方向运动；（2）$t=0$ 时，$x_0 = -A/\sqrt{2}$，且向 x 轴负方向运动。分别写出这两种情况下的初相位。

解： 设振动方程为

$$x = A\cos(\omega t + \varphi_0)$$

（1）运用旋转矢量法，如图 5-11 所示，由 $x_0 = A/2$，可得到

$$\varphi_0 = -\pi/3 \ 或 \ \varphi_0 = \pi/3$$

又振子向正方向运动，故 $\varphi_0 = -\pi/3$。

（2）同理，运用旋转矢量法，如图 5-12 所示，可得 $\varphi_0 = 3\pi/4$。

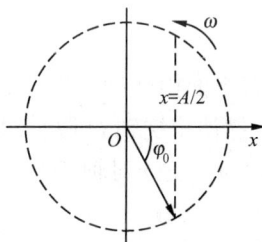

图 5-11　例 5-3（a）

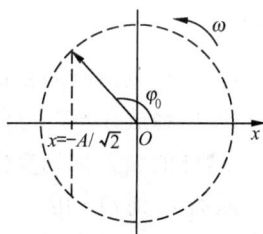

图 5-12　例 5-3（b）

5.3　几种常见的简谐振动

弹簧振子是一种理想运动模型。实际的振动大多比较复杂，振子受到的回复力可能是重力、拉力或浮力等性质的力。下面讨论两个实际振动问题—单摆和复摆。

5.3.1　单摆

一根质量可忽略且长度为 l 的细线上端固定，下端系一小球，细线的长度不会发生变化，小球可看作是质点，且忽略空气阻力，即形成单摆的结构，如图 5-13 所示。

设小球的平衡位置为 O，当细线与竖直方向成 θ 角时，小球受到重力和拉力的作用。小球只能沿着圆弧运动，沿其切线方向

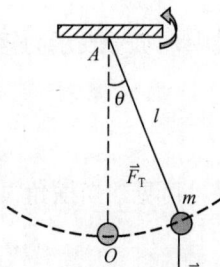

图 5-13　单摆

$F = mg\sin\theta$，因$\theta(<5°)$很小，故$\sin\theta \approx \theta$，根据牛顿第二定律有

$$ml\frac{d^2\theta}{dt^2} = -mg\sin\theta \approx -mg\theta$$

即

$$\frac{d^2\theta}{dt^2} = -\frac{g}{l}\theta \qquad (5-9)$$

式中，负号表示力的方向与所规定的方向相反。令$\omega^2 = \frac{g}{l}$，式（5-9）又可写为

$$\frac{d^2\theta}{dt^2} = -\omega^2\theta$$

解得

$$\theta = \theta_m\cos(\omega t + \varphi)$$

即单摆在摆角很小时，其运动过程中的动力学和运动学特征满足简谐振动，因此可以看作是简谐振动，振动的周期为

$$T = 2\pi\sqrt{\frac{l}{g}} \qquad (5-10)$$

式（5-10）表明单摆的振动周期和振幅无关，它决定于系统本身的属性，即决定于摆线的长度和重力加速度。故可用式（5-10），利用单摆长度和周期测量某地点的重力加速度。

5.3.2 复摆

如图 5-14 所示，一任意形状的物体可绕转轴 O 在竖直平面内转动，将其拉开一个微小角度后释放，若阻力和摩擦力忽略不计，物体将绕轴 O 做微小的自由摆动，这样的装置称为复摆。设物体的质量为 m，复摆对轴 O 的转动惯量为 J，质心 C 到 O 轴的距离为 l。

设某一时刻，复摆偏离平衡位置的角度为 θ，且 θ 很小，有 $\sin\theta \approx \theta$，由转动定律，得

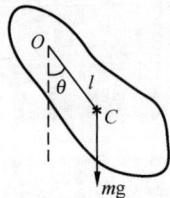
图 5-14　复摆

$$M = -mgl\sin\theta = J\alpha = J\frac{d^2\theta}{dt^2}$$

即

$$-mgl\theta = J\frac{d^2\theta}{dt^2} \qquad (5-11)$$

式中，负号表示力矩的方向与角位移的方向相反；J 和 mgl 为常量，若令 $\omega^2 = \frac{mgl}{J}$，则有

$$\frac{d^2\theta}{dt^2} = -\omega^2\theta$$

可见，当摆角很小时，复摆的运动可以看作是简谐振动，其周期为

$$T = \frac{2\pi}{\omega} = 2\pi\sqrt{\frac{J}{mgl}} \qquad (5-12)$$

式（5-12）为我们提供了测量物体对转轴的转动惯量的一种方法。

【例 5-4】　一质量为 m，直径为 D 的塑料圆柱体一部分进入密度为 ρ 的液体中；另一部分浮在液面上，如果用手轻轻向下按动圆柱体，放手后圆柱体将上下振动，圆柱体表面与液体的摩擦力忽略不计。试证明该系统为简谐振动，并求振动周期。

解： 以圆柱体平衡时的顶端为坐标原点，向下为正方向，建立坐标轴 Ox 轴。如图 5-15 所示。假设平衡时圆柱体排开液体的体积为 V，则 $\rho V g = mg$，若圆柱体向下移动一微小距离 x，其所受合力为

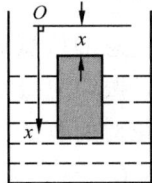

图 5-15　例 5-4

$$F = mg - [V + \pi(\frac{D}{2})^2 x]\rho g = -\pi \rho g (\frac{D}{2})^2 x$$

根据牛顿第二定律

$$F = ma = -\pi \rho g (\frac{D}{2})^2 x$$

整理，得

$$a = -\pi \rho g (\frac{D}{2})^2 x / m = -\omega^2 x$$

式中，$\omega = \frac{D}{2}\sqrt{\pi \rho g / m}$，即圆柱体所受合外力与位移成正比，而方向相反，因此，圆柱体做的是简谐振动。其振动周期为

$$T = \frac{2\pi}{\omega} = \frac{4}{D}\sqrt{\frac{\pi m}{\rho g}}$$

5.4　简谐振动的能量

物体做简谐振动时其能量既有动能，也有势能。以弹簧振子为例，振动过程中振子的位移 x 和速度 v 的方程分别为

$$x = A\cos(\omega t + \varphi)$$
$$v = -A\omega \sin(\omega t + \varphi)$$

若以弹簧原长为势能零点，t 时刻，系统的动能 E_k 和势能 E_P 分别为

$$E_k = \frac{1}{2}mv^2 = \frac{1}{2}m\omega^2 A^2 \sin^2(\omega t + \varphi) \tag{5-13}$$

$$E_P = \frac{1}{2}kx^2 = \frac{1}{2}kA^2 \cos^2(\omega t + \varphi) \tag{5-14}$$

式（5-13）和式（5-14）说明，系统的动能和势能随时间 t 做周期性的变化。变化频率是弹簧振子的两倍。当弹簧振子通过平衡位置时，动能达到最大，势能为零；通过最大位移时，势能达到最大，动能为零。从图 5-16 中（这里取 $\varphi = 0$）可以看到，在运动过程中，动能和势能相互转化，系统的总能量为

$$E = E_k + E_P = \frac{1}{2}m\omega^2 A^2 = \frac{1}{2}kA^2 \tag{5-15}$$

式（5-15）说明系统的总能量是一恒定值。这是因为在振动过程中，系统受到的回复力为保守力，故系统总的机械能守恒。总的机械能 E 与振幅平方成正比，振动的振幅越大，系统的总机械能也越大。这一结论对所有的简谐振动都具有普遍意义。

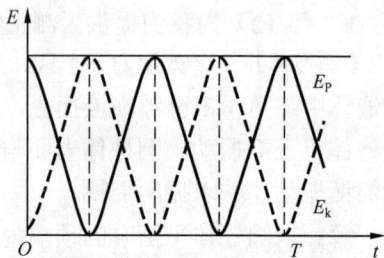

图 5-16　弹簧振子的能量和时间关系曲线

在忽略阻力时，系统的总能量是常量，则有

$$\frac{\mathrm{d}(E_k + E_P)}{\mathrm{d}t} = \frac{\mathrm{d}}{\mathrm{d}t}\left(\frac{1}{2}mv^2 + \frac{1}{2}kx^2\right) = 0$$

即

$$mv\frac{\mathrm{d}v}{\mathrm{d}t} + kx\frac{\mathrm{d}x}{\mathrm{d}t} = 0$$

又 $v = \dfrac{\mathrm{d}x}{\mathrm{d}t}$，$\dfrac{\mathrm{d}v}{\mathrm{d}t} = \dfrac{\mathrm{d}^2 x}{\mathrm{d}t^2}$，故

$$\frac{\mathrm{d}^2 x}{\mathrm{d}t^2} + \frac{k}{m}x = 0$$

上面分析表明，在具体问题中，可以通过能量守恒推导简谐振动的运动学方程以及振动周期和频率等。

【例 5-5】　一弹簧振子做简谐振动，当其偏离平衡位置的位移大小是振幅的 $\dfrac{1}{4}$ 时，其动能占总能量的多少？在什么位置，其动能和势能相等？

解：（1）

$$E_P = \frac{1}{2}kx^2$$

将 $x = \dfrac{1}{4}A$ 代入上式，得

$$E_P = \frac{1}{2}k\left(\frac{1}{4}A\right)^2 = \frac{1}{16}\left(\frac{1}{2}kA^2\right)$$

$$E_k = \frac{1}{2}kA^2 - E_P = \frac{15}{16}\left(\frac{1}{2}kA^2\right)$$

即动能占总能量的 $\dfrac{15}{16}$。

（2）

$$E_P = \frac{1}{2}kx^2 = \frac{1}{2}\left(\frac{1}{2}kA^2\right)$$

当 $x = \pm\dfrac{\sqrt{2}}{2}A$ 时，振子的动能和势能相等。

【例 5-6】　如图 5-17 所示，一密度均匀的"T"字形细尺，由两根金属米尺组成，若它可绕通过 O 点且垂直纸面的水平轴转动，不计阻力，求其微小振动的周期。

解：设米尺长为 l，质量为 m，以地球和"T"字形尺为研究系统，因不计阻力，转动过程中，只有重力做功，系统机械能守恒。取"T"字形尺处于平衡位置时系统的势能为零，当"T"字形尺偏离平衡位置 θ 时，系统的动能和势能分别为

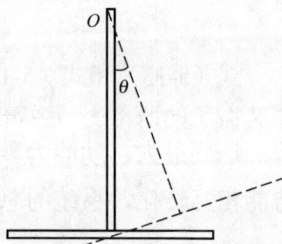

图 5-17　"T"字形细尺

$$E_k = \frac{1}{2}J\left(\frac{\mathrm{d}\theta}{\mathrm{d}t}\right)^2$$

$$E_P = mg\frac{l}{2}(1-\cos\theta) + mgl(1-\cos\theta) = \frac{3}{2}mgl(1-\cos\theta)$$

由平行轴定理，得

$$J = \frac{1}{3}ml^2 + \left(\frac{1}{12}ml^2 + ml^2\right) = \frac{17}{12}ml^2$$

则

$$E = E_k + E_P = \frac{1}{2}\frac{17}{12}ml^2\left(\frac{\mathrm{d}\theta}{\mathrm{d}t}\right)^2 + \frac{3}{2}mgl(1-\cos\theta) = 常量$$

将上式对时间求导，有

$$\frac{17}{12}ml^2\frac{\mathrm{d}\theta}{\mathrm{d}t}\frac{\mathrm{d}^2\theta}{\mathrm{d}t^2} + \frac{3}{2}mgl\sin\theta\frac{\mathrm{d}\theta}{\mathrm{d}t} = 0$$

"T"字形细尺做的是微小振动，$\sin\theta \approx \theta$，代入上式得

$$\frac{\mathrm{d}^2\theta}{\mathrm{d}t^2} + \frac{18}{17}\frac{g}{l}\theta = 0$$

故系统做的是角频率为 $\omega = \sqrt{\dfrac{18}{17}\dfrac{g}{l}}$ 的简谐振动，其振动周期为

$$T = 2\pi\sqrt{\frac{17}{18}\frac{l}{g}} = 2 \times 3.14 \times \sqrt{\frac{17 \times 1}{18 \times 9.8}} = 1.95\text{s}$$

5.5　简谐振动的合成

在实际问题的具体过程中，振动往往是由好几个振动合成的。例如，在凹凸不平的路面上行驶的小汽车，车轮相对地面在振动，车身相对车轮也在振动，而车身相对地面的振动就是这两个振动的合振动。在车厢中的人坐在垫子上，当车身振动时，人便参与两个振动，一个为人对车身的振动；另一个为车身对地的振动。现在的汽车通过巧妙设计减振系统，可以使车身相对地面的振动不至于太剧烈。下面对几种简单的振动合成进行分析。

5.5.1　两个同方向同频率简谐振动的合成

设某质点同时参与两独立的同方向、同频率的简谐振动，任一时刻 t，质点在两简谐振动中的位移分别为

$$x_1 = A_1\cos(\omega t + \varphi_1)$$
$$x_2 = A_2\cos(\omega t + \varphi_2)$$

其中，A_1、A_2 与 φ_1、φ_2 分别表示两个简谐振动的振幅与初相位，角频率均为 ω。质点的合振动的位移 x 就是这两个位移的代数和，即

$$x = x_1 + x_2 = A_1\cos(\omega t + \varphi_1) + A_2\cos(\omega t + \varphi_2) \tag{5-16}$$

我们可利用三角形公式得到合成结果，其合振动仍是频率为 ω 的简谐振动

$$x = A\cos(\omega t + \varphi)$$

其中，$A = \sqrt{A_1^2 + A_2^2 + 2A_1A_2\cos(\varphi_2 - \varphi_1)}$，$\tan\varphi = \dfrac{A_1\sin\varphi_1 + A_2\sin\varphi_2}{A_1\cos\varphi_1 + A_2\cos\varphi_2}$

即同方向同频率的简谐振动的合成振动仍为简谐振动，其频率与分振动频率相同，合振动的振幅、相位则由两分振动的振幅及初相决定。

另外，我们也可以利用旋转矢量法来获得合成结果，如图 5-18（a）所示，取坐标轴 Ox，$t = 0$ 时刻，两个振动的旋转矢量 $\vec{A}_1$ 和 $\vec{A}_2$ 与坐标轴的夹角分别为 φ_1 和 φ_2，两个矢量以相同的角速度转动，故它们之间的角度保持恒定，则合矢量的大小也保持恒定，且以同样的角速度转动。任意 t 时刻，合矢量 $\vec{A}$ 在 x 轴上的投影为 $x = x_1 + x_2$。如图 5-18（b）所示，在 $\triangle OMM_1$ 中，合振动的振幅 A 用余弦定理即可求得，在 $\triangle OMP$ 中，也可求得初相的正切。

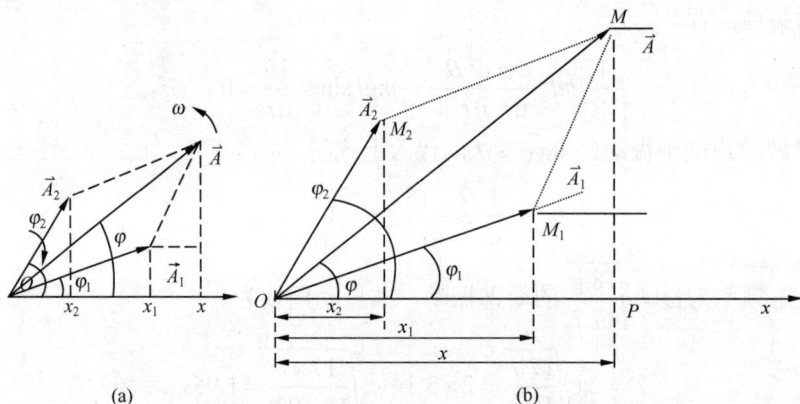

图 5-18 用旋转矢量法求振动的合成

下面我们讨论合振动的振幅与两分振动相位差之间的关系。

（1）相位差 $\Delta\varphi = \varphi_2 - \varphi_1 = 2k\pi$ $(k = 0, \pm 1, \pm 2, \cdots)$，表明这两个振动在任意时刻，运动状态都相同，步调是一致的。

此时 $\cos(\varphi_2 - \varphi_1) = 1$，则振幅 A 达到最大，即 $A_{\max} = A_1 + A_2$。

（2）相位差 $\Delta\varphi = \varphi_2 - \varphi_1 = (2k+1)\pi$ $(k = 0, \pm 1, \pm 2, \cdots)$，表明这两个振动在任意时刻，运动状态都是相反的，即步调是相反的。

此时 $\cos(\varphi_2 - \varphi_1) = -1$，则振幅 A 达到最小，即 $A_{\min} = |A_1 - A_2|$。

（3）其他情况，振幅 A 介于 $A_1 + A_2$ 和 $|A_1 - A_2|$ 之间。

若 $\Delta\varphi = \varphi_2 - \varphi_1 > 0$，则表明振动 2 的相位比振动 1 的相位超前 $\Delta\varphi$；若 $\Delta\varphi = \varphi_2 - \varphi_1 < 0$，则表明振动 2 的相位比振动 1 的相位落后 $\Delta\varphi$。

【例 5-7】 两质点做同方向、同频率的简谐振动，它们的振幅相等，当质点 1 在 $x_1 = A/2$ 处向左运动时，质点 2 在 $x_2 = -A/2$ 处向右运动时，试用矢量图示法求两质点的相位差。

解：设两质点的运动方程为

$$x_1 = A\cos(\omega t + \varphi_1)$$

$$x_2 = A\cos(\omega t + \varphi_2)$$

设旋转矢量 $\vec{A}_1$ 描述质点 1，旋转矢量 $\vec{A}_2$ 描述质点 2，如图 5-19 所示，

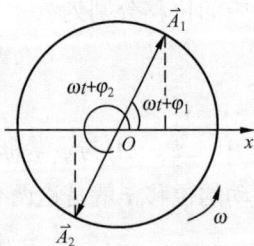

图 5-19 例 5-7

可得

$$\omega t + \varphi_1 = 2k\pi + \pi/3$$

$$\omega t + \varphi_2 = 2k\pi + 4\pi/3$$

则两质点的相位差为 $(\omega t + \varphi_2) - (\omega t + \varphi_1) = \pi$，两者反相。

5.5.2　两个同方向不同频率简谐振动的合成　拍

当质点同时参与两个同方向不同频率的简谐振动时，设两简谐振动的振动表达式为

$$x_1 = A_1 \cos(2\pi \nu_1 t + \varphi_1)$$

$$x_2 = A_2 \cos(2\pi \nu_2 t + \varphi_2)$$

它们的相位差为

$$\Delta \varphi = 2\pi(\nu_2 - \nu_1)t + (\varphi_2 - \varphi_1)$$

即相位差 $\Delta \varphi$ 随时间而改变，合振动不再是简谐振动，而是比较复杂的周期运动。在旋转矢量图上表现为合矢量 $\vec{A}_1$ 和 $\vec{A}_2$ 之间的夹角随时间在改变，即合矢量 $\vec{A}$ 的大小和转动角速度都在不断地变化。现在，我们讨论两个简谐振动的频率较大又极为接近的情况。为简化计算，这里取 $A_1 = A_2 = A$，$\varphi_1 = \varphi_2 = \varphi$，且 $|\nu_2 - \nu_1| \ll \nu_1 + \nu_2$。

合振动的位移为

$$x = x_1 + x_2 = (2A\cos 2\pi \frac{\nu_2 - \nu_1}{2}t)\cos(2\pi \frac{\nu_2 + \nu_1}{2}t + \varphi) \tag{5-17}$$

因 $|\nu_2 - \nu_1| \ll \nu_1 + \nu_2$，则第一项因子的周期要比第二项因子的周期大，因此，我们可以把合振动看成是振幅为 $\left| 2A\cos 2\pi \frac{\nu_2 - \nu_1}{2}t \right|$，频率为 $\frac{\nu_2 + \nu_1}{2} \approx \nu_1 \approx \nu_2$ 的简谐振动。这里合振动振幅随时间按照余弦函数缓慢地由 $2A$ 变化到 0，再变化到 $2A$，做周期性变化。如图 5-20 所示为两个分振动和合振动的图形。当两个分振动的相位相同时，合振幅最大；当两个分振动的相位相反时，合振幅最小。这种频率较大而频率之差很小的两个同方向简谐振动合成时，所产生的合振幅时而加强时而减弱的现象称为"拍"。

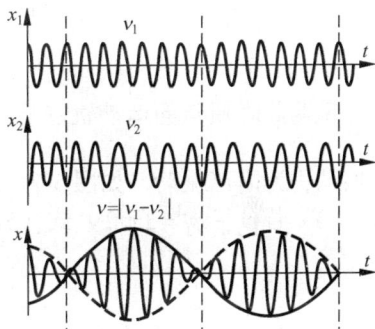

图 5-20　拍

我们把合振幅从一次极大到相邻的极大所需的时间称为拍的周期，合振幅变化的频率称为拍频。根据余弦函数的周期性，得

$$\left| 2A\cos 2\pi \frac{\nu_2 - \nu_1}{2}t \right| = \left| 2A\cos(2\pi \frac{\nu_2 - \nu_1}{2}t + \pi) \right| = \left| 2A\cos 2\pi \frac{\nu_2 - \nu_1}{2}(t + \frac{1}{\nu_2 - \nu_1}) \right|$$

则拍的周期为 $T = \dfrac{1}{\nu_2 - \nu_1}$，拍频为 $\nu = \nu_2 - \nu_1$。

拍现象有着许多重要的应用。例如，双簧管的悠扬的颤音，就是利用同一音的两个簧片的振动频率有微小差别而产生的；通过与标准音叉比较，可对钢琴进行调音。拍现象在无线电技术和卫星跟踪等也有着重要的应用。

5.5.3 两个相互垂直的同频率的简谐振动的合成

设两个同频率的简谐振动分别在 x 轴和 y 轴，其振动方程为

$$x = A_1 \cos(\omega t + \varphi_1)$$

$$y = A_2 \cos(\omega t + \varphi_2)$$

消掉时间参量 t，可得到质点的运动轨迹

$$\frac{x^2}{A_1^2} + \frac{y^2}{A_2^2} - \frac{2xy}{A_1 A_2}\cos(\varphi_2 - \varphi_1) = \sin^2(\varphi_2 - \varphi_1) \tag{5-18}$$

（1）若 $\varphi_2 - \varphi_1 = 0$，式（5-18）为

$$y = \frac{A_2}{A_1}x$$

说明此时质点的运动轨迹是一条通过坐标原点直线，斜率为 $\dfrac{A_2}{A_1}$，如图 5-21（a）所示，在任一时刻 t，质点离开原点的位移为

$$S = \sqrt{x^2 + y^2} = \sqrt{A_1^2 + A_2^2}\cos(\omega t + \varphi) \tag{5-19}$$

式（5-19）说明合振动仍为简谐振动，且圆频率为 ω，振幅为 $\sqrt{A_1^2 + A_2^2}$。

（2）若 $\varphi_2 - \varphi_1 = \pi$，式（5-18）为

$$y = -\frac{A_2}{A_1}x$$

说明此时质点的运动轨迹是一条通过坐标原点直线，斜率为 $-\dfrac{A_2}{A_1}$，与情况（1）相同，合振动仍为简谐振动，如图 5-21（b）所示。

（3）若 $\varphi_2 - \varphi_1 = \pm\pi/2$，式（5-18）为

$$\frac{x^2}{A_1^2} + \frac{y^2}{A_2^2} = 1$$

此时质点的运动轨迹是一个以坐标轴为长短轴的正椭圆，合振动不再是简谐振动。如图 5-21（c）、（d）所示。可以认为图 5-21（c）是右旋椭圆运动，图 5-21（d）是左旋椭圆运动。

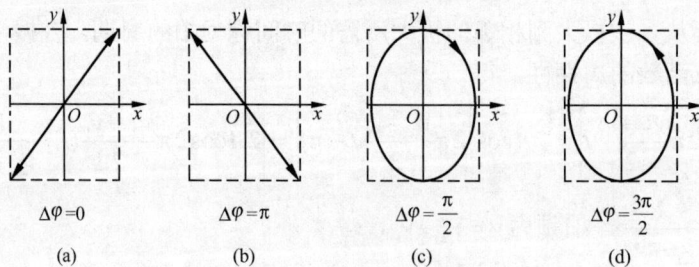

图 5-21　两个相互垂直的同频率简谐振动的合成

综上所述，只有当两个相互垂直的同频率的简谐振动是同相或是反相时，其合振动才是简谐振动。其他的情况，合振动的运动不再是简谐振动，其轨迹将是不同方位的椭圆。图 5-22

所示为两个相互垂直的同频率而不同相位差的简谐振动的合成运动轨迹。

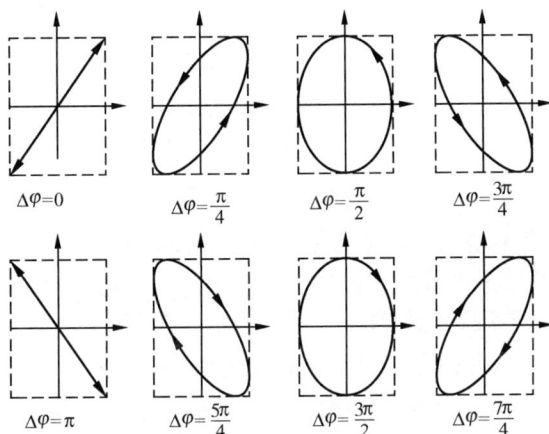

图 5-22　两个相互垂直的同频率而不同相位差的简谐振动的合成运动轨迹

当一个质点同时参与了两个振动方向相互垂直频率不同的简谐振动时，合成的振动一般是较复杂的。其运动轨迹不能形成稳定的曲线。如果两个互相垂直的振动频率成整数比，合振动的轨迹是稳定的曲线，运动也具有周期性，曲线的形状和分振动的频率比、初相位有关，得到的图形称为李萨如图形。表 5-2 和表 5-3 分别给出了频率比为 1:1、1:2、1:3 和 2:3 的简谐振动的合成。

在示波器上，垂直方向与水平方向同时输入两个振动，已知其中一个频率，则可根据所成图形与已知标准的李萨如图形比较，就可得知另一个未知的频率。在无线电技术中，可用李萨如图形来测量未知频率。

表 5-2　　　　　　　　　　　　　简谐振动的合成（a）

	$\varphi_2 - \varphi_1 = 0$	$\varphi_2 - \varphi_1 = \pi/4$	$\varphi_2 - \varphi_1 = \pi/2$	$\varphi_2 - \varphi_1 = 3\pi/4$	$\varphi_2 - \varphi_1 = \pi$
1:1					
1:2					
1:3					

表 5-3　　　　　　　　　　　　　简谐振动的合成（b）

	$\varphi_2 - \varphi_1 = 0$	$\varphi_2 - \varphi_1 = \pi/8$	$\varphi_2 - \varphi_1 = \pi/4$	$\varphi_2 - \varphi_1 = 3\pi/8$	$\varphi_2 - \varphi_1 = \pi/2$
2:3					

5.5.4　多个同方向、同频率简谐振动的合成

现在我们讨论沿 x 轴多个同频率简谐振动的合成。此时 N 个振动具有相同方向、相同频

率、相同振幅，且依次间相位差恒为 $\Delta\varphi$，即

$$x_1 = A_0 \cos \omega t$$

$$x_2 = A_0 \cos(\omega t + \Delta\varphi)$$

$$x_3 = A_0 \cos(\omega t + 2\Delta\varphi)$$

$$\cdots$$

$$x_N = A_0 \cos(\omega t + (N-1)\Delta\varphi)$$

由旋转矢量法知，其合振动仍然是角频率为 ω 的简谐振动，合振动的振幅矢量 $\overrightarrow{A}$ 等于各分矢量的矢量和。设合振动的运动方程为 $x = A\cos(\omega t + \varphi)$，其旋转矢量如图 5-23 所示，在图中作 $\overrightarrow{A_1}$ 和 $\overrightarrow{A_2}$ 的垂直平分线，两者相交于 P 点，其夹角为 $\Delta\varphi$，则 $\angle OPB = \Delta\varphi$，$\angle OPQ = N\Delta\varphi$，等腰三角形中的 $\overline{OQ}$ 就是合振幅的 $\overrightarrow{A}$ 的大小

$$A = 2\overline{OP}\sin\frac{N\Delta\varphi}{2} \tag{5-20}$$

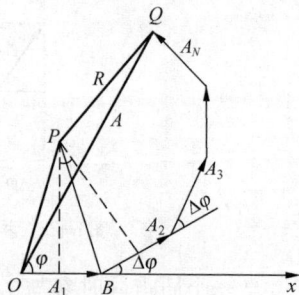

图 5-23　N 个同方向同频率的
等幅简谐振动的合成

将 $\overline{OP} = (\frac{1}{2}A_0)/\sin\dfrac{\Delta\varphi}{2}$ 带入式（5-20），得合振动的振幅大小为

$$A = A_0 \sin\frac{N\Delta\varphi}{2}\Big/\sin\frac{\Delta\varphi}{2}$$

合振动的初相位

$$\varphi = \angle POB - \angle QOB = \frac{1}{2}(\pi - \Delta\varphi) - \frac{1}{2}(\pi - N\Delta\varphi) = \frac{N-1}{2}\Delta\varphi$$

故合振动的表达式为

$$x = A_0 \frac{\sin\dfrac{N\Delta\varphi}{2}}{\sin\dfrac{\Delta\varphi}{2}}\cos\left(\omega t + \frac{N-1}{2}\Delta\varphi\right)$$

5.6　阻尼振动　受迫振动　共振

前面所讨论的简谐振动是一种理想情形，运动中只有回复力的作用，不考虑任何阻力，也不对外做功，系统没有能量输出和输入，总的能量守恒，振幅保持不变，我们称之为**无阻尼自由振动**。实际的振动系统总会受到外界的阻力作用或是系统向外辐射能量，若是振动系统受到阻力作用，系统将克服阻力做功，能量逐渐减少，振幅逐渐减小，这种振幅随时间而减小的振动称为**阻尼振动**，如单摆的摆动。

5.6.1　阻尼振动

阻尼振动的能量逐渐减少，一种是由于摩擦阻力的作用使振动系统的能量逐渐转化为热运动的能量，这种振动称为摩擦阻尼。如实际的单摆摆动，系统的阻力作用使得摆的机械能

转化为空气的内能，能量逐渐减少，振幅也会逐渐减小；另一种是由于振动系统引起周围物质的振动，使能量以波的形式向外辐射，这种振动称为辐射阻尼。如琴弦发出声音，是由于受到空气的阻力要消耗能量，同时也以波的形式向外辐射。

本小节只讨论振动系统受摩擦阻力的情形。一般来说，振动时所受的摩擦阻力，往往是考虑介质的黏滞阻力。实验指出，在物体运动速度较小的情况下，物体受到的阻力与速度大小成正比，若用 f_r 表示阻力，则

$$f_r = -\gamma v = -\gamma \frac{\mathrm{d}x}{\mathrm{d}t} \tag{5-21}$$

式中，负号表示力的方向与速度方向相反，比例系数 γ 为阻力系数，它与物体的形状、大小和周围介质的性质有关。

以弹簧振子为例，将其放在油中或较黏稠液体中缓慢运动时，弹簧振子将受到阻力作用。如图 5-24 所示，根据牛顿第二定律，有

$$m \frac{\mathrm{d}^2 x}{\mathrm{d}t^2} = -kx - \gamma \frac{\mathrm{d}x}{\mathrm{d}t} \tag{5-22}$$

令 $\omega_0^2 = k/m$，$\beta = \gamma/2m$，则式（5-22）为

$$\frac{\mathrm{d}^2 x}{\mathrm{d}t^2} + 2\beta \frac{\mathrm{d}x}{\mathrm{d}t} + \omega_0^2 x = 0 \tag{5-23}$$

式中，β 称为阻尼因子，表征阻尼的强弱，它与系统本身的质量和介质的阻力系数有关；ω_0 是振动系统的固有角频率，由系统本身的性质决定。

当阻尼较小时，即 $\beta < \omega_0$ 时，叫做**欠阻尼**。式（5-23）的解为

$$x = A_0 \mathrm{e}^{-\beta t} \cos(\omega t + \varphi) \tag{5-24}$$

式中，A_0 和 φ 为积分常数，可由初始条件决定。$\omega = \sqrt{\omega_0^2 - \beta^2}$，称为阻尼振动的角频率。图 5-25

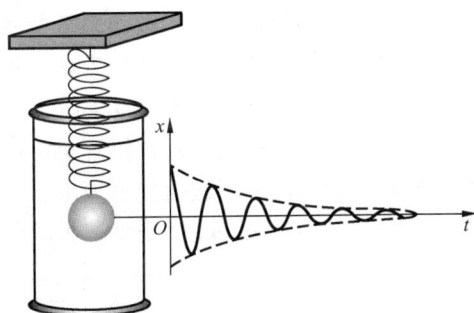

图 5-24　弹簧振子在黏稠液体中的振动

所示为阻尼振动的位移随时间变化的曲线，此时的振动不是严格意义上的周期运动，它的振幅 $A_0 \mathrm{e}^{-\beta t}$ 随时间做指数衰减，阻尼越大，衰减的越快，通常称之为准周期振动。振幅衰减的周期为

$$T = \frac{2\pi}{\omega} = \frac{2\pi}{\sqrt{\omega_0^2 - \beta^2}}$$

若阻力很大，即 $\beta > \omega_0$，可解得

$$x = C_1 \mathrm{e}^{-(\beta - \sqrt{\beta^2 - \omega_0^2})t} + C_2 \mathrm{e}^{-(\beta + \sqrt{\beta^2 - \omega_0^2})t}$$

式中，C_1 和 C_2 是常数，由初始条件决定。随着时间的变化，弹簧振子的位移单调地减小，且该运动不是周期的，也不是往复的。若将物体偏离平衡位置而后释放，物体慢慢地回到平衡位置停下来，这种情形称为**过阻尼**。

若阻尼介于前二者之间，即 $\beta = \omega_0$，微分方程的解为

$$x = (C_1 + C_2 t)e^{-\beta t}$$

式中，C_1 和 C_2 是常数，由初始条件决定。若将物体偏离平衡位置而后释放，物体受到的阻尼较过阻尼时小，则物体将很快回到平衡位置并停下来，这时振子恰好从准周期振动变为非周期振动，这种状态称为**临界阻尼**。图 5-26 所示为上面几种阻尼的位移—时间曲线。

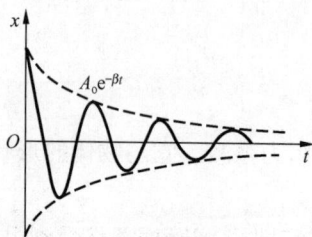

图 5-25 阻尼振动的 $x-t$ 曲线

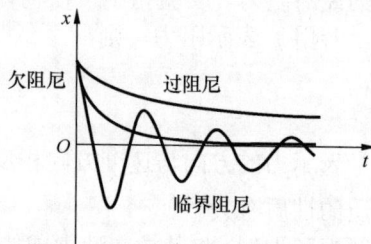

图 5-26 3 种阻尼的比较

在工程技术设备中，经常通过阻尼来控制系统的振动。例如精密天平、灵敏电流计和心电图机等，在使用过程中往往希望其指针尽快到达平衡位置，设计时就会让系统处在临界阻尼状态下工作，以节约时间、便于测量。

5.6.2　受迫振动

阻尼总是客观存在的，振动系统受到阻尼作用最终会停止振动。为使振动持续不断地进行，必须对系统施加一周期性外力。在周期性的外力作用下，系统所发生的振动称为**受迫振动**，这个周期性的外力称为驱动力。受迫振动也称强迫振动。例如，跳水运动员在跳板上行走时跳板所发生的振动、录音机耳机中膜片的振动、机器运转时引起的基座的振动等，都是受到外界驱动力作用所做的受迫振动。

设驱动力为 $F\cos\omega_p t$，则受迫振动的方程可写为

$$m\frac{\mathrm{d}^2 x}{\mathrm{d}t^2} = -kx - C\frac{\mathrm{d}x}{\mathrm{d}t} + F\cos\omega_p t \tag{5-25}$$

令 $\omega_0 = \sqrt{\dfrac{k}{m}}$，$2\beta = C/m$，$f = F/m$，则式（5-25）又可写为

$$\frac{\mathrm{d}^2 x}{\mathrm{d}t^2} + 2\beta\frac{\mathrm{d}x}{\mathrm{d}t} + \omega_0^2 x = f\cos\omega_p t \tag{5-26}$$

在阻尼较小的情况下，式（5-26）的解为

$$x = A_0 e^{-\beta t}\cos(\omega t + \varphi) + A\cos(\omega_p t + \psi)$$

式中，等号右边的第 1 部分是阻尼振动，第 2 部分为等幅振动。一段时间后，阻尼振动的振幅衰减到可以近似为零，此时系统将达到稳定状态，系统将以角频率 ω_p 做等幅振动，其振动表达式为

$$x = A\cos(\omega_p t + \psi) \tag{5-27}$$

整个受迫振动过程中，系统一方面因为阻尼振动而损失能量；另一方面外界通过驱动力对系统做功，不断对系统补充能量，如果补充的能量正好弥补了由于阻尼所引起的振动能量的损失，振动就得以维持并会达到稳定状态。系统所做等幅振动的振幅和初相与系统的初始

条件无关，而是依赖于系统的性质、阻尼的大小和驱动力的特征。将式（5-27）代入式（5-26），计算得系统达到稳定时的振幅和相位分别为

$$A = \frac{f}{\sqrt{(\omega_0^2 - \omega_P^2)^2 + 4\beta^2 \omega_P^2}} \tag{5-28}$$

$$\tan \psi = -\frac{2\beta \omega_P}{\omega_0^2 - \omega_P^2} \tag{5-29}$$

5.6.3　共振

图 5-27 所示为不同阻尼时，振幅 A 和驱动力的角频率 ω_P 之间的关系曲线。可以看出：阻尼越小，振幅 A 越大；驱动力的角频率 ω_P 越接近固有角频率 ω_0，受迫振动的振幅 A 越大，当 ω_P 为某一特定值时，振幅 A 出现极大值。我们把 ω_P 为某一定值时，受迫振动的振幅达到最大值的现象称为**共振**。共振时的驱动力的角频率称为共振角频率，用 ω_r 来表示。将式对 ω_P 求导，令其一阶导数为零，即

$$\frac{\mathrm{d} A}{\mathrm{d} \omega_P} = \frac{\mathrm{d}}{\mathrm{d} \omega_P} \left(\frac{f}{\sqrt{(\omega_0^2 - \omega_P^2)^2 + 4\beta^2 \omega_P^2}} \right) = 0$$

$$\frac{1}{2} \frac{f}{[(\omega_0^2 - \omega_P^2)^2 + 4\beta^2 \omega_P^2]^{\frac{3}{2}}} (-4\omega_0^2 \omega_P + 4\omega_P^3 + 8\beta^2 \omega_P) = 0$$

可得共振角频率为

$$\omega_r = \sqrt{\omega_0^2 - 2\beta^2} \tag{5-30}$$

将 ω_r 值代入式（5-28）中，可得共振时的振幅为

$$A = \frac{f}{2\beta \sqrt{\omega_0^2 - \beta^2}}$$

共振现象普遍存在于机械、化学、力学、电磁学、光学及分子、原子物理学、工程技术等几乎所有的科技领域。如一些乐器利用共振来发出响亮、悦耳动听的乐曲；收音机则是通过电磁共振来进行选台；核磁共振可应用于医学诊断，原子核无反冲的共振 γ 吸收。在某些情况下，共振也可能造成危害。当军队或火车过轿时，整齐的步伐或车轮对铁轨接头处的撞击会可对桥梁产生周期性的驱动力，如果驱动力的频率接近桥梁的固有频率，就可能使桥梁的振幅显著增大，以致桥梁发生断裂。又如机器运转时，零部件的运动会产生周期性的驱动力，如果驱动力的频率接近机器本身或支持物的固有频率，就会发生共振，使机器受到损坏。

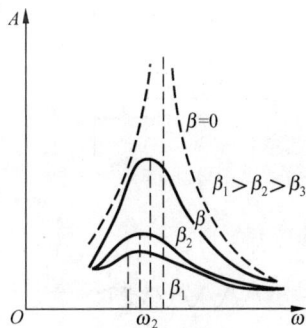

图 5-27　共振

因此，在需要利用共振时，应使驱动力的频率接近或等于振动物体的固有频率。而在需要防止共振时，应尽量使驱动力的频率与物体的固有频率不同。由式（5-30）可知，避免共振的方法，可以是破坏驱动力的周期性，或改变系统的固有频率或改变驱动力的频率，或改变系统的阻尼等。

5.7 电磁振荡

在电路中，电荷和电流以及与之相联系的电场和磁场周期性地发生变化，同时，其电场能和磁场能在储能元件中不断转换，这个现象称为**电磁振荡**。例如，在由电容和电感组成的电路中，电流的大小和方向周期性地变化，电容器极板上的电荷也周期性地变化；相应地，电容内储存的电场能和电感内储存的磁场能不断相互转换。由于开始时储存的电场能或磁场能既无损耗又无电源补充能量，电流和电荷的振幅都不会衰减。这种往复的电磁振荡称为无阻尼自由电磁振荡，相应的振荡频率称为电路的固有频率。

5.7.1 振荡电路 无阻尼自由电磁振荡

在图 5-28 所示的电路中，将电键 S 向右合上，使电容器充电到 Q_0 后，再立即将电键 S 向左合上，使电容器和自感线圈接通，这时，电路中就会形成电磁振荡。这种由电容器和自感线圈串联而成的振荡电路，又称为 LC 电路。我们可将该振荡过程与弹簧振子的振动过程作一比较，来说明电磁振荡是如何产生的。

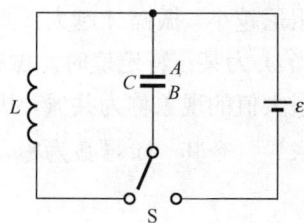

图 5-28 LC 电磁振荡电路

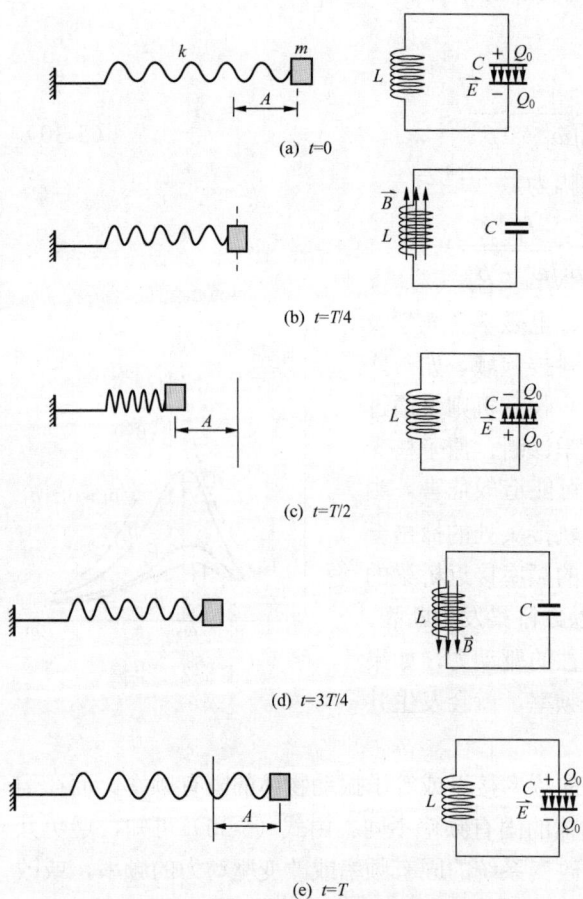

(a) $t=0$

(b) $t=T/4$

(c) $t=T/2$

(d) $t=3T/4$

(e) $t=T$

图 5-29 无阻尼自由电磁振荡

如图 5-29（a）所示，在电容器放电之前瞬间，电路中没有电流，电场的能量全部集中于电容器两极板间。当电容器放电时，电流在自感线圈中激起磁场，根据电磁感应，又在自感线圈中激起感应电动势，以反抗电流的增大。于是，电路中的电流将逐渐增大到最大值，两极板上的电荷也相应地逐渐减少为零。放电结束时，两极板间的电场能量全部转换为线圈中的磁场能量，电路中的电流达到最大值，如图 5-29（b）所示。由于线圈的自感作用，又要对电容器做反方向的充电，使得下极板带正电、上板带负电。电流逐渐减弱为零，两极板上的电荷逐渐增加到最大值。这时，磁场能量又全部转换为电场能量，如图 5-29（c）所示。然后，电容器又通过线圈放电，使电路中的电流逐渐增大，此时电流方向与原来相反，电场能量又转换成为磁场能量，如图 5-29（d）所示。此后，电容器又被充电，回复到原状态，如图 5-29（e）所示，完成了一个完全的振荡过程。

在整个过程中，电磁振荡中的电荷与电流对应弹簧振子的位移和速度，电容器带电后所产生的电势差，对应于弹簧振子在振动时弹簧伸长或缩短所产生的弹性力，线圈的自感作用对应于弹簧振子的惯性作用。从能量方面考虑，电场能量与弹性势能相对应，而磁场能量与动能相对应。因此，弹簧振子振动达到最大位移处，对应着电容器中的电场能量达到最大值，而线圈中的磁场能量为零；当弹簧振子振动到平衡位置时，对应着线圈中的磁场能量达到最大值，而电容器中的电场能量为零。

5.7.2　无阻尼电磁振荡的振荡方程

电磁振荡电路中的电荷和电流随时间做周期性的变化，为了获得其变化规律，下面对无阻尼自由电磁振荡电路进行定量分析。在图 5-30 中，设某一时刻，电容器极板上的电荷量为 q，电路中的电流为 i，由欧姆定律得

$$-L\frac{\mathrm{d}i}{\mathrm{d}t} = V_A - V_B = \frac{q}{C} \tag{5-31}$$

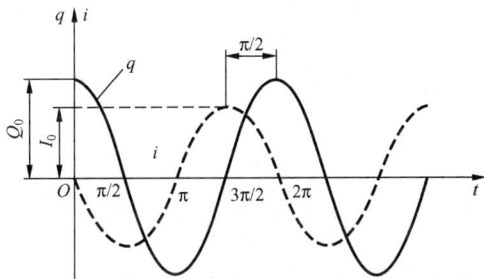

图 5-30　无阻尼自由振荡中的电荷和电流随时间的变化

由于 $i = \mathrm{d}q/\mathrm{d}t$，代入得

$$\frac{\mathrm{d}^2 q}{\mathrm{d}t^2} = -\frac{1}{LC}q \tag{5-32}$$

令 $\omega^2 = 1/LC$，式（5-32）又可写为

$$\frac{\mathrm{d}^2 q}{\mathrm{d}t^2} = -\omega^2 q$$

解此微分方程，可得

$$q = Q_0 \cos(\omega t + \varphi) \tag{5-33}$$

式中，Q_0 为极板上电荷的最大值，称为电荷振幅，φ 为振荡的初相位，ω 为振荡的角频率，所以，振荡的周期和频率分别为

$$T = 2\pi\sqrt{LC}, \quad v = \frac{1}{2\pi\sqrt{LC}}$$

将式（5-33）对时间求导，可得

$$i = \frac{\mathrm{d}q}{\mathrm{d}t} = -\omega Q_0 \sin(\omega t + \varphi) = I_0 \cos\left(\omega t + \varphi + \frac{\pi}{2}\right) \tag{5-34}$$

式中，i 为电路中任一时刻的电流，$I_0 = \omega Q_0$ 为电流的最大值，称为电流振幅。

上述分析可知：振荡电路中，电荷和电流都在做等幅的简谐振动，振动的频率由线圈的自感 L 和电容器的电容 C 来决定，且 $\omega = \sqrt{1/LC}$，从图 5-30 还可看出，电流的相位比电荷相位超前 $\dfrac{\pi}{2}$。

5.7.3 无阻尼自由电磁振荡的能量

设任一时刻 t，电容器极板上的电荷量为 q，相应的电场能量为

$$E_e = \frac{q^2}{2C} = \frac{Q_0^2}{2C}\cos^2(\omega t + \varphi) \tag{5-35}$$

该时刻的电流为 i，线圈内的磁场能量为

$$
\begin{aligned}
E_m &= \frac{1}{2}Li^2 = \frac{1}{2}LI_0^2\sin^2(\omega t + \varphi) \\
&= \frac{1}{2}\frac{1}{\omega^2 C}(\omega^2 Q_0^2)\sin^2(\omega t + \varphi) = \frac{Q_0^2}{2C}\sin^2(\omega t + \varphi)
\end{aligned}
\tag{5-36}
$$

则 LC 振荡电路中的总能量为

$$E = E_e + E_m = \frac{1}{2}LI_0^2 = \frac{Q_0^2}{2C} \tag{5-37}$$

显然，在无阻尼 LC 振荡电路中，电场能量和磁场能量随时间做周期性变化，但是总的电磁能量却保持不变。无阻尼 LC 振荡电路只是一种理想化模型。我们知道，实际的电路都会有电阻，电容是储能元件，其中的能量转换是可逆的，但是电阻是耗散性元件，电能只能单向地转换为热能，电路中的电磁能会有一定的耗散；另外，振荡过程中电磁能也会以电磁波的形式向外辐射出去。此时，振荡过程中的电荷和电流随时间做减幅振荡。这里不作详细介绍，读者可参阅相关书籍。

【例 5-8】 一振荡电路，已知 $C=0.025\,\mu\text{F}$，$L=1.015\text{H}$，电路中电阻可忽略不计，电容器上电荷最大值为 $Q_0 = 2.5\times10^{-6}\text{C}$。（1）写出电路接通后，电容器两极板间的电势差随时间变化的方程和电路中电流随时间变化的方程；（2）写出电场能量、磁场能量及总能量随时间变化的方程；（3）求 $t = T/8$ 时，电容器两极板间的电势差、电路中的电流、电场能、磁场能。

解：（1）由题知，振荡电路的角频率为 $\omega = \sqrt{\dfrac{1}{LC}} = 2\,000\pi$，$Q_0 = 2.5\times10^{-6}\text{C}$，$\varphi = 0$，则电路中任一时刻两极板上的电荷为

$$q = Q_0\cos(\omega t + \varphi) = 2.5\times10^{-6}\cos(2\,000\pi t)\ \text{C}$$

则两极板间的电势差为

$$U = \frac{q}{C} = 100\cos(2\,000\pi t)\ \text{V}$$

电路中的电流为

$$i = \frac{\mathrm{d}q}{\mathrm{d}t} = -5\times10^{-3}\pi\sin(2\,000\pi t)\ \text{A}$$

（2）电容器中两极板间的电场能量为

$$E_e = \frac{q^2}{2C} = \frac{Q_0^2}{2C} \cos^2(\omega t) = 1.25 \times 10^{-4} \cos^2(2\,000\pi t)\,\text{J}$$

线圈中的磁场能量为

$$E_m = \frac{Q_0^2}{2C} \sin^2(\omega t + \varphi) = 1.25 \times 10^{-4} \sin^2(2\,000\pi t)\,\text{J}$$

电路中的总能量为

$$E = E_e + E_m = \frac{Q_0^2}{2C} = 1.25 \times 10^{-4}\,\text{J}$$

（3）将 $t = T/8$ 代入上面各式，可得电容器两极板间的电势差、电路中的电流、电场能、磁场能分别为 $U = 70.7\,\text{V}$，$i = -1.11 \times 10^{-2}\,\text{A}$，$E_e = 6.25 \times 10^{-5}\,\text{J}$，$E_m = 0\,\text{J}$。

5.8　*非线性系统的振动和混沌

由前面知识可知，当单摆小角度摆动时，可近似看作是做简谐振动，单摆可看作是一个线性系统。当单摆以大角度摆动时，其运动又会有什么特点呢？

5.8.1　非线性系统的振动

设单摆的摆长为 l，小球质量为 m，小球受到重力和摆线的拉力，如图 5-31 所示，根据牛顿第二定律，有

$$ml\frac{\mathrm{d}^2\theta}{\mathrm{d}t^2} = -mg\sin\theta$$

令 $\omega^2 = \dfrac{g}{l}$，则有

$$\frac{\mathrm{d}^2\theta}{\mathrm{d}t^2} + \omega^2\sin\theta = 0 \tag{5-38}$$

图 5-31　大角度摆动的单摆

由于 $\sin\theta = \theta - \dfrac{\theta^3}{3!} + \dfrac{\theta^5}{5!} - \cdots$，故式（5-38）可近似为

$$\frac{\mathrm{d}^2\theta}{\mathrm{d}t^2} + \omega^2\theta - \omega^2\frac{\theta^3}{6} = 0 \tag{5-39}$$

显然，现在单摆是一个非线性系统，其振动不再是简谐振动，而是一种更为复杂的振动。

下面我们换个角度来分析单摆的运动，引入相图的概念。所谓相图就是位移和速度所构成的二维平面。相图上每一点（即相点）描述的是系统在任一时刻的运动状态，系统的所有运动状态就是整个相图。其运动路径曲线称为相轨道。

图 5-32（a）所示为无阻尼单摆振动的相图，由于振动过程中能量是守恒的，所以其相轨道是一个特定的椭圆。图 5-32（b）所示为弱阻尼单摆的相图，相轨道是一个螺旋线，最终静止在原点，这是由于受到阻尼的作用。图 5-32（c）所示为某一驱动力存在时，阻尼受迫振动单摆在 $(-\pi, \pi)$ 区间的相图，系统进入随机运动状态，整个过程变得完全混乱了，即系统的运动已经无法预料，改变系统的初始条件，可能会出现更复杂的运动。我们把这种现象称为**混沌**。混沌现象是非线性系统的特有的。

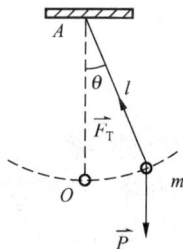

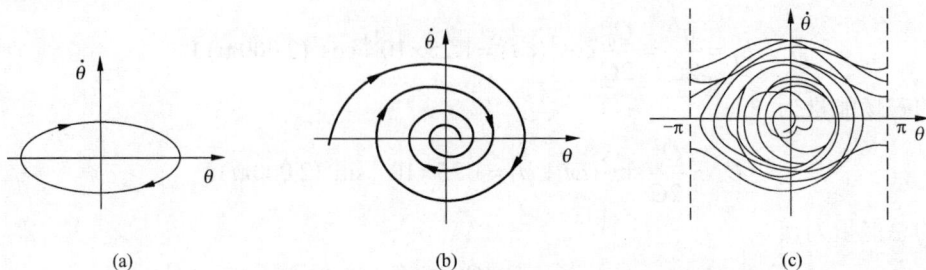

图 5-32　单摆的相图

5.8.2　混沌

"混沌"译自英文"Chaos"，原意是絮乱、无序和无规律。它是确定性的非线性动力学系统本身产生的不规则的宏观时空行为。科学家将其定义为：混沌是指发生在确定性系统中的貌似随机的不规则运动。一个确定性理论描述的系统，其行为却表现为不确定性——不可重复、不可预测，这就是混沌现象。进一步研究表明，混沌是非线性动力系统的固有特性，是非线性系统普遍存在的现象。牛顿确定性理论能够完美处理的多为线性系统，而线性系统大多是由非线性系统简化来的。因此，在现实生活和实际工程技术问题中，混沌是无处不在的！

一般来讲，混沌系统具有如下所述3个关键要素。

（1）内在随机性。

习惯上，如果系统的某个状态可能出现，也可能不出现，我们认为该系统具有随机性。若这个确定性系统不受外来干扰，它自身不会出现随机性，这称为外随机性。而由系统自身产生的随机性称为内随机性。混沌理论表明，当确定性系统具有稍微复杂的非线性时，就会在一定控制参数范围内产生内在随机性。如湍流中的旋涡，闪电的分支路径、流行病的消胀、股市的升降、心脏的纤颤、精神病行为、城镇空间分布及规模与数量等级等。

（2）是对初始条件的敏感依赖性。

1972年12月29日，美国麻省理工学院教授、混沌学开创人之一的E.N.洛伦兹在美国科学发展学会第139次会议上发表了题为《蝴蝶效应》的论文，提出一个貌似荒谬的论断：一只蝴蝶翅膀在巴西的拍打能使美国德克萨斯州产生一个龙卷风，并由此提出了天气的不可准确预报性。这一论断称为"蝴蝶效应"。蝴蝶效应是混沌学理论中的一个概念。它反映了系统的长期行为对初始条件的敏感性依赖，即输入端微小的差别会迅速放大到输出端。蝴蝶效应在经济生活中比比皆是：人行道上摆满自行车，导致行人走上车行道，又导致一次车祸，又导致交通中断几小时，又导致一连串的误事……对初始条件的敏感依赖性是混沌系统的典型特征。

（3）非规则的有序。

混沌是有序和无序的统一。确定性的非线性系统的控制参量按一定方向变换，当达到某一临界状态时，就会出现混沌这种非周期性运动体制。其行为体现出混沌内部的不同层次上的结构具有相似性。美国科学家费根鲍姆（M.J.Feigenbaun）通过两种完全不同的反馈函数 $x_{n+1} = \mu x_n (1 - x_n)$ 和 $x_{n+1} = \mu \sin x_n$ 的迭代计算，即取一个数作为输入，产生另一个数作为输出，再将前次的输出作为输入，如此反复迭代计算。当 μ 值较小时，结果趋向一个定数，当 μ 超过某值时，其轨迹出现分岔。通过对其内在规则的研究，他得出了两个反映自然及本质的新的普适常量

$$费根鲍勃 \delta 常量 = 4.669\ 201\ 609\ 102\ 990\ 9\cdots$$

费根鲍勃 α 常量= 2.502 907 875 095 892 8…

其中，第 1 个常量表示的是相邻两个分岔间距之间的倍数关系。第 2 个常量表示的是，相邻两个分岔宽度之间的倍数关系。两个普适常量也说明了，混沌中的有序性是存在的，而且可以定量地加以研究。

混沌现象不是偶然的、个别的事件，而是普遍存在于宇宙间各种各样的宏观及微观系统的，万事万物，莫不混沌。混沌理论就是研究混沌的特征、实质、发生机制以及探讨如何描述、控制和利用混沌的新科学。混沌学已经渗透到物理学、化学、生物学、生态学、气象学、经济学、社会学等诸多领域，与其他各门科学互相促进、互相依靠，由此派生出许多交叉学科，如混沌气象学、混沌经济学、混沌数学等。混沌学不仅极具研究价值，而且有现实应用价值，能直接或间接创造财富。曾有科学家预言，混沌将是继相对论、量子力学之后，20 世纪的第三次科学革命。

复 习 题

一、思考题

1. 劲度系数为 k_1 和 k_2 的两根弹簧，与质量为 m 的小球按如图 5-33 所示的两种方式连接，试说明它们的振动是否为简谐振动，并分别求出它们的振动周期。

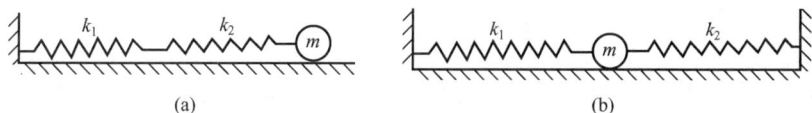

图 5-33 思考题 1

2. 说明下列运动是否简谐振动：

(1) 拍皮球时球的上下运动；

(2) 如图 5-34 所示，一个小球沿着半径很大的光滑凹球面往返滚动，小球所经过的弧线很短，如图所示；

(3) 竖直悬挂的轻弹簧的下端系一重物，把重物从静止位置拉下一段距离（在弹簧的弹性限度内），然后放手任其运动（忽略阻力影响）。

3. 伽利略曾提出和解决了这样一个问题：一根线挂在又高又暗的城堡中，看不见它的上端而只能看见它的下端。如何测量此线的长度？

4. 一物体做简谐振动，振动的频率越高，则物体的运动速度越大，这种说法对吗？

5. 周期为 T、最大摆角为 α_0 的单摆在 $t=0$ 时刻分别处于如图 5-35 所示的状态，若以向右方向为正，写出它们的振动表达式。

图 5-34 思考题 2

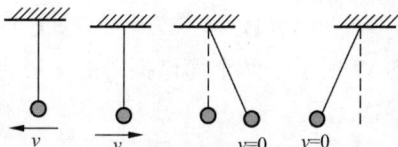

图 5-35 思考题 5

6. 3 个完全相等的单摆，在下列各种情况，它们的周期是否相同？如不相同，哪个大，哪个小？

（1）第 1 个在教室里，第 2 个在匀速前进的火车上，第 3 个在匀加速水平前进的火车上。

（2）第 1 个在匀速上升的升降机中，第 2 个在匀加速上升的升降机中，第 3 个在匀减速上升的升降机中。

（3）第 1 个在地球上，第 2 个在绕地球的同步卫星上，第 3 个在月球上。

7．在理想的情况下，弹簧振子的振动是简谐振动，但实际上（如果观察的时间较长的话）是阻尼振动，问振动的频率是否因为有阻尼而不断改变？

8．小孩荡秋千属于什么运动？

9．什么是拍？什么情况下会产生拍现象？拍频等于什么？

10．受迫振动的频率和振幅与哪些因素有关？

11．"受迫振动达到稳定时，其运动学方程可写为 $x = A\cos(\omega t + \varphi)$，其中 A 和 φ 由初始条件决定，ω 即为驱动力的频率。"这句话是否正确？

12．汽车车厢和下面的弹簧可视为一沿竖直方向运动的弹簧振子。当有乘客时。其固有频率会有怎样的变化？

13．在 LC 电磁振荡中，电场能量和磁场能量是怎样交替转换的？

14．为什么只含有电阻和电容的电路或只含有电阻和自感线圈的电路都不可能产生电磁振荡？试从能量观点说明。

二、习题

1．一弹簧振子竖直挂在电梯内，当电梯静止时，振子的谐振频率为 v，现使电梯以加速度 a 向上匀加速运动，则其简谐振动的频率将（　　）。

（A）不变　　　（B）变大　　　　　（C）变小　　　　　（D）如何变化不能确定

2．一简谐振动的速度 v 和时间 t 的关系曲线如图 5-36 所示，则振动的初相位为（　　）。

（A）$\dfrac{\pi}{6}$　　　（B）$\dfrac{\pi}{3}$　　　（C）$\dfrac{2}{3}\pi$　　　（D）$\dfrac{5}{6}\pi$

3．两个质点各自做简谐振动，它们的振幅相同、周期相同。第 1 个质点的振动方程为 $x_1 = A\cos(\omega t + \alpha)$。当第 1 个质点从相对于其平衡位置的正位移处回到平衡位置时，第 2 个质点正在最大正位移处。则第 2 个质点的振动方程为（　　）。

（A）$x_2 = A\cos\left(\omega t + \alpha + \dfrac{1}{2}\pi\right)$　　　（B）$x_2 = A\cos\left(\omega t + \alpha - \dfrac{1}{2}\pi\right)$

（C）$x_2 = A\cos\left(\omega t + \alpha - \dfrac{3}{2}\pi\right)$　　　（D）$x_2 = A\cos\left(\omega t + \alpha + \pi\right)$

4．一弹簧振子总能量为 E，如果简谐振动的振幅增加为原来的 2 倍，重物质量增加为原来的 4 倍，则总能量变为原来的（　　）倍。

（A）2　　　（B）4　　　（C）1/2　　　（D）1/4

5．如图 5-37 所示，两个简谐振动的 $x - t$ 曲线，若这两个简谐振动可叠加，则合振动的初相位（　　）。

（A）0　　　（B）$\dfrac{3}{2}\pi$　　　（C）π　　　（D）$\dfrac{1}{2}\pi$

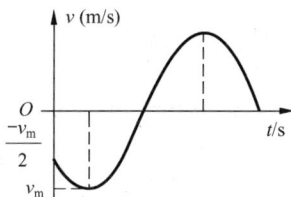

图 5-36 习题 2

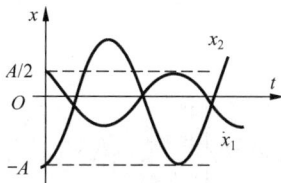

图 5-37 习题 5

6. 质量为 10g 的小球与轻弹簧组成的系统，按

$$x = 0.5\cos(8\pi t + \frac{\pi}{3})\,\text{m}$$

的规律而振动，式中 t 以 s 为单位。试求：

（1）振动的角频率、周期、振幅、初相、速度及加速度的最大值；

（2）$t=1s$、$2s$、$10s$ 的相位各为多少；

（3）分别画出位移、速度、加速度与时间的关系曲线。

7. 一质量为 m 的平底船，其平均水平截面积为 S，吃水深度为 h，如不计水的阻力，求此船在竖直方向的振动周期。

8. 一质量为 m，直径为 D 的塑料圆柱体一部分浸入密度为 ρ 的液体中；另一部分浮在液面上，如果用手轻轻向下按动圆柱体，放手后圆柱体将上下振动，试证明该振动为简谐振动，并求出振动周期（圆柱体表面与液体的摩擦力忽略不计）。

9. 如图 5-38 所示，在横截面为 S 的 U 形管中有适量的液体，液体总长度为 l，质量为 m，密度为 ρ。问液面上下起伏的自由振动是不是简谐振动？如果是，频率是多少（忽略液体和管壁间的摩擦）？

10. 如图 5-39 所示，一块均匀的长木板质量为 m，对称地平放在相距 $l=20cm$ 的两个滚轴上。滚轴的转动方向如图示，滚轴表面与木板间的摩擦系数为 $\mu=0.5$。今使木板沿水平方向移动一段距离后释放。证明此后木板将做简谐振动并求其周期。

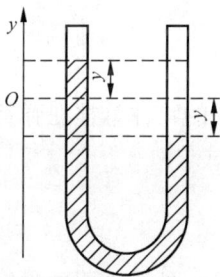

图 5-38 习题 9

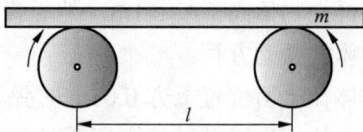

图 5-39 习题 10

11. 劲度系数分别为 k_1 和 k_2 的两根弹簧和质量为 m 的物体相连，如图 5-40 所示，试求该振动系统的振动周期。

12. 如图 5-41 所示，一劲度系数为 k 的轻弹簧的一端固定，另一端用细绳与质量为 m 的物体 B 连接，细绳跨过固定于桌边的定滑轮 P 上，物体 B 悬于细绳下端，定滑轮 P 为均质圆盘，其半径为 R，质量为 M。求证：物体 B 在运动时做简谐振动；并求其角频率。所有摩擦阻力均不计。

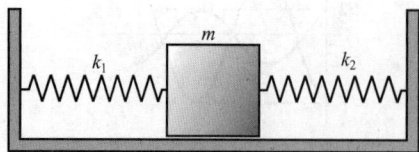

图 5-40　习题 11

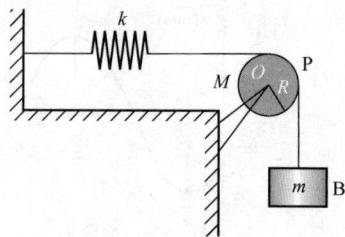

图 5-41　习题 12

13. 一单摆摆长为 100cm，摆球质量 m=10.0kg，开始处于平衡位置。

（1）若给摆球一个向右的水平冲量 10.0g·cm·s^{-1}，如果以撞击的时刻为计时起点，求单摆的运动方程。

（2）若冲量的方向向左，其他条件不变，求单摆的运动方程。

14. 一简谐振动的运动规律为 $x = 10\cos(8t + \dfrac{\pi}{4})$ （SI），若计时起点提前 0.5s，其运动学方程如何表示？欲使其初相位零，计时起点应提前或推迟多少？

15. 一质量为 10g 的物体沿 x 方向做简谐振动。其振幅 A=20cm，周期 T=4s，t=0 时物体的位移为−10cm，且向负 x 向运动。试求：

（1）t=1s 时物体的位移；

（2）何时物体第 1 次运动到 x=10cm 处；

（3）再经多少时间物体第 2 次运动到 x=10cm 处；

（4）第 1 次运动到 x=10cm 处的速度和加速度。

16. 如图 5-42 所示，一质点在一直线上做简谐振动，选取该质点向右运动通过 A 点时作为计时起点（t=0），经过 2 秒后质点第 1 次经过 B 点，再经过 2 秒后质点第 2 次经过 B 点，若已知该质点在 A、B 两点具有相同的速率，且 $\overline{AB}$ =10cm，试求：

（1）质点的振动方程；

（2）质点在 A 点（或 B 点）的速率。

图 5-42　习题 16

17. 一轻弹簧在 60N 的拉力下伸长了 0.3m，现把质量为 4kg 的物体悬挂在弹簧的下端并使之静止，再把物体向下拉 0.1m，然后释放物体并开始计时，试求：

（1）物体的振动方程；

（2）物体在平衡位置上方 0.05m 时弹簧对物体的拉力；

（3）物体从第 1 次越过平衡位置时刻起到它运动到上方 0.05m 处所需要的最短时间。

18. 如图 5-43 所示，两个振子Ⅰ、Ⅱ各自沿平行于 x 轴的直导轨上做同频率、同振幅的简谐振动，并且它们的平衡位置都在 x 轴的原点 O 处。当它们每次沿相反方向彼此通过同一位置坐标 x 时，它们的位移大小均为它们振幅的一半。试用旋转矢量图计算它们之间的相位差。

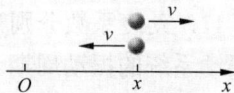

图 5-43　习题 18

19. 如图 5-44 所示，劲度系数为 k = 312 N/m 的轻弹簧，一端固定，另一端连接一质量 M = 0.3 kg 的物体，放在光滑的水平面上，上面放一质量 m = 0.2 kg 的物体，两物体间的最大

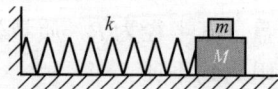

图 5-44　习题 19

静摩擦系数 $\mu = 0.5$ ，求两物体间无相对滑动时，系统振动的最大能量。

20．质量为 10g 的物体做简谐振动，其振幅为 24cm，周期为 4s。当 $t=0$ 时，位移为 24cm。试求：

（1）$t=0.5s$ 时，物体所在的位置；

（2）$t=0.5s$ 时，物体所受力的大小和方向；

（3）由起始位置运动到 $x=12cm$ 处所需的最短时间；

（4）在 $x=12cm$ 处，物体的速度、动能、势能和总能量。

21．手持一块平板，平板上放一质量为 0.5kg 的砝码，现使平板在竖直方向做简谐振动，其频率为 2Hz，其振幅为 0.04m，试求：

（1）位移为最大时，砝码对平板的压力为多大？

（2）以多大振幅振动时，会使砝码脱离平板？

（3）如果振动频率加大 1 倍，则砝码随板一起振动的振幅上限为多少？

22．如图 5-45 所示，两个谐振动的 $x-t$ 曲线，试分别写出其简谐振动方程。

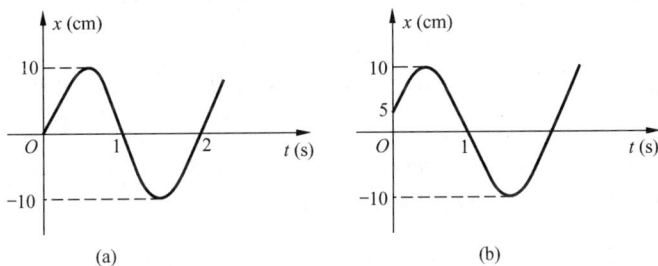

图 5-45　习题 22

23．一弹簧振子由劲度系数为 k 的弹簧和质量为 M 的物体组成，将弹簧一端与顶板相连，如图 5-46 所示，开始时物体静止，一颗质量为 m、速度为 v_0 的子弹由下而上射入物体，并留在物体中，试求：

（1）振子以后的振动振幅与周期；

（2）物体从初始位置运动到最高点所需的时间。

图 5-46　习题 23

24．有两个同方向、同频率的简谐振动，其合成振动的振幅为 0.20m，位相与第 1 个振动的相位差为 $\dfrac{\pi}{6}$，已知第 1 振动的振幅为 0.173m，求第 2 个振动的振幅以及第 1 个、第 2 个两振动的相位差。

25．3 个同方向，同频率的简谐振动为

$$x_1 = 0.08\cos\left(314t + \frac{\pi}{6}\right)$$

$$x_2 = 0.08\cos\left(314t + \frac{\pi}{2}\right)$$

$$x_3 = 0.08\cos\left(314t + \frac{5\pi}{6}\right)$$

试求：

（1）合振动的圆频率、振幅、初相及振动表达式；

（2）合振动由初始位置运动到 $x = \dfrac{\sqrt{2}}{2}A$ 所需最短时间（A 为合振动振幅）。

26．有两个同向的简谐振动，它们的表达式分别为

$$x_1 = 0.05\cos\left(10t + \dfrac{3\pi}{4}\right) \text{（SI）}, \quad x_2 = 0.06\cos\left(10t + \dfrac{\pi}{4}\right) \text{（SI）}$$

试求：

（1）它们的合振动的振幅和初相位；

（2）若另有一振动 $x_3 = 0.07\cos(10t + \varphi)$，当 φ 为何值时，$x_1 + x_3$ 的振幅达到最大；φ 为何值时，$x_1 + x_3$ 的振幅达到最小。

27．一质量为 0.1kg 的质点同时参与相互垂直的两个振动，其振动方程分别为

$$x = 0.06\cos\left(\dfrac{\pi}{3}t + \dfrac{\pi}{3}\right) \text{（SI）}, \; y = 0.03\cos\left(\dfrac{\pi}{3}t - \dfrac{\pi}{3}\right) \text{（SI）}$$

试求：

（1）质点运动的轨道方程，并画出图形，指明是左旋还是右旋；

（2）质点在任一位置所受作用力的大小。

28．某弱阻尼振动初始振幅为 3cm，经过 10s 后振幅变为 1cm。问经过多长时间，振幅将变为 0.3cm？

29．有一单摆在空气（室温为 20℃）中做小角度摆动，其摆线长为 $l = 1.0$ m，摆锤是一半径为 $r = 0.5$ cm 的铅球，设作用于球的黏性阻力 f 与速度 v 的关系为 $f = -6\pi\eta rv$，已知 20℃时空气的黏度 $\eta = 1.78 \times 10^{-5}$ Pa·s，铅球的密度为 $\rho = 2.65 \times 10^3$ kg·m^{-3}。

（1）写出此摆的运动微分方程；

（2）求固有角频率、阻尼因子和摆动周期；

（3）求能量减少 10% 所需的时间。

30．一弹簧振子系统，物体的质量 $m = 1.0$ kg，弹簧的劲度系数为 $k = 900$ N/m，系统振动时受到阻尼作用，其阻尼系数为 $\beta = 10.0$ s^{-1}，为了使振动持续，现加一周期性外力 $F = 100\cos 30t$（SI）作用。试求：

（1）振子达到稳定时的振动角频率；

（2）若外力的角频率可以改变，则当其值为多少时系统会出现共振现象？其共振振幅为多少？

31．由一个电容 $C = 4.0$ μF 的电容器和一个自感为 $L = 10$ mH 的线圈组成的 LC 电路，当电容器上电荷的最大值 $Q_0 = 6.0 \times 10^{-5}$ C 时开始做无阻尼自由振荡。试求：

（1）电场能量和磁场能量的最大值；

（2）当电场能量和磁场能量相等时，电容器上的电荷量。

第 **6** 章 机械波

【学习目标】

● 掌握描述简谐波的各物理量的意义及各量间的关系。

● 理解机械波产生的条件，掌握由已知质点的简谐振动方程得出平面简谐波波函数的方法；理解波函数的物理意义；理解波的能量传播特征及能流、能流密度概念。

● 了解惠更斯原理和波的叠加原理，理解波的相干条件，能应用相位差和波程差分析确定相干波叠加后振幅加强和减弱的条件。

● 掌握驻波的概念，理解驻波的形成条件，了解驻波和行波的区别。

● 了解多普勒效应及其产生的原因。

波动是很常见的现象。振动的传播过程称为波动。机械振动在弹性介质中进行传播的过程称为机械波，如水波、绳波、声波和地震波等。交变的电场与磁场在空间传播的过程称为电磁波，如光波、无线电波和 X 射线等。在微观领域中，原子、电子等一切微观粒子也都具有波动的性质。相对应的波称为物质波。对于各种波动，虽然它们的本质不同，但是总具有一些共同特征，如都有类似的波动表达式，而且都伴随能量的传播，可以发生反射、折射、干涉和衍射现象。

本章着重讨论机械波的主要特征和基本规律。从最简单的平面简谐波出发，得到有关波的特征和规律，其他复杂的波形可认为是由这些简谐波所组成的。

6.1 机械波的一般概念

机械波是机械振动在介质中的传播。机械波形成的首要条件是有能做机械振动的物体作为波源，其次还要有能够传播振动的弹性介质。为了具体说明机械波在传播时质点运动的特点，现以绳波为例进行介绍，其他形式的机械波同理。

6.1.1 机械波产生的条件

绳波是一种简单的机械波，在日常生活中，我们拿起一根绳子的一端进行抖动，就可以看见绳子上出现一个波形在传播，如果连续不断地进行周期性上下抖动，就形成了绳波。

把绳分成许多小部分，每一小部分都看成一个质点，相邻两个质点间，存在弹力的相互作用。第一个质点在外力作用下振动后，就会带动第二个质点振动，只是第二个质点的振动比前者要落后。这样，前一个质点的振动带动后一个质点的振动，依次带动下去，振动也就完成了向远处的传播，从而形成绳波，如图 6-1 所示。

由此，我们可以发现，介质中的每个质点，在波传播时，都只做简谐振动（可以是上下，也可以是左右），机械波可以看成是"振动"这种运动形式的传播，但质点本身不会沿着波的传播方向移动，质点"随波逐流"的现象不会发生。

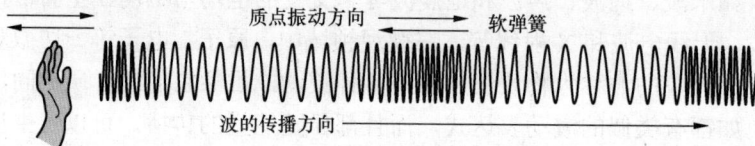

图 6-1　绳波

6.1.2　横波和纵波

随着机械波的传播，介质中的质点只在平衡位置附近做振动，并不随波前进。根据质点的振动方向和波的传播方向之间的关系，可以把机械波分为横波和纵波两类。

在波动中，质点的振动方向与波的传播方向相垂直的波，叫做**横波**。绳波是常见的横波，如图 6-1 所示。在横波中，凸起的最高处称为波峰，凹下的最低处称为波谷。

质点的振动方向与波的传播方向相平行的波，叫做**纵波**。如我们将一根长弹簧水平放置，其一端固定，在另一端用手压缩或拉伸一下，使其端部沿弹簧的长度方向振动。由于弹簧各部分之间弹性力的作用，端部的振动带动了其相邻部分的振动，而相邻部分又带动它附近部分的振动，因而弹簧各部分将相继振动起来。沿着传播方向纵波表现为疏密相间，其中质点分布最密集的地方称为密部，质点分布最稀疏的地方称为疏部，如图 6-2 所示。

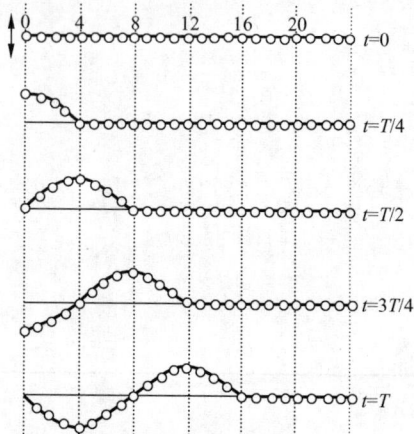

图 6-2　纵波

横波传播时，使得介质产生切向形变。只有固体介质切变时才能产生切向弹性力，故横波只能在固体中传播，而对于纵波则可以在固体、液体和气体中传播。常见的声波是纵波，可以在空气，水中传播，也可以在固体中传播。还有一些波形成原因较复杂，如水面波，由于水面上各质点受到重力和表面张力共同作用，使得它沿着椭圆轨道运行，既有横向运动，也有纵向运动。所以水波不是横波也不是纵波。

6.1.3　波面　波前　波线

为了形象地描述波在空间的传播情况，引入下面几个物理概念。

1. 波面

波传播时，介质中各质点都在各自平衡位置附近振动。由振动相位相同的点组成的面，称为波面。某一时刻的波面可以有任意多个，常画几个作为代表。

生活中，我们若将一小石子扔进宁静的水里，将激起以石子落水点为圆心，一个个向外扩展的同心圆环状的水波。沿每一个圆环，各点的振动状态是完全是相同的。同理，声波中空气分子振动相位相同的各点将构成以声源为球心的同心球面，这些面就是波面，如图 6-3（b）所示。

2．波前

某一时刻，最前方的波面，称为波前，如图 6-3 所示。

3．波线

沿波的传播方向画一条带箭头的线，称为波线。

在各向同性的均匀介质中，波线总是与波面垂直。对于平面波，波线是相互平行的，如图 6-3（a）所示。对于球面波，波线为由点波源发出的沿半径方向的直线，如图 6-3（b）所示。

4．波长　波的周期和频率　波速

除了上述概念以外，描述波的传播还需要知道波长、周期（或频率）、波速等概念，这些概念合成波传播的要素，如图 6-4 所示。

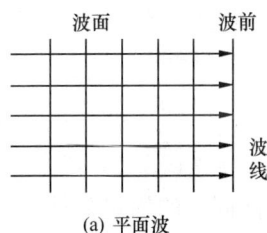

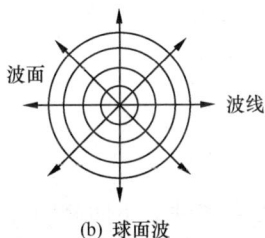

图 6-3　平面波和球面波　　　　图 6-4　波的要素

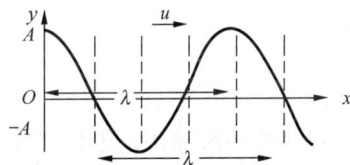

（1）波长

同一波线上两个相邻的振动状态相同点之间的距离，称为**波长**，常用 λ 来表示。单位是米（m）。波长体现了波的空间周期性。例如，在横波中，波长等于相邻"波峰—波峰"的长度或相邻"波谷—波谷"的长度；在纵波中，波长等于相邻"密部—密部"或相邻"疏部—疏部"的长度。

（2）周期和频率

介质中任一质点完成一次全振动所需要的时间称为波的**周期**，常用 T 来表示。周期体现了波的时间周期性。

对于介质中任一质点单位时间里完成全振动的次数称为波的频率，常用 ν 来表示，单位是赫兹（Hz）。频率是周期的倒数，即 $\nu = \dfrac{1}{T}$。

在波的传播过程中，波源的振动经过一个周期，沿波线方向传播一个完整的波形，所以波的周期和频率等同于波源的周期和频率，波在不同的介质中传播时，它的周期和频率是不变的。

（3）波速

单位时间里振动状态所传播的距离称为**波速**，常用 u 来表示。单位是米/秒（m/s）。波速体现了振动状态在介质中传播的快慢程度。对于不同的介质，波速是不同的。对于弹性波而言，波速的大小决定于介质的特性。例如，声波在空气中的传播速度为334.8 m/s（22℃），在水中为1 440m/s。表6-1给出了不同介质中的声速。

波长、周期（频率）和波速是描述波动的重要物理量，有如下关系式

$$u = v\lambda = \frac{\lambda}{T} \tag{6-1}$$

式中，通过"波速"这一概念将波的空间周期性和时间周期性联系到一起，它表明，质点每完成一次完全振动，波就向前移动一个波长的距离。式（6-1）适用于所有的波。

表6-1 不同介质中的声速

介质	温度（单位：K）	声速（单位：m/s）
空气（1atm）	273	331
空气（1atm）	293	343
氢（1atm）	273	1 270
玻璃	273	5 500
花岗岩	273	3 950
冰	273	5 100
水	293	1 460
铝	293	5 100
黄铜	293	3 500

机械波的波速决定于传播介质的弹性和惯性。下面介绍几个在各向同性的均匀介质中的波速公式。

① 固体中的波速

$$u = \sqrt{G/\rho} \quad （横波）$$
$$u = \sqrt{Y/\rho} \quad （纵波）$$

式中，G 和 Y 分别为介质的切变模量和杨氏模量，ρ 为介质的质量密度。

② 绳或线上横波的波速

$$u = \sqrt{T/\rho}$$

式中，T 为绳或弦中的张力，ρ 为单位长度的绳或弦的质量。

③ 液体和气体中纵波的波速

$$u = \sqrt{B/\rho}$$

式中，B 为介质的体变模量，ρ 为介质的密度。

对于理想气体，根据分子动力学和热力学，可得

$$u = \sqrt{\gamma RT/M_{mol}} = \sqrt{\gamma p/\rho}$$

式中，γ 为气体的比热容比，R 为普适常量，p 为气体的压强，T 为热力学温度，M_{mol} 为气体的摩尔质量，ρ 为气体的密度。

【例 6-1】 一列横波沿直线向右传播,某时刻在介质中形成的波动图像如图 6-5(a)所示。试画出当质点 a 第一次回到负向最大位移时在介质中形成的波动图像。

分析:由于此时质点 a 位于平衡位置,波向右传播,则质点 a 的速度的方向向下,当它第一次到达负向最大位移处时,相当于经过 1/4 周期。原来处于峰、谷的质点正好回到平衡位置,原来处于平衡位置的质点分别到达正向或负向最大位移处。这样依次画出它们在新的时刻的位置,连成光滑曲线即得新的波形图,如图 6-5(b)所示。

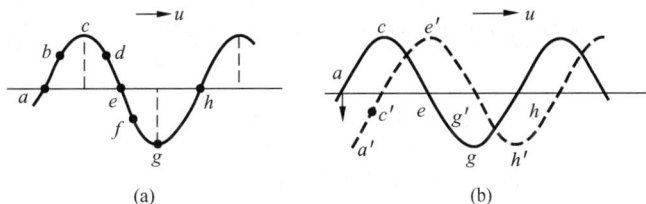

(a)　　　　　　　　(b)

图 6-5　例 6-1

【例 6-2】 频率为 2 000Hz 的机械波,以 1 200m/s 的速度在介质中传播,由 A 点传到 B 点,两点之间的距离为 0.3m,质点振动振幅为 2cm。求:

(1) B 点的振动落后于 A 点的时间及相位;

(2) 两点之间相当于多少个波长;

(3) 振动速度的最大值是多少。

解:从题知 $T = \dfrac{1}{2\,000}$ s , $\lambda = uT = 1\,200/2\,000 = 0.6$m 。

(1) $\Delta t = \dfrac{x_B - x_A}{u} = \dfrac{0.3}{1\,200} = \dfrac{1}{2}T$, 故 $\Delta\varphi = \pi$ 。

(2) $\Delta x = 0.3 = \dfrac{1}{2}\lambda$, 即两点之间的距离为半个波长。

(3) $v_{\max} = A\omega = 0.02 \times 2\pi \times 2\,000 = 251.2$m/s 。

注意:振动速度和传播速度的不同,即 $v \neq u$ 。

6.2 平面简谐波的波函数

波动是介质中大量质点参与的一种集体运动。如何定量地描述一个波动过程?沿着传播方向各质点的位移和时间又有什么样的联系?一般情况下的波是很复杂的,本节讨论最简单的情况,即波源做简谐振动所引起的介质各点也做简谐振动而形成的波,这种波称为简谐波。任何一种复杂的波都可以表示为若干简谐波的合成。波面为平面的简谐波称为平面简谐波,如图 6-6 所示。

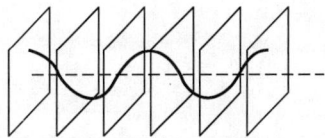

图 6-6　简谐波

6.2.1 平面简谐波的波函数

设有一平面简谐波,以速度 u 在均匀无吸收的介质中传播。如图 6-7 所示,取任一波线为 x 轴,O 点为原点。t 时刻 O 点处质点的振动表达式为

$$y_O = A\cos(\omega t + \varphi) \qquad (6\text{-}2)$$

式中，A 是振幅，ω 是圆频率，φ 是初相位。

现在，我们考虑距 O 点为 x 处一点 P 点的振动，显然，t 时刻 P 点的振动状态等同于 O 点在 $\left(t - \dfrac{x}{u}\right)$ 时刻的状态，即 O 点在 $t - \dfrac{x}{u}$ 时刻的振动状态经过 $\dfrac{x_P}{u}$

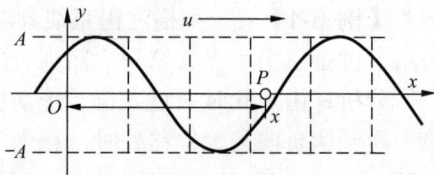

图 6-7　简谐波波形图

时间后，传递给 P 点；或者说 O 点的相位超前于 P 点的相位 $\dfrac{2\pi x}{\lambda}$。故 t 时刻 P 点的振动方程是

$$y_P = A\cos\left[\omega(t - \frac{x}{u}) + \varphi\right]$$

因 P 点为任意的，所以，任一点的振动方程为

$$y = A\cos\left[\omega(t - \frac{x}{u}) + \varphi\right] \qquad (6\text{-}3)$$

式（6-3）表示的是任一质点在 t 时刻的位移，也就是描述平面简谐波的波动方程，也称为波函数。

若我们知道的是任一点 M 的振动方程

$$y_M = A\cos(\omega t + \varphi)$$

同理，可得平面简谐波的波函数方程是

$$y = A\cos\left[\omega(t - \frac{x - x_M}{u}) + \varphi\right] \qquad (6\text{-}4)$$

式（6-3）和式（6-4）是以不同的参考点来求解波动方程的，虽然得到的结果形式上有所差异，但是对于每一个质点，振动表达式是完全一致的。

因为 $\omega = \dfrac{2\pi}{T} = 2\pi\nu$，$\lambda = uT$。式（6-3）又可写为

$$y = A\cos(\omega t - \frac{2\pi x}{\lambda} + \varphi) = A\cos\left[2\pi(\frac{t}{T} - \frac{x}{\lambda}) + \varphi\right]$$

$$= A\cos\left[2\pi(\nu t - \frac{x}{\lambda}) + \varphi\right]$$

将式（6-3）对时间求导，即得任一质点在 t 时刻的振动速度和加速度

$$v = \frac{\partial y}{\partial t} = -\omega A\sin\left[\omega(t - \frac{x}{u}) + \varphi\right]$$

$$a = \frac{\partial^2 y}{\partial t^2} = -\omega^2 A\cos\left[\omega(t - \frac{x}{u}) + \varphi\right]$$

注意：质点的振动速度 v 和波速 u 是两个完全不同的概念，振动速度 v 是对于某一质点而言的，不同质点在同一时刻 v 是不一样的；波速 u 是相对于介质而言的。

若平面简谐波在无吸收的均匀介质中沿 x 轴负向传播，同理可得其波函数表达式为

$$y = A\cos\left[\omega\left(t + \frac{x}{u}\right) + \varphi\right]$$

6.2.2　波函数的物理含义

这里以正向传播为例，取 $\varphi = 0$，分析波函数 $y = A\cos\left(\omega t - \dfrac{2\pi x}{\lambda}\right)$ 的物理意义。

（1）若 x 给定。这时对于某一点 $x = x_0$，有振动方程

$$y = A\cos\left(\omega t - \frac{2\pi x_0}{\lambda}\right)$$

位移 y 只是时间 t 的函数，上式描述的是 x_0 处质点在不同时刻偏离平衡位置的位移。如图 6-8 所示，相当于给该质点录像，描述出它在不同时刻的所有振动状态。

（2）若 t 一定。在某一时刻 $t = t_0$ 时，有

$$y = A\cos\left(\omega t_0 - \frac{2\pi x}{\lambda}\right)$$

此时，振动位移 y 是位置坐标 x 的函数。波函数所描述的是在 t_0 时刻波线上所有质点偏离各自平衡位置的位移。如图 6-9 所示。相当于 t_0 时刻所有的质点的集体照。

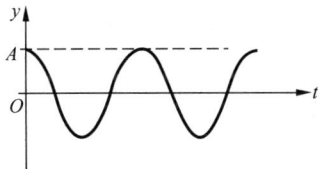

图 6-8　位移一定时波形图　　　　图 6-9　时间一定时位移和平衡位置的关系

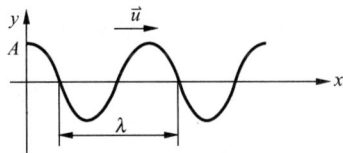

（3）若 x 和 t 都在变化。y、x 和 t 有如下关系

$$y = A\cos\left(\omega t - \frac{2\pi x}{\lambda}\right)$$

上式表示的是波线上所有质点在不同时刻的位移变化。如图 6-10 所示，实线表示 t_1 时刻的波形，经过 Δt 时间后（即 t_2 时刻），各个质点的位移和 t_1 时刻的位移不同，如图虚线所示。从图中可以看出，Δt 时间内，沿着传播方向，整个波形向前移动了 $\Delta x = u\Delta t$ 的距离，即波的传播过程可以看作是波形以速度 u 向前传播。

【例 6-3】　一平面简谐波 $t = 0$ 时的波形如图 6-11 所示，已知 $u = 20\,\text{m/s}$，$v = 2\,\text{Hz}$，$A = 0.1\,\text{m}$。则：

（1）写出波的波函数表达式；

（2）求距 O 点 2.5m 和 5m 处质点的振动方程；

（3）求二者与 O 点的相位差及其二者之间的相位差。

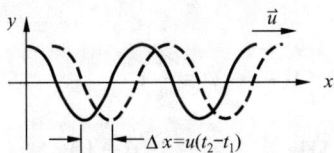

图 6-10　波的传播　　　　　　图 6-11　例 6-3

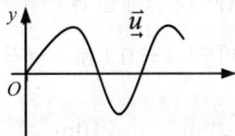

解：（1）以 O 点为研究对象，由图可知，初始时刻有

$$y_O = A\cos\varphi_0 = 0$$

$$v_O = -A\sin\varphi_0 < 0$$

故 $\varphi_0 = \pi/2$，则 O 点的振动方程为

$$y_O = A\cos\left(\omega t + \frac{\pi}{2}\right)$$

波函数表达式为

$$y = A\cos\left[\omega\left(t - \frac{x}{u}\right) + \frac{\pi}{2}\right] = 0.1\cos\left[4\pi\left(t - \frac{x}{20}\right) + \frac{\pi}{2}\right]$$

（2）将 $x_1 = 2.5\,\mathrm{m}$ 和 $x_2 = 5\,\mathrm{m}$ 分别代入上式，得

$$y_{2.5} = 0.1\cos\left[4\pi\left(t - \frac{2.5}{20}\right) + \frac{\pi}{2}\right]$$

$$y_5 = 0.1\cos\left[4\pi\left(t - \frac{5}{20}\right) + \frac{\pi}{2}\right]$$

（3）$x_1 = 2.5\,\mathrm{m}$ 与 O 点的相位差

$$-2\pi\frac{x}{\lambda} = -2\pi\frac{2.5}{10} = -\frac{\pi}{2}$$

$x_2 = 5\,\mathrm{m}$ 与 O 点的相位差

$$-2\pi\frac{x}{\lambda} = -2\pi\frac{5}{10} = -\pi$$

即 x_1 要滞后与 O 点相位 $\frac{\pi}{2}$，x_2 要滞后与 O 点相位 π。

x_1 和 x_2 之间的相位差为

$$-2\pi\frac{x_1 - x_2}{\lambda} = -2\pi\frac{-2.5}{10} = \frac{\pi}{2}$$

即 x_1 比 x_2 的相位超前 $\frac{\pi}{2}$。

【例 6-4】 一列机械波沿 x 轴正向传播，$t=0$ 时刻的波形如图 6-12 所示，已知波速为 $10\,\mathrm{m\cdot s^{-1}}$，波长为 $2\mathrm{m}$，求：

（1）波动方程；

（2）P 点的振动方程及振动曲线；

（3）P 点的坐标；

（4）P 点回到平衡位置所需的最短时间。

解： 由图可知 $A = 0.1\,\mathrm{m}$，$t=0$ 时，$y_0 = \frac{A}{2}$，$v_0 < 0$，$\therefore \varphi = \frac{\pi}{3}$；

由题知 $\lambda = 2\mathrm{m}$，$u = 10\,\mathrm{m\cdot s^{-1}}$，则 $\nu = \frac{u}{\lambda} = \frac{10}{2} = 5\mathrm{Hz}$，$\therefore \omega = 2\pi\nu = 10\pi$。

（1）波函数方程为 $y = 0.1 \times \cos\left[10\pi\left(t - \frac{x}{10}\right) + \frac{\pi}{3}\right]\,\mathrm{m}$。

（2）由图知，$t=0$ 时，$y_P = -\dfrac{A}{2}, v_P < 0$，$\therefore \varphi_P = -\dfrac{4\pi}{3}$，

则 P 点振动方程为 $y_P = 0.1\cos(10\pi t - \dfrac{4}{3}\pi)$。

（3）因 $10\pi(t - \dfrac{x}{10}) + \dfrac{\pi}{3}\big|_{t=0} = -\dfrac{4}{3}\pi$，解得 $x = \dfrac{5}{3} = 1.67\,\text{m}$。

（4）根据（2）的结果可作出旋转矢量图如图 6-13 所示，则由 P 点回到平衡位置应经历的相位差为 $\Delta\varphi = \dfrac{\pi}{3} + \dfrac{\pi}{2} = \dfrac{5}{6}\pi$，$\therefore$ 所需最短时间为 $\Delta t = \dfrac{\Delta\varphi}{\omega} = \dfrac{5\pi/6}{10\pi} = \dfrac{1}{12}\,\text{s}$。

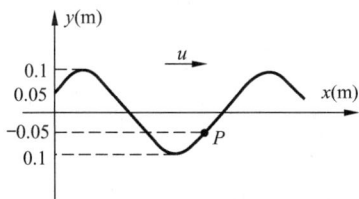

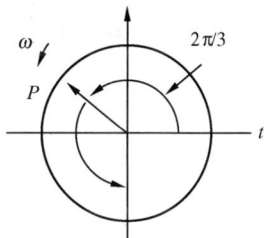

图 6-12　例 6-4　　　　图 6-13　旋转矢量

6.3　波的能量　能流密度

我们知道，机械波在弹性介质中传播时，介质中的每一个质元都在各自的平衡位置附近振动，所以这些质元具有一定的振动动能；同时，各质元之间要发生相对形变，从而又具有一定的弹性势能。现以纵波为例，简单介绍传播过程中波的动能、势能以及总的能量的变化规律。

6.3.1　波的能量

以细棒中的纵波为例，如图 6-14 所示，取细棒的左端为原点 O，向右方向为 x 轴的正向，设平面纵波以波速 u 沿 Ox 轴正向传播，其波函数表达式为

$$y = A\cos\omega\left(t - \dfrac{x}{u}\right) \qquad (6-5)$$

设棒的横截面积为 S，质量密度为 ρ，距原点

图 6-14　细棒中的纵波

O 为 x 处取一长为 $\mathrm{d}x$ 的质元 ab，则质元的体积为 $\mathrm{d}V = S\mathrm{d}x$，质量为 $\mathrm{d}m = \rho S\mathrm{d}x$，当波传播到这个质元时，其振动速度为

$$v = \dfrac{\mathrm{d}y}{\mathrm{d}t} = -\omega A\sin\omega\left(t - \dfrac{x}{u}\right)$$

则质元的振动动能为

$$\mathrm{d}E_k = \dfrac{1}{2}v^2\mathrm{d}m = \dfrac{1}{2}(\rho\mathrm{d}V)A^2\omega^2\sin^2\omega\left(t - \dfrac{x}{u}\right) \qquad (6-6)$$

同时，质元发生形变，两端点 a 和 b 的位移分别为 y 和 $y + \mathrm{d}y$，即质元被拉长了 $\mathrm{d}y$。

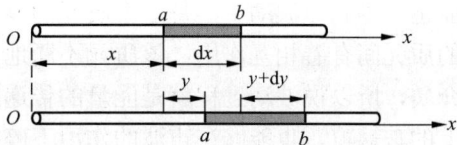

根据胡克定律有 $F = k(\mathrm{d}y)$，又根据杨氏弹性模量定义，得质元发生形变产生的弹性回复力为

$$F = YS\frac{\mathrm{d}y}{\mathrm{d}x}$$

式中，Y 是杨氏弹性模量，其值随材料而异，$\dfrac{\mathrm{d}y}{\mathrm{d}x}$ 是质元在回复力 F 作用下的变化率，所以

$$k = SY/\mathrm{d}x$$

则质元的形变势能为

$$\mathrm{d}E_{\mathrm{P}} = \frac{1}{2}k(\mathrm{d}y)^2 = \frac{1}{2}\frac{YS}{\mathrm{d}x}(\mathrm{d}y)^2 = \frac{1}{2}YS\,\mathrm{d}x\left(\frac{\mathrm{d}y}{\mathrm{d}x}\right)^2 \tag{6-7}$$

由式（6-5）得

$$\frac{\mathrm{d}y}{\mathrm{d}x} = \frac{A\omega}{u}\sin\omega\left(t - \frac{x}{u}\right) \tag{6-8}$$

将式（6-8）和 $u = \sqrt{Y/\rho}$ 代入式（6-7），可得质元的形变势能为

$$\begin{aligned}
\mathrm{d}W_{\mathrm{P}} &= \frac{1}{2}YS\,\mathrm{d}x\frac{A^2\omega^2}{u^2}\sin^2\omega\left(t - \frac{x}{u}\right) \\
&= \frac{1}{2}(\rho\,\mathrm{d}V)A^2\omega^2\sin^2\omega\left(t - \frac{x}{u}\right)
\end{aligned} \tag{6-9}$$

故质元的总能量为

$$\begin{aligned}
\mathrm{d}E &= \mathrm{d}E_{\mathrm{k}} + \mathrm{d}E_{\mathrm{P}} \\
&= (\rho\,\mathrm{d}V)A^2\omega^2\sin^2\omega\left(t - \frac{x}{u}\right)
\end{aligned} \tag{6-10}$$

从上面的结论可以得知：在波的传播过程中，每一个质元的动能和势能都随时间 t 做周期性变化，且在任意时刻两者都是相等的，同时达到最大，同时达到最小。在平衡位置时，质元的速度最大，动能达到最大，则势能也达到最大；在最大位移处，质元的动能为零，势能也为零。即波动中，每一个质元的能量是不守恒的，它不是独立地做简谐振动，它与相邻的质元间有着相互作用，该质元不断地从后方介质获得能量，又不断地将能量释放到前方的介质，所以说波动过程就是能量的传递过程。例如，炸弹爆炸时，在弹片射程以外的建筑物上的玻璃窗，也能够在声波的作用下碎裂；又如利用超声波可以加工材料。这些都表明波动过程伴随着能量的传播。

我们把介质中单位体积中波的能量称为波的能量密度，它可以精确地描述介质中的能量分布，常用 w 来表示，即

$$w = \frac{\mathrm{d}E}{\mathrm{d}V} = \rho A^2\omega^2\sin^2\omega\left(t - \frac{x}{u}\right) \tag{6-11}$$

即对于介质中任一点处，波的能量密度是随时间作周期性的变化。能量密度在一个周期内的平均值称为平均能量密度，常用 $\overline{w}$ 来表示，即

$$\overline{w} = \frac{1}{T}\int_0^T w\,\mathrm{d}t = \frac{1}{T}\int_0^T \rho A^2\omega^2\sin^2\omega\left(t - \frac{x}{u}\right)\mathrm{d}t = \frac{1}{2}\rho A^2\omega^2 \tag{6-12}$$

即对于一定的介质，波的平均能量密度与介质的密度、振幅和角频率有关。

6.3.2 能流 能流密度

波动中的能量的传播，犹如能量在介质中流动一样。我们将 P 定义为能流。设想取一个垂直于波的传播方向（即波速 u 的方向）的面积 S，如图 6-15 所示。在单位时间内通过 S 的能量 P 等于体积 uS 中的能量，即

$$P = wu\Delta S$$

图 6-15 波的能量推导用图

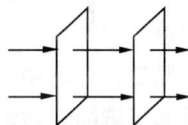

因为单位体积内的平均能量（即平均能量密度）为 $\overline{w}$，因此，在单位时间内平均通过面积 S 的能量为

$$\overline{p} = \overline{w}u\Delta S \tag{6-13}$$

在单位时间内通过垂直于波传播方向的单位面积上的平均能量，称为能流密度，常以 I 表示，单位为 $W\cdot m^{-2}$，即

$$I = \frac{\overline{p}}{\Delta S} = \overline{w}u = \frac{1}{2}\rho A^2\omega^2 u \tag{6-14}$$

能流密度是波强弱的一种量度，因而也称为波的强度。能流密度越大，单位时间内通过垂直于波传播方向的单位面积的能量越多，波就越强。例如，声音的强弱决定于声波的能流密度（**声强**）的大小，光的强弱决定于光波的能流密度（称为光强度）的大小。

下面以平面波和球面波为例，讨论不同的波在传播过程中振幅的特点。

1. 平面波

设在均匀无吸收的介质中传播平面简谐波的波函数表达式为

$$y = A\cos\omega\left(t - \frac{x}{u}\right)$$

如图 6-16 所示，沿着垂直于传播方向取两个面积相等的平面 S，由定义可知通过两个平面的平均能流分别为

$$\overline{P}_1 = I_1 S = \frac{1}{2}\rho\omega^2 A_1^2 uS$$

$$\overline{P}_2 = I_2 S = \frac{1}{2}\rho\omega^2 A_2^2 uS$$

图 6-16 平面波的
能量推导用图

显然，若过两个平面的平均能流是相等的，则振幅保持不变。即：对于平面简谐波在均匀无吸收的介质中传播时将保持振幅不变。

2. 球面波

一点波源在均匀介质中振动，该振动沿各个方向的传播速度是相等的，形成球面波。如图 6-17 所示，以波源为球心半径分别为 r_1、r_2 作两个同心球，这两个球面就是波面。则在单位时间里通过这两个球面的平均能量（即平均能流）分别为

图 6-17 球面波
的能量推导用图

$$\overline{P}_1 = I_1 S = \frac{1}{2}\rho\omega^2 A_1^2 u \cdot 4\pi r_1^2$$

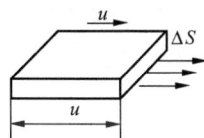

$$\overline{P}_2 = I_2 S = \frac{1}{2}\rho\omega^2 A_2^2 u \cdot 4\pi r_2^2$$

根据定义可知，若通过两个平面的平均能流是相等的，则 $A_1 r_1 = A_2 r_2$，即球面简谐波在均匀无吸收的介质中传播时，某点的振幅与其离波源的距离成反比。所以球面波的波函数为

$$y = \frac{A}{r}\cos\left[\omega\left(t - \frac{r}{u}\right) + \varphi\right]$$

6.4 惠更斯原理 波的衍射 反射和折射

我们知道，波在均匀的各向同性介质中传播时，波速、波面及波前的形状不变，波线也保持为直线，波的传播方向也保持不变。如图 6-18 所示，波在水面上传播时，只要沿途不遇到什么障碍物，波前的形状总是相似的，当波遇到障碍物（如小孔）时，其波面的形状和传播方向都发生了改变。惠更斯原理提供了一种便捷的方法来解释这种现象。在其他的波动现象中，如波的反射、折射和衍射等，惠更斯原理也有着重要的意义。

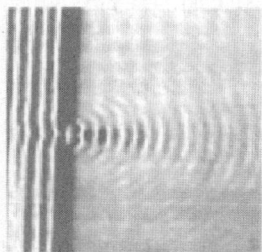

图 6-18 水波

6.4.1 惠更斯原理

惠更斯（Christiaan Huygens，1629～1695 年），如图 6-19 所示，荷兰物理学家、天文学家、数学家。他善于把科学和理论研究结合起来，透彻地解决问题，因此在摆钟的发明、天文仪器的设计、弹性体碰撞和光的波动理论等方面都有突出成就。

当波在弹性介质中传播时，介质中任一点 O 的振动，都会引起邻近其他质点的振动，该点就可以看作是最新的波源。惠更斯在总结了许多实验的基础上，提出了一条新的理论，被称为**惠更斯原理：介质中波阵面上每一个点（有无数个）都可以看成发出球面子波的新波源，经过一定时间后，这些子波的包络面就构成下一时刻的波面。**

图 6-19 惠更斯

根据惠更斯原理，我们就可以解释平面波的波面是如何形成的。如图 6-20（a）所示，一平面简谐波以速度 u 向前传播，t 时刻波面为 S_1，依据原理，S_1 面上的任一点都可以作为子波波源，以各点为中心，$u\Delta t$ 为半径，可画出许多半球形子波，这些子波的波前的包络面就是 $t + \Delta t$ 时刻的波面 S_2，且 S_2 是和 S_1 平行的平面，相距距离为 $u\Delta t$。同理，对于球面波或其他形式的波，根据惠更斯原理，用同样的方式也可画出 $t + \Delta t$ 时刻的波面 S_2。如图 6-20（b）和图 6-20（c）所示。

对于任何波动过程，惠更斯原理都是适用的。不仅适用于机械波，也适用于电磁波。无论波是在均匀介质或是非均匀介质、是各向同性介质或是各向异性介质中传播，惠更斯原理都适用。

6.4.2 波的衍射

波在传播过程中当遇到障碍物时，能绕过障碍物的边缘而继续传播，这种偏离原来的直

线传播的现象称作**波的衍射**。衍射是波的特有现象，一切波都能发生衍射。例如，声波可以绕过门窗，无限电波可绕过高山，这些都是波的衍射现象。用惠更斯原理很容易解释这一现象。如图 6-20（d）所示，当平面波到达某障碍物上的一狭缝时，狭缝的宽度与波长差不多，缝上每一点可看成是发射球面子波的新波源，这些子波的包络面就是新的波面。从图中可以看出，新的波面不再是平面，靠近狭缝边缘处，波面弯曲，即波绕过障碍物继续前进。实验证明：只有当障碍物的尺寸跟波长相差不多或者比波长更小时，才能观察到明显的衍射现象。波的衍射在光学部分有具体的介绍。

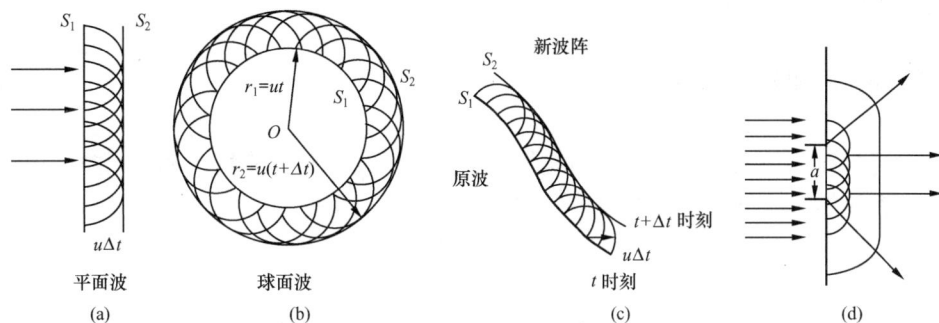

图 6-20　波面和波线

6.4.3　波的反射和折射

波传播到两种介质的分界面时，一部分从界面上返回原介质，形成反射波；另一部分进入另一种介质，形成折射波。下面用惠更斯原理分析波反射和折射时的特点。

1. 反射现象

如图 6-21（a）所示，一平面波以波速 u_1 入射到两种介质的界面 AB_3 上，$t = t_0$ 时刻，入射波的波前为 AA_3，随后，波面上 A_1、$A_2 \cdots$ 各点先后到达界面上 B_1、$B_2 \cdots$ 各点，在 $t = t_0 + \Delta t$ 时刻，点 A_3 到达 B_3 点。

这里我们取 $AB_1 = B_1B_2 = B_2B_3$，在 $t_0 + \Delta t$ 时刻，A、B_1、B_2 各点所发射的球面子波与图面的交线，分别是半径为 $u_1\Delta t$、$\dfrac{2u_1\Delta t}{3}$、$\dfrac{u_1\Delta t}{3}$ 的圆弧，如图 6-21（b）所示。这些圆弧的包络面显然是过 B_3 点与这些圆弧相切的直线为 B_3B，则过 B_3B 直线并与图面相垂直的平面就是反射波的波面，作波面的垂线，即为反射线。

从图 6-21 中可以看出，入射线、反射线和界面发现都在同一平面内；且有和两个直角三角形是全等的，$i = i'$，即入射角等于反射角。这就是波的反射定律。

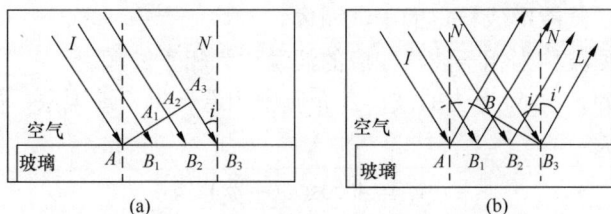

图 6-21　波的反射

2．折射现象

同理，用惠更斯原理也可解释波的折射定律，读者可以自己分析。注意，折射波和入射波在不同的介质中传播时，波速是不同的，这不同于反射现象。

从上面的分析，可知在解释波的传播方向问题上，惠更斯原理较直观和形象。但是对于子波的强度分布，以及子波为什么不向后传播，惠更斯原理并没有提到，它有一定的局限性。后来菲涅耳对其作了重要补充，解决了波的强度分布问题，这就是惠更斯—菲涅尔原理。相关内容将在光学部分作详细介绍。

6.5 波的叠加原理 波的干涉

介质中同时存在几列波时，每一列波的传播情况以及介质中的每一个质元的运动情况又将如何？下面我们对这种情况进行简单介绍。

1．波的叠加原理

平静的水面上两个石子所激起的水波，当它们彼此相遇之后又分开，仍能各自保持原有的波形；播放着音乐的房间里，同时又有人在谈话，我们仍能分辨出音乐和每个人的谈话。大量事实证明，几列波在介质中同时传播时，有如下特点。

（1）各波源所激发的波可以在同一介质中独立地传播，它们相遇后再分开，其传播情况（频率、波长、传播方向、周相等）与未遇时相同，互不干扰，就好像其他波不存在一样。

（2）在相遇区域里各点的振动是各个波在该点所引起的振动的矢量和。

我们把这一规律称为**波的叠加原理**。波的叠加原理只适用于线性波，即振幅较小的波，若波的振幅较大（或者说波的强度较大），此时波不再是线性波，波的叠加原理就不再适用了。例如，爆炸产生的冲击波在介质中传播时，相遇波之间有相互作用，叠加原理不再适用。

2．波的干涉

当两列波在介质中传播且相遇时，由波的叠加原理知，相遇区间各点的振动为两列波在该点所引起的振动的矢量和。如果两列波叠加后，使某些区域的振动加强，某些区域的振动减弱，而且振动加强的区域和振动减弱的区域相互隔开。这种现象叫做**波的干涉**。图 6-22 所示为水波盘中的水波的干涉。当两列波满足频率相同、振动方向相同、相位相同或相位差恒定时，就能形成稳定的干涉图像。

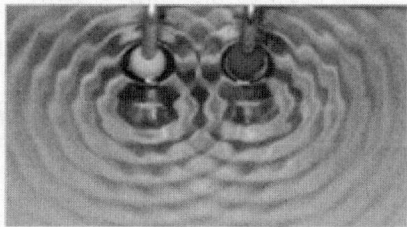

图 6-22　水波的干涉

能产生干涉现象的两列波称为相干波，相应的波源称为相干波源。

设有两个相干波源 S_1 为 S_2 产生的波，在介质中相遇产生干涉现象，如图 6-23 所示。设波源的振动方程分别为

$$y_1 = A_1 \cos(\omega t + \varphi_1)$$
$$y_2 = A_2 \cos(\omega t + \varphi_2)$$

式中，ω 是圆频率，A_1、A_2 分别是两波源的振幅，φ_1、φ_2 是两波源的初相位。两波在同一介质中传播，相遇后发生叠加。这里我们考察相遇点 P（见图 6-24）的振动情况。

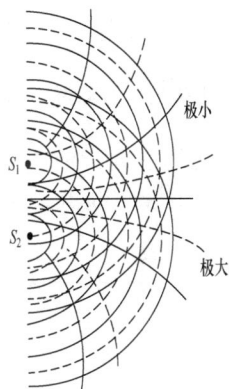

图 6-23　波的干涉

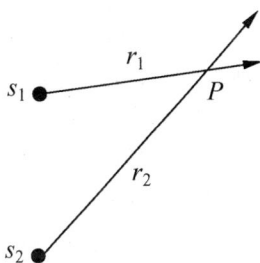

图 6-24　波的干涉推导用图

由两波源的振动，可写出 P 点的两个分振动为

$$y_{1P} = A_1 \cos\left(\omega t + \varphi_1 - 2\pi\frac{r_1}{\lambda}\right)$$

$$y_{2P} = A_2 \cos\left(\omega t + \varphi_2 - 2\pi\frac{r_2}{\lambda}\right)$$

从上两式可看出，这是两个同方向、同频率的简谐振动的叠加，根据前面知识，可知 P 点的合振动还是简谐振动，为

$$y_P = y_{1P} + y_{2P} = A\cos(\omega t + \varphi)$$

且合振动的初相为

$$\tan\varphi = \frac{A_1 \sin\left(\varphi_1 - \dfrac{2\pi r_1}{\lambda}\right) + A_2 \sin\left(\varphi_2 - \dfrac{2\pi r_2}{\lambda}\right)}{A_1 \cos\left(\varphi_1 - \dfrac{2\pi r_1}{\lambda}\right) + A_2 \cos\left(\varphi_2 - \dfrac{2\pi r_1}{\lambda}\right)}$$

其振幅为

$$A = \sqrt{A_1^2 + A_2^2 + 2A_1 A_2 \cos\Delta\varphi}$$

这里相位差为

$$\Delta\varphi = \varphi_2 - \varphi_1 - 2\pi\frac{r_2 - r_1}{\lambda}$$

当 $\Delta\varphi = 2k\pi$（$k = 0, \pm 1, \pm 2, \pm 3, \cdots$）时，合振幅最大，$A_{\max} = A_1 + A_2$，这些点的振动最强，称为干涉加强。

当 $\Delta\varphi = (2k+1)\pi$（$k = 0, \pm 1, \pm 2, \pm 3, \cdots$）时，合振幅最小，$A_{\min} = |A_1 - A_2|$，这些点的振动最弱，称为干涉减弱。

当 $\Delta\varphi$ 为其他值时，合振幅介于 $A_1 + A_2$ 和 $|A_1 - A_2|$ 之间。

若 $\varphi_1 = \varphi_2$，即两波源的初相位相同，$\Delta\varphi = -2\pi\dfrac{r_2 - r_1}{\lambda}$，$P$ 点的振动完全决定于两波源到达 P 点的波程差，若用 $\delta = r_2 - r_1$ 表示波程差，上两式变为

$$\delta = r_2 - r_1 = k\lambda \text{ 时,} \quad k = 0, \pm 1, \pm 2, \pm 3, \cdots \text{干涉加强}$$

$$\delta = r_2 - r_1 = (2k+1)\frac{\lambda}{2} \text{ 时,} \quad k = 0, \pm 1, \pm 2, \pm 3, \cdots \text{干涉减弱}$$

上两式表明当两相干波源的初相位相同时，在两列波相遇的空间，波程差满足半波长偶数倍的各点为干涉加强点；波程差满足半波长的奇数倍的点为干涉减弱点。

【例 6-5】 如图 6-25 所示，相距 $l=30\text{m}$ 的两个相干波源 a 和 b，振动频率为 100Hz，b 超前于 a 的相位为 π，波速为 400m/s，设两波源的振幅均为 A，试求：（1）a、b 连线外侧的任一点 P 和 Q 的合振幅；（2）a、b 连线上因干涉而静止的各点的坐标（取波源 a 所在处为坐标原点）。

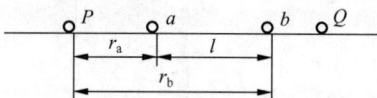

图 6-25　例 6-5

解：（1）P 点的合振幅为

$$A_P = \sqrt{A_1^2 + A_2^2 + 2A_1 A_2 \cos\Delta\varphi} \qquad \text{①}$$

式中

$$\Delta\varphi = \varphi_b - \varphi_a - 2\pi\frac{r_b - r_a}{\lambda} \qquad \text{②}$$

由题知 $\varphi_b - \varphi_a = \pi$，$r_b - r_a = 30\text{m}$，$\lambda = \dfrac{u}{v} = 4\text{m}$，带入式②，求得 $\Delta\varphi = -14\pi$，将 $\Delta\varphi$ 带入式①，即得 $A_P = 2A$。

对于 Q 点的合振幅，计算方法完全相同，可得 $A_Q = 2A$。

（2）由以上讨论可知，a、b 两外侧的合振幅都是 $2A$。因此，因干涉而静止的各点应在 a、b 之间，其位置应满足

$$\Delta\varphi = (2k+1)\pi$$

又

$$\Delta\varphi = \pi - \frac{2\pi}{\lambda}[(30-x)-x]$$

式中，x 为任一点的坐标，取上述两式相等即得 $x = 2k + 15$（$0 \leqslant x \leqslant 30$），取 $k = 0, \pm 1, \pm 2, \cdots$ 代入式得所求坐标为 $x = 1, 3, 5, \cdots, 29\text{m}$。

6.6　驻波

在海岸和海湾内，海波（前进波）遇到海岸时便反射回来，形成反射波，它与前进波互相干涉，便形成波形不再推进的波浪。即同一介质中，频率和振幅均相同、振动方向一致、传播方向相反的两列波叠加后形成的波称为**驻波**。驻波是一种特殊的干涉现象。乐器中的管、弦和膜的振动都是由驻波形成的振动。

6.6.1　驻波方程

如图 6-26 所示，虚线和实线分别表示沿着 x 轴正向和反向传播的简谐波，粗实线表示两

波叠加的结果。设 $t=0$ 时，两个简谐波的波形刚好重合，其合成波的波形则表现为在各点振动加强；$t = T/4$ 时，两波分别向右、向左传播了 $\lambda/4$，则合成波为一振幅为零的直线；$t = T/2$ 时，其合成波的波形和 $t=0$ 时的合位移大小相等，方向相反；$t = 3T/4$ 时，其波形和 $t = T/4$ 的波形完全一样；$t = T$ 时的波形则和 $t=0$ 时的一样。这样在空间上表现为分段振动，形成驻波。

设沿 x 轴正反方向传播的两相干波的波函数表达式分别为

$$y_1 = A\cos 2\pi\left(\frac{t}{T} - \frac{x}{\lambda}\right)$$

$$y_2 = A\cos 2\pi\left(\frac{t}{T} + \frac{x}{\lambda}\right)$$

图 6-26　驻波的形成

则合成波方程为

$$y = y_1 + y_2 = A\left[\cos 2\pi\left(\frac{t}{T} - \frac{x}{\lambda}\right) + \cos 2\pi\left(\frac{t}{T} + \frac{x}{\lambda}\right)\right]$$

$$= \left(2A\cos\frac{2\pi}{\lambda}x\right)\cos\frac{2\pi}{T}t$$

从上式可知，对于两振幅相同、沿相反方向传播的相干波叠加后，不同位置的质点都在作同频率、不同振幅的简谐振动。振幅大小由 $\left|2A\cos\dfrac{2\pi}{\lambda}x\right|$ 决定。故严格地讲，驻波实质上是一种振动，不是机械波，没有波形的向前传播，振动相位和能量均没有传播。

下面讨论驻波的振动特点。

1. 振幅分布

各质元的振幅由 $\left|2A\cos\dfrac{2\pi}{\lambda}x\right|$ 确定，且呈现周期性变化。对于振幅最大的点，称为波腹。振幅最小的点，称为波节。

振幅 $\left|2A\cos\dfrac{2\pi}{\lambda}x\right|_{\max} = 2A$ 时，得波腹的坐标位置为

$$\frac{2\pi}{\lambda}x = k\pi$$

$$x = k\frac{\lambda}{2} \qquad (k = 0, \pm 1, \pm 2, \cdots)$$

相邻波腹间的距离为

$$\Delta x = x_{k+1} - x_k = \frac{\lambda}{2} \tag{6-15}$$

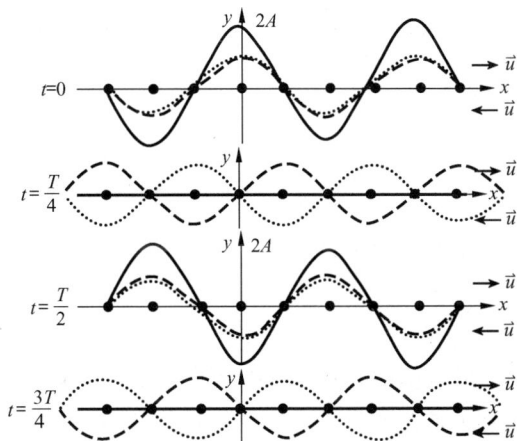

振幅 $\left| 2A\cos\dfrac{2\pi}{\lambda}x \right|_{\min}=0$ 时，得波节的坐标位置为

$$\frac{2\pi}{\lambda}x=(2k+1)\frac{\pi}{2}$$

$$x=(2k+1)\frac{\lambda}{4} \qquad (k=0,\pm1,\pm2,\cdots)$$

相邻波节间的距离

$$\Delta x=x_{k+1}-x_k=\frac{\lambda}{2} \tag{6-16}$$

式（6-15）和式（6-16）表明，相邻的波腹之间和相邻的波节之间的距离均为 $\lambda/2$，而相邻的波腹和波节之间的距离为 $\lambda/4$，驻波的这一特征也提供了一种测量波长的方法。

2. 相位分布

驻波表达式不同于波动表达式，因子 $\cos2\pi\dfrac{t}{T}$ 与质元的位置无关，只与时间 t 有关，似乎任一时刻所有质点都具有相同的相位，所有质点都是同步振动。其实，因子 $\cos2\pi x/\lambda$ 可正可负，在波节处为零，在波节两边符号相反。因此，在驻波中，**两波节之间的各点有相同的相位**，它们同时通过相同方向的平衡位置，同时达到相同方向的最大位移。**同一波节两侧的各点相位是相反的，振动步调完全相反**，同时以相反速度达到平衡位置，同时沿相反方向达到最大位移。所以，驻波中没有相位的传播。

6.6.2　半波损失

如图 6-27 所示实验，弦线的一段系在一个固定的音叉 A 上，弦线通过定滑轮 P，另一端系着一质量为 m 的物体，使得弦线拉紧，不同的 m 可改变弦线内张力，可以实现调节波速，从而在弦线上得到不同波长的驻波，B 为一支点，使得弦线在该点不能振动。当音叉振动时，弦线左端自 A 有一向右传播的入射波，当入射波传到 B 点时，在该点发生发反射，形成自 B 向左传播的反射波，入射波和反射波在同一弦线上沿着相反方向传播，在弦线上互相叠加形成驻波。且在支点 B（即波在固定端）反射时，只能形成波节。若弦线在 B 点可自由振动，此时 B 点为自由端，波在此反射时，会在反射点形成波腹。在第一种情况中，反射点 B 点形成波节，说明入射波和反射波在该点的振动状态相反，相位差为 π，即反射波在该点的相位较入射波突变了 π。相当于损失（或增加）了半个波长的波程。我们把这种现象称为相位突变 π，有时又称为半波损失。

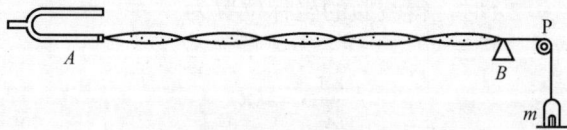

图 6-27　驻波实验

一般情况下，波从一均匀介质向另一均匀介质传播时，在两介质的界面会发生反射现象。对于入射波和反射波，在反射点的振动状态取决于两介质的性质以及入射角的大小。研究证实，对于弹性波，通常定义介质的密度 ρ 与波速 u 的乘积 ρu 较大的介质为**波密介质**，ρu 较小

的介质为**波疏介质**。若波从波疏介质垂直入射到波密介质界面上，相对于入射波在反射点的相位，反射波在反射点的相位有 π 的突变，在反射点形成波节；当波从波密介质垂直入射到波疏介质界面上，入射波和反射波在反射点的相位完全相同，在反射点形成波腹。如图 6-28 所示。

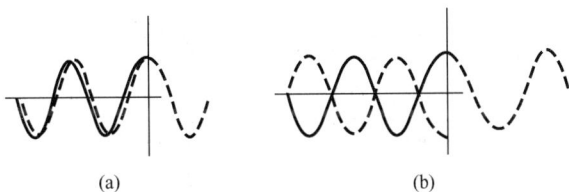

图 6-28　入射波和反射波在反射点的相位情况

6.6.3　驻波的能量

现在以图 6-26 为例，考查驻波的能量。

当介质中所有质点到达平衡位置时，介质的形变为零，故势能为零，这时驻波的能量全部为动能。因驻波表达式 $y = (2A\cos\dfrac{2\pi}{\lambda}x)\cos\dfrac{2\pi}{T}t$，则各质点的振动速度为

$$v = \left(-\frac{2\pi}{T}\right)\left(2A\cos\frac{2\pi}{\lambda}x\right)\sin\frac{2\pi}{T}t$$

可以看出，当 $\left|\cos\dfrac{2\pi}{\lambda}x\right|_{\max} = 1$ 时，质点的速度最大，即在波腹处的质点的动能最大，故此时驻波的能量主要集中在波腹附近。

当介质中各质点的位移达到最大值时，各质点的速度为零，动能为零，这时驻波的能量是势能，除了波节外，其他的质点都偏离平衡位置，有着不同程度的形变。在波节附近，介质的相对形变最大，势能最大，故此时驻波的能量主要集中在波节附近。

对于介质的其他振动情况，动能和势能同时存在。且能量不断从波腹附近转移到波节附近，再由波节附近转移到波腹附近，动能和势能不断转换。因为形成驻波的两列相干波的振幅相同，传播方向相反，故合成波的平均能流密度为零，即驻波的能量没有定向的传播，这是驻波和行波的一个重要区别。

6.6.4　振动的简正模式

驻波在各种乐器中有着广泛的应用，弦乐器、管乐器和打击乐器等的发声原理都是因为驻波的形成。当弦线的两端固定时，不是任何频率的波都可在弦线上形成驻波，因为固定端为驻波的波节，故弦线的长度 l 必须等于半波长的整数倍，如图 6-29（a）所示，即

$$l = n\frac{\lambda_n}{2} \qquad (n = 1, 2, \cdots)$$

这时才可形成驻波，其中 λ_n 为波长。若传播的速度为 u，则相对应的振动频率为

$$v_n = n\frac{u}{2l} \qquad (n = 1, 2, \cdots)$$

式中，$n = 1$ 时，v_1 称为基频，其他的频率 v_n 依次称为二次，三次，$\cdots n$ 次谐频。我们把由上

式决定的各种频率的驻波，称为弦振动的简正模式。

对于管乐器（如双簧管、小号等），可能一端固定，另一端自由（或是两端全是自由端）。根据前面的分析，固定端为波节，自由端为波腹，如图 6-29（b）所示，管内的空气柱振动形成的驻波的频率须满足

$$v_n = \frac{(2n-1)u}{4l} \qquad (n = 1, 2, \cdots)$$

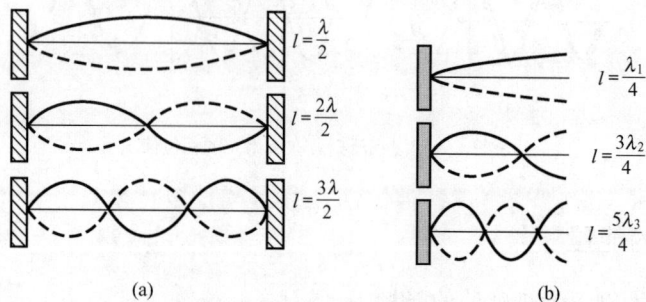

图 6-29　弦振动的简正模式

每种乐器都可以看作是一个驻波系统，在一个系统里有着无限个简正模式，每个简正模式的频率都反映了系统特定的音调。当外界的驱动力的频率与系统的某个频率相同时，系统将被激发，产生振幅很大的驻波，这种现象称为共振或谐振。

【例 6-6】　一平面波沿 x 轴正向传播，其频率为 v，振幅为 A，波速为 u。当 O 点处的质点到达正方向最大位移处时开始计时。如图 6-30 所示。

（1）试建立沿 x 轴正向传播的波动方程。

（2）当波传播到 P 点（两介质的分界面上的点）时发生反射，已知介质 1 相对于介质 2 为波疏介质。假设反射波与入射波的振幅相等，试写出反射波的波动方程。

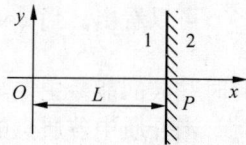

图 6-30　例 6-6

（3）试写出驻波方程，以及波节和波腹的位置坐标。

（4）设 L 与波长之比为 100，试判断 Q（$x=L/2$）点的合振动是加强还是减弱。

解：（1）当 $t=0$ 时，入射波在 O 点的振动为

$$y_{1O} = A\cos\varphi = A$$

故 $\varphi = 0$，O 点的振动方程为

$$y_O = A\cos 2\pi vt$$

则入射波的波动方程为

$$y_1 = A\cos 2\pi v\left(t - \frac{x}{u}\right)$$

（2）入射波在 P 点的振动为

$$y_{1P} = A\cos 2\pi v\left(t - \frac{L}{u}\right)$$

在 P 点发生反射，且介质 1 相对于介质 2 为波疏介质，故应考虑半波损失。反射波在 P 点的振动为

$$y_{2P} = A\cos 2\pi v\left(t - \frac{L}{u} + \pi\right)$$

反射波的波动方程为

$$y_2 = A\cos 2\pi\nu\left(t - \frac{L}{u} + \pi + \frac{x-L}{u}\right)$$

$$= A\cos 2\pi\nu\left(t + \frac{x-2L}{u} + \pi\right)$$

（3）驻波方程

$$y = y_1 + y_2 = A\cos 2\pi\nu\left(t - \frac{x}{u}\right) + A\cos 2\pi\nu\left(t + \frac{x-2L}{u} + \pi\right)$$

$$= 2A\cos\left[2\pi\nu\left(\frac{x-L}{u}\right) + \frac{\pi}{2}\right]\cos\left[2\pi\nu\left(t - \frac{L}{2}\right) + \frac{\pi}{2}\right]$$

$$= 2A\sin 2\pi\nu\left(\frac{x-L}{u}\right)\sin 2\pi\nu\left(t - \frac{L}{2}\right)$$

波节的坐标位置为 $\left|\sin 2\pi\nu\left(\dfrac{x-L}{u}\right)\right| = 0$，得

$$x = \frac{ku}{2\nu} + L \qquad (k = 0, \pm 1, \pm 2, \cdots)$$

波腹的坐标位置为 $\left|\sin 2\pi\nu\left(\dfrac{x-L}{u}\right)\right| = 1$

$$x = \frac{(2k+1)u}{4\nu} + L \qquad (k = 0, \pm 1, \pm 2, \cdots)$$

（4）将 $x = \dfrac{L}{2}$，$\dfrac{L}{\lambda} = 100$ 代入驻波方程，得

$$y_Q = -2A\sin\left(\pi\nu\frac{100\lambda}{u}\right)\sin 2\pi\nu\left(t - \frac{L}{2}\right)$$

$$= -2A\sin(100\pi)\sin 2\pi\nu\left(t - \frac{L}{2}\right) = 0$$

故 Q 点是干涉相消。

6.7 多普勒效应

生活中，当疾驰的火车鸣笛而来时，我们可以听到汽笛的声调变高，当它鸣笛而去时，我们听到的声调变低。这种由于波源或观察者相对于介质运动，或两者均相对于介质运动，从而使波的频率或接收到的频率发生变化或两者均变化的现象，称为**多普勒效应**。多普勒效应是奥地利物理学家克里斯琴·约翰·多普勒（Christian Johann Doppler）于 1842 年首先提出的。而且多普勒现象不限于声波，图 6-31 所示为水波的多普勒效应。当波源在水中向右运动时，在波源运动的前方波面被挤压，波长变短；而在波源运动的后方，波面相互远离，波长变长。

下面分几种情况分析多普勒效应，假定波源与观察者在同一直线上运动。

（1）波源 S 相对于介质静止，观察者 O 相对于介质以速度 v_0 运动。

如图 6-32 所示，S 点表示点波源，ν 为波源的频率，波以速度 u 向着观察者 O 传播，同

心圆表示波面，两相邻的波面间的距离为一个波长。当观察者 O 向着波源运动时，单位时间内，波传播距离为 u，即在 O 点的波面向右传播了 u 的距离，同时，观察者又相对于介质向左运动了 v_O 的距离，故单位时间内观察者接收的完整波数是 $u+v_O$ 距离内的波，或者说，观察者所接收到的频率为

$$\nu' = \frac{u+v_O}{\lambda} = \frac{u+v_O}{u}\nu \tag{6-17}$$

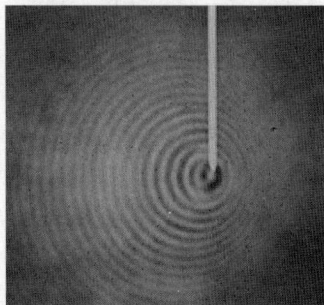

图 6-31 水波的多普勒效应

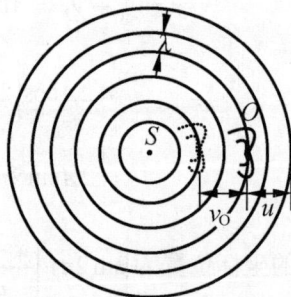

图 6-32 观察者向着波源运动

式（6-17）表明，当波源相对于介质静止时，观察者接收到的频率比波源的频率高。

同理，当观察者背离波源运动时，可通过分析得到观察者接收到的频率，为

$$\nu' = \frac{u-v_O}{\lambda} = \frac{u-v_O}{u}\nu$$

显然，这时观察者接收到的频率要低于波源的频率。

（2）观察者 O 不动，波源 S 相对于介质以 v_S 运动。

如图 6-33 所示，观察者 O 相对于介质不动，波源 S 向着观察者 O 运动。在介质中波源以球面波的形式向四周传播，经过一个周期 T 后，波源向前移动了一段距离 $v_S T$，即下一个波面的球心向右移动了距离 $v_S T$，这段时间内，由于波源的运动，则传播一个完整的波形所需时间变短了，或者说介质中的波长变小了，如图 6-34 所示，实际波长为

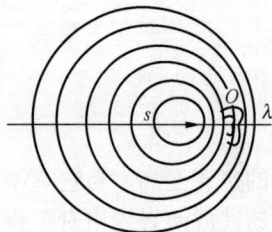

图 6-33 波源向着观察者运动

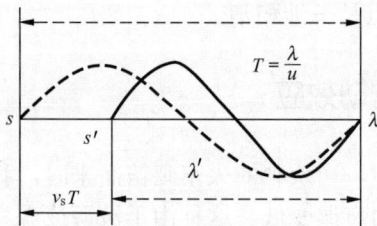

图 6-34 多普勒效应

$$\lambda' = \lambda - v_S T = \frac{u-v_S}{\nu}$$

因此，观察者接收到的频率就是波的频率 ν'。

$$\nu' = \frac{u}{\lambda - v_S T} = \frac{u}{u-v_S}\nu \tag{6-18}$$

显然，观察者接收到的频率是波源的频率的 $\dfrac{u}{u-v_S}$ 倍，即 $\nu'>\nu$。同理，当波源背离观察者运动时，观察者接受到的频率 ν' 为

$$\nu'=\frac{u}{\lambda+v_S T}=\frac{u}{u+v_S}\nu$$

这时观察者接收到的频率要低于波源的频率。

（3）波源与观察者同时相对介质运动 (v_S,v_O)。

根据前面的分析，当观察者运动时，观察者接收到的频率与波源的频率的关系为

$$\nu''=\frac{u\pm v_O}{u}\nu$$

当波源运动时，介质中波的频率为

$$\nu'=\frac{u}{u\mp v_S}\nu''$$

故观察者所接收到的频率为

$$\nu'=\frac{u\pm v_O}{u\mp v_S}\nu \qquad\qquad (6\text{-}19)$$

式中，观察者和波源向着波源运动时，v_O 前取正号，v_S 前取负号；观察者和波源背离波源运动时，v_O 前取负号，v_S 前取正号。

如果波源与观察者不在二者连线上运动，如图 6-35 所示，只需将速度在连线上的分量带入上述公式即可。当波源和观察者是沿着它们的垂直方向运动时，是没有多普勒效应的。

当飞机作为波源飞行时的 v_S 大于波速 u，由式（6-18）可知，地面观察者将接收到 $\nu'<0$，式（6-18）将不再适用。地面观察者会先看到飞机无声地飞过，然后才听到轰轰巨响。即此时，任一时刻波源本身将超过它所发出的波前，又波前是最前方的波面，其前方没有任何的波动，所有的波前只能被挤压而聚集在一圆锥面上，波的能量高度集中，如图 6-36 所示，这种波称为冲击波。如炮弹超音速飞行、核爆炸等，在空中都会激发冲击波。

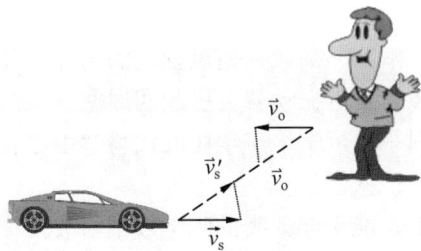

图 6-35　波源与观察者不在二者连线上

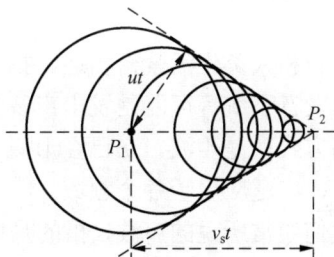

图 6-36　冲击波

多普勒效应有着许多应用。在交通上可用于监测车辆的速度。当雷达发送器发出的电磁波到达正在行驶的车辆时，车既是运动着的接收器，也是运动的波源。它可使雷达波反射、重新返回雷达的接收器。在医学上，可利用超声波的多普勒效应来测量人体血管内血液的流速等。另外，多普勒效应也可用于贵重物品、机密室的防盗系统，还可用于卫星跟踪系统等。

在天体物理学中，多普勒效应也有着许多重要应用。例如，用这种效应可以确定发光天体是向着、还是背离地球而运动，运动速率有多大。通过对多普勒效应所引起的天体光波波

长偏移的测定，发现所有进行这种测定的星系光波波长都向长波方向偏移，这就是光谱线的多普勒红移，从而可以确定所有星系都在背离地球运动。这一结果成为宇宙演变的所谓"宇宙大爆炸"理论的基础。"宇宙大爆炸"理论认为，现在的宇宙是从大约150亿年以前发生的一次剧烈的爆发活动演变而来的，此爆发活动就称为"宇宙大爆炸"。"大爆炸"以其巨大的力量使宇宙中的物质彼此远离，它们之间的空间在不断增大，因而原来占据的空间在膨胀，也就是整个宇宙在膨胀，并且现在还在继续膨胀着。

【例 6-7】 利用多普勒效应可以监测汽车行驶的速度，现有一固定波源，发出频率为 $\nu=100\text{kHz}$ 的超声波，当汽车迎着波源行驶时，与波源安装在一起的接收器接收到从汽车反射回来的超声波频率为 $\nu'=110\text{kHz}$，已知空气中的声速为 $u=300\text{ m/s}$。求汽车行驶的速度。

解： 设汽车行驶速度为 v，波源发的频率为 ν，因为波源不动，汽车接收的频率为

$$\nu_1 = \frac{u+v}{u}\nu$$

当波从汽车表面反射回来时，汽车作为波源向着接收器运动，汽车发出的频率即是它接收到的频率 ν_1，而接收器作为观察者接收到的频率为

$$\nu' = \frac{u}{u-v}\nu_1$$

联立两式，求解得 $v = \dfrac{\nu'-\nu}{\nu'+\nu}u = \dfrac{110\times10^3 - 100\times10^3}{110\times10^3 + 100\times10^3}\times 330 = 15.7\text{m/s}$。

【例 6-8】 A、B 两船沿相反方向行驶，航速分别为 $30\text{ m}\cdot\text{s}^{-1}$ 和 $60\text{ m}\cdot\text{s}^{-1}$，已知 A 船上的汽笛频率为 500Hz，空气中声速为 $340\text{ m}\cdot\text{s}^{-1}$，求 B 船上的人听到 A 船汽笛的频率？

解： 设 A 上汽笛为波源，B 船上的人为接收者，代入公式得

$$\nu_B = \frac{u-v_O}{u+v_S}\nu_S = \frac{340-60}{340+60}\times 500 = 452\text{ Hz}$$

即 B 船上的人听到汽笛的频率变低了。

6.8 *声波

声音和人类生活紧密相连，扬声器、各种乐器、雨滴、刮风、随风飘动的树叶以及人和动物的发音系统等可能是发出声音的声源体。当声源体发生振动就会引起四周空气振荡，这种振荡方式就是声波。它已经形成了一门独立的学科——声学。声学在近代科学中占有重要的意义，广泛应用于各个领域。

我们通常所说的声波，指的是频率 20～20 000Hz，能引起人类的听觉效果，故又称为可闻声波。当频率低于 20Hz 时，称为次声波。频率高于 20 000Hz 时，称为超声波。

6.8.1 声波

声波作为纵波，它可在固体、液体和气体中进行传播（注：在真空状态中声波就不能传播了）。声波能产生干涉、衍射、反射和折射等现象，具有一般波动所共有的特征。

声波的平均能流密度称为声强，它是人耳所能感觉到的声音强弱的量度，用 I 表示，为

$$I = \frac{1}{2}\rho u A^2 \omega^2$$

由此可见，声强与角频率和振幅的平方成正比。

一般来说，人的听觉存在一定的声强范围，低于这个范围下限的声波不能引起听觉，而高于这个范围上限的声波使人感到不舒服，甚至引起疼痛感。听觉声强范围的下限称为听觉阈，听觉声强范围的上限称为痛觉阈。听觉阈和痛觉阈都与声波的频率有关。图 6-37 中上、下两条曲线分别表示痛觉阈和听觉阈随频率的变化，这两条曲线之间的区域就是听觉区域。

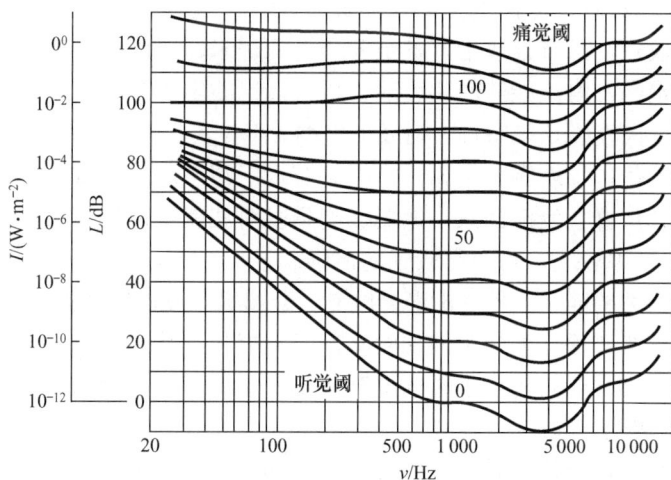

图 6-37　声波

日常生活中能听到的声强范围很大，人刚好听到 1 000Hz 声音的最低声强为 10^{-12} W/m^2，最高声强为 1W/m^2，最高和最低之间可达 12 个数量级。用声强这个物理量来比较声音强弱很不方便。因此我们引入声强级来比较介质中各点声波的强度，取最低声强 10^{-12} W/m^2 作为标准声强 I_0，声强 I 与标准声强 I_0 之比的对数称为声强 I 的声强级，记为 L，即

$$L = \log \frac{I}{I_0} \tag{6-20}$$

其单位为贝尔（B）或分贝（dB）。表 6-2 列出了常见的一些声音的声强、声强级和响度。可以看出，人耳感觉到的声音响度与声强级有着一定的联系，声强级越高，人耳感觉越响。

表 6-2　　　　　　　　　几种声音的声强、声强级和响度

声源	声强（W/m²）	声强级（dB）	响度
聚焦超声波	10^9	210	
炮声	1	120	震耳
钉机	10^{-2}	100	
车间机器声	10^{-4}	80	响
闹市	10^{-5}	70	
正常谈话	10^{-6}	60	正常
室内收音机轻轻放音	10^{-8}	40	轻
耳语	10^{-10}	20	
树叶沙沙声	10^{-11}	10	极轻
听觉阈（如正常的呼吸声）	10^{-12}	0	

6.8.2 超声波

频率高于 20 000Hz 的声波称为"超声波"。由于其频率高、波长短，超声波有着许多不同于一般声波的性能。超声波的这些特性广泛应用于医学、军事、工业、农业等领域。下面对超声波的特性及应用作一简单介绍。

（1）超声波在传播时，方向性强，能量易于集中。

超声波的波长较短，只有几厘米，甚至千分之几毫米，所以可认为超声波和光波一样，可沿直线传播，易定向发射，能够产生反射、折射，也能聚焦。

利用超声波的定向发射这个特性，制成了声纳（声波雷达），可对水中目标进行探测、定位、跟踪、识别、通信、导航等。例如，渔船载有水下超声波发生器，它可向各个方向发射超声波，超声波遇到鱼群会反射回来，渔船探测到发射波就知道鱼群的位置了。

（2）超声波的频率较大，可获得较强的声强。

超声波可传递很大的能量，足以击碎金刚石，金属等坚硬的物体。工业上，常用来切割、焊接、钻孔、清洗、粉碎等。如超声波加湿器，就是把超声波通入水罐中，剧烈的振动会使罐中的水破碎成许多小雾滴，再用小风扇把雾滴吹入室内，就可增加室内空气湿度。

（3）超声波穿透能力强。

超声波在液体和固体中传播时，衰减很小，能够穿透过几十米的固体。利用超声波的穿透能力和反射情况，可以制成超声波探伤仪，用来对金属混凝土制品、塑料制品、水库堤坝等进行探伤。医学上也用来探测病变。

6.8.3 次声波

频率低于 20Hz 的机械纵波称为次声波。虽然次声波看不见，听不见，可它却无处不在。自然界中，海上风暴、火山爆发、大陨石落地、海啸、电闪雷鸣、波浪击岸、水中漩涡、空中湍流、龙卷风、磁暴、极光等都可能伴有次声波的发生。人类活动中，诸如核爆炸、导弹飞行、火炮发射、轮船航行、汽车急驰、高楼和大桥摇晃，甚至像鼓风机、搅拌机、扩音喇叭等也都能产生次声波。

次声的应用逐渐受到人们的注意。目前的次声波应用，主要有以下几个方面。

（1）预测自然灾害性事件

例如，利用仿生学依照水母的耳朵结构制成了水母耳预报仪，监测风暴发出的次声波，可提前 15 小时预测台风的方位和强度。利用类似方法，也可预报火山爆发、雷暴等自然灾害。

（2）为人类生产服务

如通过测定人和其他生物的某些器官发出的微弱次声的特性，进一步了解人体或其他生物相应器官的活动情况。从而研制出的"次声波诊疗仪"，它可以检查人体器官工作是否正常。

（3）服务于农林业

如利用次声波刺激植物生长。

（4）服务于国防建设

通过建立次声波服务站，可探测分析世界各处的核爆炸、火箭发射等重大军事动态。在边防检查上，次声探测仪可以探测是否有人混在车辆行李中出入边境。

次声波在介质中传播时，可谓是无声无息，难以被人察觉，且只伤害人员，不会造成环境污染。这一特点已引起各国的军事专家的高度注意，一些国家已经开始研制次声波武器，专家预测，次声波武器将成为未来战场上的"无声杀手"。

6.9 *平面电磁波

从麦克斯韦的电磁场理论可知：空间某区域有交变的电场，则在其周围空间就会产生交变的磁场；而交变的磁场又会在其周围空间引起新的交变的电场。这样，交变的电场和磁场并不局限于空间某一区域，而要由近及远向周围空间传播开去，形成电磁波。

6.9.1 电磁波的产生与传播

电磁波的实质就是变化的电磁场在空间的传播。由前面电磁学部分知识可知，在 LC 振荡电路产生振荡电流的过程中，其电场和磁场都发生周期性变化，对应的电场能和磁场能主要是在电路内互相转化，而且电路中没有持续不断的能量供给，电阻 R 会有能量损耗，所以辐射出去的能量很少，不能用来有效地发射电磁波。

要想有效发射电磁波，首先必须要有一个适当的波源，我们可以把 LC 电路接在电子管或晶体管上，组成振荡器，以获得源源不断的能量。除此之外，LC 振荡电路必须具有如下的特点。

（1）振荡频率足够高

我们知道，电磁波在单位时间内辐射的能量与频率的四次方成正比。即振荡频率越高，发射电磁波的本领越大。LC 电路中振荡频率为 $\nu = \dfrac{1}{2\pi\sqrt{LC}}$，所以必须减小电路中的 L 和 C，以获得足够高的频率 ν。

（2）电路必须开放

LC 振荡电路是集中性元件的电路，其电场和电能都集中在电容元件中，磁场和磁能都集中在自感线圈中，要有效地把电磁场的能量传播出去，必须把电场和磁场分散到尽可能大的空间。

为了把电磁波有效发射出去，我们对 LC 电路按如图 6-38（a）、（b）、（c）、（d）的顺序进行了改造，逐渐增大电容器板间的距离，减小极板的面积，同时减小自感线圈的匝数，最后振荡电路甚至可以演化成为一条导线。当电流在其中往复振荡时，两端出现正负交替的等量异号电荷。这样的电路称为振荡电偶极子，或称偶极振子。由于 L 和 C 的减小，振荡频率增大，同时使得电场和磁场扩展到外部空间。所以振荡电偶极子可以有效地把电磁波发射出去。电视台的天线就是这种类型的偶极振子，如图 6-39 所示。

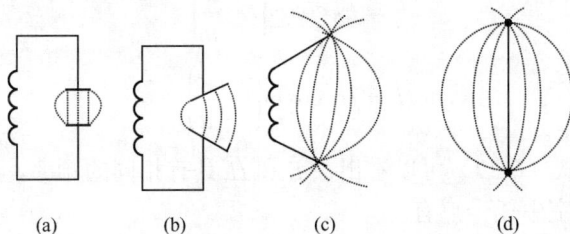

(a)　　　(b)　　　(c)　　　(d)

图 6-38　电磁波的发射

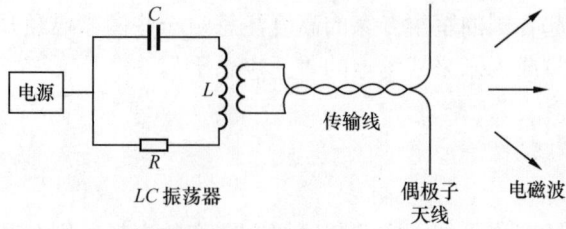

图 6-39 天线示意图

我们知道，机械波必须借助于介质来传播，没有介质，机械波是无法传播的。如声波在真空中就不能传播。那么电磁波的在空间的传播是否也需要介质呢？我们设想，空间某处有一交变电流，它将在其周围空间激发涡旋磁场，该磁场也是交变的，在其周围空间又会激发涡旋电场，这样涡旋电场和涡旋磁场互相激发，在空间形成电磁波。图 6-40 为电磁波沿一维空间传播的示意图。所以，电磁波之所以可以在空间的传播，是因为：变化的电场激发涡旋磁场；变化的磁场激发涡旋电场。电磁波的传播是不需要介质的，在真空中也可以传播，例如，太阳发射的光通过真空到达地球，人造卫星可以通过宇宙空间将无线电波发回地球。

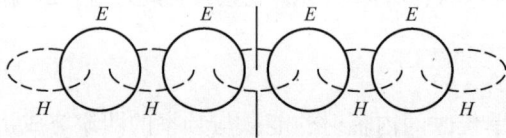

图 6-40 电磁波沿一维空间传播的示意图

下面以振荡电偶极子为例，说明电磁波的产生与传播。如图 6-41 所示，设以电偶极子的中心为原点，电偶极矩 $\vec{p_0}$ 的方向为极轴的方向，$p = p_0 \cos\omega t$，在半径为 r 的球面上任取一点 M，且矢径 $\vec{r}$ 与极轴方向成 θ 角。计算结果表明，M 点的 $\vec{E}$、$\vec{H}$ 和 $\vec{r}$ 三个矢量互相垂直，且遵守右手螺旋法则。该点的电场强度和磁场强度数值分别为

$$E(r,t) = \frac{\mu p_0 \omega^2 \sin\theta}{4\pi r} \cos\omega\left(t - \frac{r}{u}\right) \tag{6-21}$$

$$H(r,t) = \frac{\sqrt{\varepsilon\mu} p_0 \omega^2 \sin\theta}{4\pi r} \cos\omega\left(t - \frac{r}{u}\right) \tag{6-22}$$

在远离电偶极子的地方，振荡电偶级子辐射的球面波可看作是平面波，式（6-21）和式（6-22）又可写为

$$E = E_0 \cos\omega\left(t - \frac{x}{u}\right)$$

$$H = H_0 \cos\omega\left(t - \frac{x}{u}\right)$$

通过式（6-21）和式（6-22）可以看出，$\vec{E}$ 和 $\vec{H}$ 具有相同的频率，而且两者的相位也是相同的。任一时刻，在空中任一点有

$$\sqrt{\varepsilon}E = \sqrt{\mu}H$$

因电磁波的传播速度与介质的电容率和磁导率有关，即

$$u = 1 / \sqrt{\varepsilon \mu}$$

真空中，$\varepsilon = \varepsilon_0 = 8.854 \times 10^{-12}\,\text{F·m}^{-1}$，$\mu = \mu_0 = 4\pi \times 10^{-7}\,\text{H·m}^{-1}$，代入上式，得

$$u = 2.998 \times 10^8\,\text{m·s}^{-1}$$

这表明电磁波在真空中的传播速度近似等于真空中的光速。

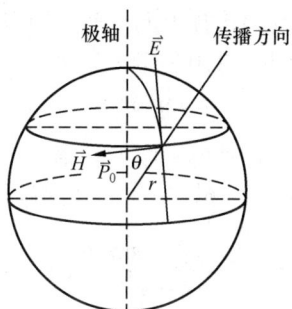

图 6-41　电磁波的产生与传播

6.9.2　平面电磁波的性质

由前面的分析，平面电磁波的性质可归纳为以下几点。

（1）电磁波是横波，$\vec{E}$、$\vec{H}$ 和波的传播方向三者相互垂直，如图 6-42 所示。

（2）沿给定方向传播的电磁波，$\vec{E}$ 和 $\vec{H}$ 分别在各自的平面内振动，这种特性称为偏振性。

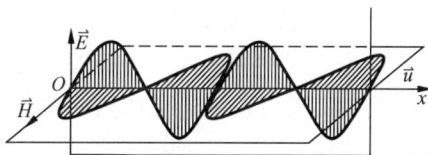

图 6-42　$\vec{E}$、$\vec{H}$ 和波的传播方向

（3）$\vec{E}$ 和 $\vec{H}$ 始终同相位，且 $\vec{E}$ 和 $\vec{H}$ 的幅值成比例。

任一时刻，在空间的任一点有

$$\sqrt{\varepsilon} E = \sqrt{\mu} H$$

（4）电磁波的传播速度为 $u = 1 / \sqrt{\varepsilon \mu}$，在真空中电磁波的传播速度等于光速。

6.9.3　电磁波的能量

电磁波是横波，在传播过程中，伴随着能量的传播。这种以电磁波形式传播出去的能量称为**辐射能**。辐射能的传播方向和速度就是电磁波的传播方向和速度。在电磁场空间内，电场和磁场都具有一定的能量，它们的能量密度分别为

$$w_{\text{e}} = \frac{1}{2} \varepsilon E^2$$

$$w_{\text{m}} = \mu H^2$$

故电磁波的能量密度 w 为

$$w = w_{\text{e}} + w_{\text{m}} = \frac{1}{2}\ (\varepsilon E^2 + \mu H^2)$$

则单位时间内通过垂直于传播方向单位面积的能量，即电磁波的能流密度 S（又称为辐射强度）为

$$S = wu = \frac{u}{2} \quad (\varepsilon E^2 + \mu H^2) \tag{6-23}$$

将 $u = 1/\sqrt{\varepsilon\mu}$ 和 $\sqrt{\varepsilon}E = \sqrt{\mu}H$ 代入上式（6-23），得

$$S = EH$$

由于能量总是向前传播的，和波的传播方向一致，所以能流密度也是矢量。且 $\vec{E}$、$\vec{H}$ 和 $\vec{S}$ 三者互相垂直，遵守右手螺旋法则，可用矢量表示为

$$\vec{S} = \vec{E} \times \vec{H} \tag{6-24}$$

$\vec{S}$ 也称为**坡印廷矢量**。$\vec{S}$ 的方向就是电磁波的传播方向。

将式（6-21）和式（6-22）代入式（6-24）中，可得振荡偶极子辐射电磁波的能流密度

$$S = EH = \frac{\sqrt{\varepsilon\mu^3}\, p_0^2 \omega^4 \sin^2\theta}{16\pi^2 u} \cos^2 \omega\left(t - \frac{r}{u}\right)$$

6.9.4 电磁波谱

1888 年，赫兹应用电磁振荡的方法验证了电磁波的存在。此后人们又进行了很多实验，不仅证实了光波是一种电磁波，而且发现了更多形式的电磁波。1895 年伦琴发现了 X 射线，1896 年贝克勒尔发现了 γ 射线。实践证明，它们也都属于电磁波。虽然各种电磁波在真空中的传播速度都等于光速，但是由于波长的不同，使得它们的特性有着很大的差别。为便于比较，我们将各种电磁波按照频率或波长的顺序排列成谱，称为电磁波谱，如图 6-43 所示。

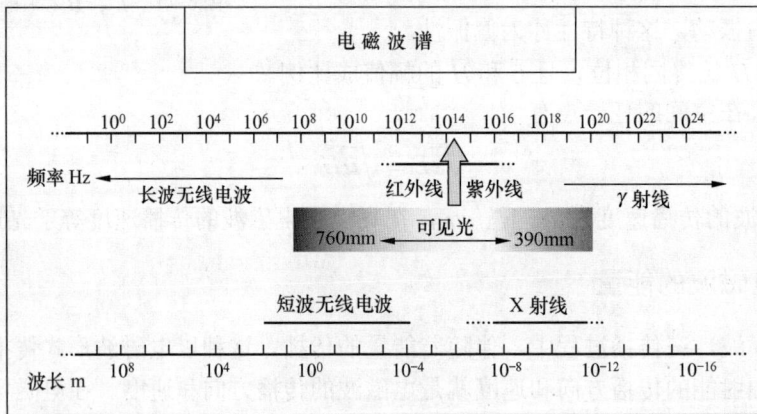

图 6-43 电磁波谱

1. 无线电波

一般的无线电波是由电磁振荡通过天线发射的，波长为 3×10^4 m ~ 0.1 cm。其间又分为长波、中波、中短波、短波、米波和微波。表 6-3 列出了各种无线电波的范围和用途。

表 6-3 　各种无线电波的范围和用途

名称	长波	中波	中短波	短波	米波	微波		
						分米波	厘米波	毫米波
波长	3 000~3 000m	3 000~200m	200~50m	50~10m	10~1m	1~0.1m	0.1~0.01m	0.01~0.001m
频率	10~100kHz	100~1 500kHz	1.5~6MHz	6~30MHz	30~300MHz	300~3 000MHz	3 000~30 000MHz	30 000~300 000MHz
主要用途	远洋长距离通信和导航	航海、航空定向和无线电广播	电报通信、无线电广播	无线电广播、电视通信	调频无线电广播、电视广播、无线电导航	电视、雷达、无线电导航和其他专门用途		

2．红外线

红外线主要由炽热物体辐射产生，波长为 $6\times10^5\sim760\,\text{nm}$ ，具有显著的热效应，能透过浓雾或较厚的气层，且不宜被吸收。生产上，常用红外线来烘烤物体和食物等。国防上，坦克、舰艇等通过红外雷达、红外通信定向发射红外波，在夜间或浓雾天气时，可通过红外线接收器接收这些信号。还可利用红外线侦查敌情。

3．可见光

可见光是能引起人眼视觉的电磁波，波长为 $760\sim400\text{nm}$ ，又称为光波。不同频率的电磁波就是不同颜色的光。白光是所有可见光的复合光。

4．紫外线

紫外线波长范围为 $400\sim5\text{nm}$ ，具有较强的杀菌能力，会引起强的化学作用，还会使照相底片感光。物体的温度很高时就会辐射紫外线。太阳光和汞灯中有大量的紫外线。

5．X 射线

X 射线波长为 $5\sim0.04\text{nm}$ ，具有较强的穿透能力，可使用照相底片感光，荧光屏发光。医学上，广泛应用于透视和病理检查。工业上，可用来检查金属零件内部的缺陷和分析晶体结构等。

6．γ 射线

γ 射线波长在 0.04nm 以下，是从放射性原子核中发射出来的，其能量和穿透能力较强，可用于金属探伤和研究原子核的结构等。医疗上，研制的 γ 刀可用于治疗癌症，切除肿瘤。

复 习 题

一、思考题

1. 在月球表面两个宇航员要相互传递信息，他们能通过对话进行吗？

2．波动和振动有什么区别和联系？具备什么条件才能形成机械波？

3．关于波长有如下说法，试说明它们是否一致。

（1）同一波线上，相位差为 2π 的两个质点之间的距离；

（2）在一个周期内，波所传播的距离；

（3）在同一波线上，相邻的振动状态相同的两点之间的距离；

（4）两个相邻波峰（或波谷）之间的距离，或两个相邻密部（或疏部）对应点间的距离。

4．如何理解波速和振动速度？

5．用手抖动张紧的弹性绳的一端，手抖得越快，幅度越大，波在绳上传播得越快，又弱又慢的抖动，传播得较慢，对不对？为什么？

6．在波动方程 $y = A\cos[\omega(t - \dfrac{x}{u}) + \varphi]$，式中 y、A、ω、u、x、φ 的意义是什么？$\dfrac{x}{u}$ 的意义是什么？如果将波动方程写为 $y = A\cos[\omega t - \dfrac{\omega x}{u} + \varphi]$，$\dfrac{\omega x}{u}$ 的意义是什么？

7．有人认为波从 O 点传播到任一点 P，则 P 点比 O 点振动的时刻晚 x/u，因而 O 点 t 时刻的相位要在 $t+x/u$ 时刻才能在 P 点出现，因此波沿 x 轴正方向传播的波的表达式应为

$$y = A\cos\omega\left(t + \dfrac{x}{u}\right)$$

你认为如何？

8．若一平面简谐波在均匀介质中以速度 u 传播，已知 A 点的振动表达式为 $y = A\cos\left(\omega t + \dfrac{\pi}{2}\right)$，试分别写出如图 6-44 所示的波动表达式以及 B 点的振动表达式。

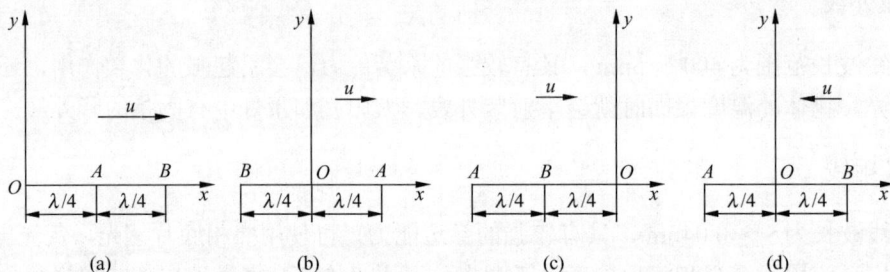

图 6-44　思考题 8

9．弹性波在介质中传播时，对于一个质元来说，它的动能和势能与自由弹簧振子的情况有何不同？总的机械能有何不同？为什么说这反映了波在传播能量？

10．俗话说"隔墙有耳"，你是如何理解的？

11．如图 6-45 所示，如果你家住在大山右面，广播台和电视台都在山左侧时，听广播和看电视哪一个会更容易接收？试解释？

12．两列波的频率相同，相位差恒定，但是振动方向并不相同，这两列波相遇时是否会产生干涉现象？

13．两列振幅相同的相干波在空间相遇时，干涉加强处振幅为一列波振幅的 2 倍，而波的强度为一列波强度的 4 倍，却不是两列波强度的和。这是否违背能量守恒定律？

14．驻波有什么特点？驻波是波吗？试举出驻波和行波不同的地方。

15．我国古代有一种称为"鱼洗"的铜面盆，如图 6-46 所示，盆地雕刻着两条鱼，在盆中放水，用手轻轻摩擦盆边两环，就能在两条鱼的嘴上方激起很高的水柱。试解释这一现象。

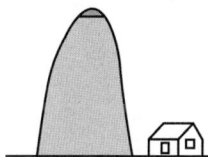

图 6-45　思考题 11

图 6-46　思考题 15

16．如何理解半波损失？

17．若观察者与波源均保持静止，但正在刮风，问有无多普勒效应？

18．如果在你做操时，头顶有飞机飞过，你会发现在做向下弯腰和向上直起的动作时听到飞机的声音音调不同，这是为什么？何时听到的音调高一些？

19．当你在湖面荡双桨时，不远处有一高速机动船驶过，你会有何感觉？

二、习题

1．一列横波沿绳子向右传播，某时刻波形如图 6-47 所示。此时绳上 A、B、C、D、E、F 6 个质点（　　）。

（A）它们的振幅相同　　　　　（B）质点 D 和 F 的速度方向相同

（C）质点 A 和 C 的速度方向相同　　（D）从此时算起，质点 C 比 B 先回到平衡位置

2．一平面简谐波以速度 u 沿 x 轴正方向传播，在 $t=t'$ 时波形曲线如图 6-48 所示，则坐标原点 O 的振动方程为（　　）。

（A）$y=a\cos[\frac{u}{b}(t-t')+\frac{\pi}{2}]$　　　（B）$y=a\cos[2\pi\frac{u}{b}(t-t')-\frac{\pi}{2}]$

（C）$y=a\cos[\pi\frac{u}{b}(t+t')+\frac{\pi}{2}]$　　（D）$y=a\cos[\pi\frac{u}{b}(t-t')-\frac{\pi}{2}]$

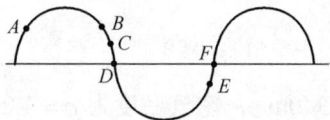

图 6-47　习题 1

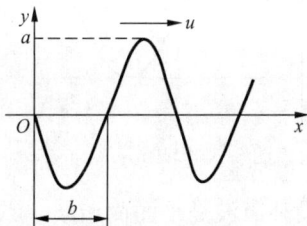

图 6-48　习题 2

3．一平面简谐机械波在弹性介质中传播，下述各结论哪个正确？（　　）

（A）介质质元的振动动能增大时，其弹性势能减小，总机械能守恒。

（B）介质质元的振动动能和弹性势能都在做周期性变化，但两者相位不相同。

（C）介质质元的振动动能和弹性势能的相位在任一时刻都相同，但两者数值不同。

（D）介质质元在其平衡位置处弹性势能最大。

4．两相干波源 S_1 和 S_2 相距 $\lambda/4$，S_1 的相位比 S_2 的相位超前 $\pi/2$，如图 6-49 所示，在两波

源的连线上，S_1 外侧一点 P，两列波引起的合振动的相位差为（　　）。

（A）0　　　　（B）π　　　　（C）$\pi/2$　　　　（D）$3\pi/2$

5. 当波源以速度 v 向静止的观察者运动时，测得频率为 ν_1，当观察者以速度 v 向静止的波源运动时，测得频率为 ν_2，其结论正确的是（　　）。

（A）$\nu_1 < \nu_2$　　（B）$\nu_1 = \nu_2$　　（C）$\nu_1 > \nu_2$　　（D）要视波速大小决定 ν_1、ν_2 大小

6. 一列横波沿着绳传播，其波动方程为

$$y = 0.05\cos(10\pi t - 4\pi x) \quad (\text{SI})$$

试求：

（1）波的振幅、波速、频率和波长；

（2）绳上各点振动时的最大速度和最大加速度；

（3）$x = 0.2\,\text{m}$ 处质点在 $t = 1\,\text{s}$ 时的相位；此相位是原点处质点在哪一时刻的相位？这一相位在 $t = 1.25\,\text{s}$ 时传到了哪一点？

7. 一沿负 x 方向传播的平面简谐波在 $t=0$ 时的波形曲线如图 6-50 所示。

（1）说明在 $t=0$ 时，图中 a、b、c、d 各点的运动趋势。

（2）画出 $t = \dfrac{3}{4}T$ 时的波形曲线。

（3）画出 b、c、d 各点的振动曲线。

（4）如 A、λ、ω 已知，写出此波的表达式。

8. 如图 6-51 所示，已知 $t=0$ 时和 $t=0.5\,\text{s}$ 时的波形曲线分别为图中曲线（a）和（b），波沿 x 轴正向传播，试根据图中绘出的条件，试求：

（1）波动方程；

（2）P 点的振动方程。

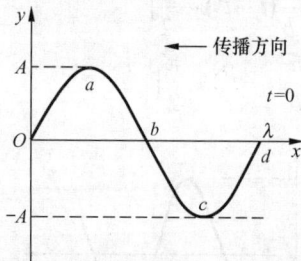

图 6-50　习题 7

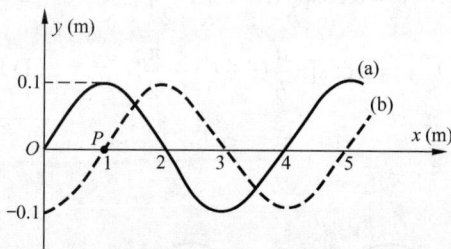

图 6-51　习题 8

9. 设某声波是平面简谐波，频率为 500Hz，波速为 340m/s，空气密度为 $\rho = 1.29\,\text{kg/m}$，此波到达人耳的振幅为 $10^{-6}\,\text{m}$，求人耳中的平均能量密度和平均能流密度。

10. 一个点波源发射的功率为 1.0W，在各向同性的不吸收能量的均匀介质中发出球面波。求距离波源 1.0m 处的波的强度。

11. 如图 6-52 所示是干涉型消声器的原理图，利用这一结构可以消除噪声，当发动机排气噪声波经过管道的 A 点时，分成两路而在 B 点相遇，声波因干涉而相消，如果要消除频率为 300Hz 的发动机排气噪声，求图中弯道与直管长度差 $\Delta r = r_2 - r_1$ 至少应为多少？（设声速为 340m/s）

12. 如图 6-53 所示，一平面波 $y = 2\cos 600\pi\left(t - \dfrac{x}{330}\right)$ （SI），传到 A、B 两个小孔上，

A、B 相距 $d = 1\text{m}$，$AP \perp AB$。若从 A、B 传出的子波到达 P 点，两波叠加刚好发生第一次减弱，求 $\overline{AP}$。

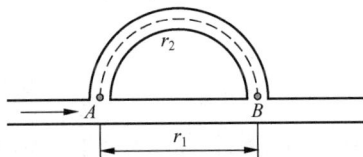

图 6-52　习题 11

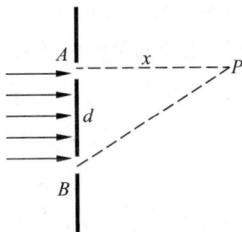

图 6-53　习题 12

13．同一介质中有两个平面简谐波波源做同频率、同方向、同振幅的振动。两列波相对传播，波长为 8m。波线上 A、B 两点相距为 20m。一波在 A 处为波峰时；另一波在 B 处相位为 $-\dfrac{\pi}{2}$，求 AB 连线上因干涉而静止的各点的位置。

14．一弦线上驻波为

$$y = 3.00 \times 10^{-2}(\cos 1.6\pi x)\cos 550\pi t$$

（1）若将此驻波看作传播方向相反的两列波叠加而成，求两波的振幅及波速；

（2）求相邻波节之间的距离；

（3）求 $t = t_0 = 3.00 \times 10^{-3}\text{s}$ 时，位于 $x = x_0 = 0.625\text{m}$ 处质点的振动速度。

15．在绳上传播的入射波表达式为 $y_1 = A\cos\left(\omega t + 2\pi\dfrac{x}{\lambda}\right)$，入射波在 $x = 0$ 处绳端反射，反射端为自由端，设反射波不衰减，求驻波表达式。

16．如图 6-54 所示，一角频率为 ω，振幅为 A 的平面简谐波沿 x 轴正方向传播，设在 $t = 0$ 时该波在原点 O 处引起的振动使媒质元由平衡位置向 y 轴的负方向运动。M 是垂直于 x 轴的波密媒质反射面，已知 $OO' = 7\lambda/4$，$PO' = \lambda/4$（λ 为该波波长），设反射波不衰减，试求：

（1）入射波与反射波的表达式；

（2）P 点的振动方程。

17．如图 6-55 所示，O 处有一振动方程为 $y = A\cos\omega t$ 的平面波源，产生的波沿 x 轴正、负方向传播。MN 为波密介质的反射面，距波源 $\dfrac{3}{4}\lambda$。试求：

（1）波源所发射的波沿波源 O 左右传播的波动方程；

（2）在 MN 处反射波的波动方程；

（3）在 $O \sim MN$ 区域内所形成的驻波方程，以及波节和波腹的位置；

（4）$x > 0$ 区域内合成波的方程。

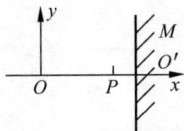

图 6-54　习题 16

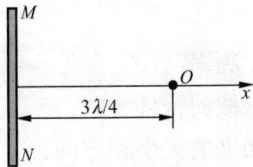

图 6-55　习题 17

18. 测定气体中声速的孔脱（Kundt）法如下：一细棒，其中部夹住，一端有盘 D 伸入玻璃管，如图 6-56 所示。管中撒有软木屑，管的另一端有活塞 P，使棒纵向振动，移动活塞位置直至软木屑形成波节和波腹图案（在声压波腹处木屑形成凸峰）若已知棒中纵波的频率 v，量度相邻波腹间的平均距离 d，可求得管内气体中的声速 u，试证：$u = 2vd$。

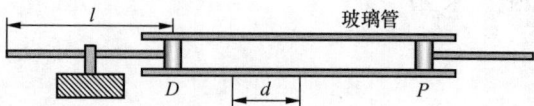

图 6-56　习题 18

19. 在一根线密度 $\rho = 10^{-3}\,\text{kg/m}$ 和张力 $F = 10\,\text{N}$ 的弦线上，有一列沿 x 轴正方向传播简谐波，其频率 $v = 50\,\text{Hz}$，振幅 $A = 0.04\,\text{m}$。已知弦线上离坐标原点 $x_1 = 0.5\,\text{m}$ 处的质点在 $t=0$ 时刻的位移为 $+A/2$，且沿 y 轴负方向运动。当传播到 $x_1 = 10\,\text{m}$ 固定端时，被全部反射。试写出：

（1）入射波和反射波的波动表式；

（2）入射波与反射波叠加的合成波在 $0 \leqslant x \leqslant 10$ 区间内波腹和波节处各点的坐标；

（3）合成波的平均能流。

20. 过节播放的钟声是一种气流扬声器，它发声的总功率为 $2 \times 10^4\,\text{W}$。这声音传到 12km 远的地方还可以听到。设空气不吸收声波能量并按球形波计算，这声音传到 12km 处的声强级是多大？

21. 装于海底的超声波探测器发出一束频率为 30kHz 的超声波，被迎面驶来的潜水艇反射回来，反射波与原来的波合成后，得到频率为 241Hz 的拍，求潜水艇的速率。设超声波在海水中的传播速度为 1 500m/s。

22. 正在报警的警钟，每隔 0.5s 钟响一声，一声接一声地响着，有一个人在以 60km/h 的速度向警钟行驶的火车中，问这个人在 1min 内听到几响？

23. 设空气中声速为 330 m/s，一列火车以 30 m/s 的速度行驶，机车上汽笛的频率为 600 Hz。一静止的观察者在机车的正前方和机车驶过其身边后所听到的声音的频率分别为多少？如果观察者以速度 10 m/s 与这列火车相向运动，在上述两个位置，他听到的声音频率分别为多少？

24. 一广播电台的辐射功率为 10kW，假定辐射场均匀分布在以电台为中心的半球面上。

（1）求距离电台为 $r=10$km 处的坡印廷矢量的平均值；

（2）若在上述距离处的电磁波可看作平面波，求该处的电场强度和磁场强度的振幅。

25. 太阳能电池是直接把光能转变为电能的一种装置，它的电流是由太阳光对半导体 p-n 结的电场区内原子的作用而产生的，现阶段一块太阳能电池板，它的尺寸是 58cm×53cm。当正对太阳时，此电池板能产生 14V 的电压，并可提供 2.7A 的电流。已知太阳对垂直于光线的面积的辐射能流密度是 $1.35 \times 10^3\,\text{W/m}^{-2}$，试求此电池板利用太阳能的效率。

26. 真空中有一平面电磁波的电场表达式如下

$$E_x = 0, E_y = 60 \times 10^{-2} \cos\left[2\pi \times 10^8\left(t - \frac{x}{c}\right)\right], E_z = 0$$

试求：

（1）波长、频率；

（2）该电磁波的传播方向；

（3）磁场强度的大小和方向；

（4）坡印廷矢量。

模块3 波动光学

　　人类超过 80%的信息都是通过眼睛获得的。而光就是指人类肉眼能够感知的特定波长的一部分电磁波。所以光学也成为人类最早研究的的学科之一。作为物理学发展中的最重要的分支之一，光学经历了 2000 多年的发展历史。我国最早对于光学的研究的出现于公元前 400 多年的"墨经"。随着研究的逐渐深入，人们对光学的理解也更加系统。到了 17 世纪，爆发了关于光本质问题的大争论。这就是"微粒学说"和"波动学说"之间的较量，两种学说都有着广泛的理论和实验的支持，一时间难分伯仲。到了 19 世纪初，干涉、衍射和偏振等现象被发现，波动学说逐渐占了上风。这就是本模块所要介绍的主要内容。当然，后来发现黑体辐射和光电效应等现象又证实了光的量子性，人们对于光本质的认识又向前迈了一大步，即承认了光的波粒二象性，相关的理论形成了量子光学。

　　本模块将主要介绍干涉、衍射和偏振现象以及其中的波动学说理论基础。其中的一些理论和技术已经在应用领域得到了广泛的发展，而光学的一些理论也可以扩展到其他的电磁波波段。

第 **7** 章 **光的干涉**

【学习目标】

- 理解光发生干涉的条件及获得相干光的方法。
- 掌握光程的概念以及光程差和相位差的关系，理解在什么情况下的反射光有相位跃变（即半波损失）。
- 掌握分析杨氏双缝干涉条纹的方法，理解薄膜等厚干涉（包括劈尖和牛顿环）条纹的位置及特点，了解薄膜等倾干涉的特点。
- 了解迈克尔孙干涉仪的工作原理。

7.1 光源 单色性 光程 相干光

在研究光的干涉之前，先来学习关于光的一些基本概念。

7.1.1 光源

所有温度高于绝对零度的物体都具有能够向外辐射能量的能力。物体靠加热保持一定温度使内能不变而持续辐射能量，称为热辐射。也有一些物体是靠外部能量激发而产生辐射，如光致辐射（日光灯中 Hg 蒸气发射紫外光使管壁上的荧光物质发出可见荧光）、化学辐射（磷在空气中氧化发光）、电致辐射（气体放电中的辉光放电现象）等。这几种辐射都是以电磁波的形式向外发出能量的，人的肉眼可以感知其中波长为 312～1 050nm 的电磁波。通常把波长在 390～770nm 的电磁波称为可见光，而波长大于 770nm 的称为红外光，小于 390nm 的称为紫外光，如图 7-1 所示。一般情况下把能够发射光波的物体统称为**光源**。

大部分的光源发光的原理是由于原子或分子在吸收了外界能量后处于激发态，而激发态并不稳定，原子或分子就会自发跃迁回到基态或较低的激发态。整个过程持续的时间大约为 10^{-9}～10^{-8}s。同时原子或分子会向外辐射频率一定、振动方向一定、长度一定的电磁波，如图 7-2 所示。光源所发出的光波，是由光源中原子或分子所发射的大量的有限长度的电磁波组成的。这些电磁波称为**波列**。对于普通光源，即使同一个原子发射的波列，相互之间都是相互独立的。所以各个波列的振动、频率、振动和长度都不尽相同。目前，激光光源是已知光源中能够满足相干条件的一种光源。

	电磁波	微波	红外线	可见光	紫外线	X 射线	γ 射线
波长 (m)	$10^3 \sim 10^{-1}$	$10^{-1} \sim 10^{-3}$	$10^{-3} \sim 10^{-6}$	$10^{-6} \sim 10^{-7}$	$10^{-7} \sim 10^{-8}$	$10^{-8} \sim 10^{-11}$	$10^{-11} \sim 10^{-15}$

低频率=更长的波长

高频率=更短的波长

| 频率 (Hz) | $10^6 \sim 10^{10}$ | $10^{10} \sim 10^{12}$ | $10^{12} \sim 10^{15}$ | $10^{15} \sim 10^{16}$ | $10^{16} \sim 10^{17}$ | $10^{17} \sim 10^{21}$ | $10^{21} \sim 10^{24}$ |

波长大小

建筑物　　人　　蚂蚁　　针眼　原生动物　　病毒　蛋白质　　原子　　原子核

可见光谱

红外线 ← 　 → 紫外线

770　600　500　390
波长 (nm)

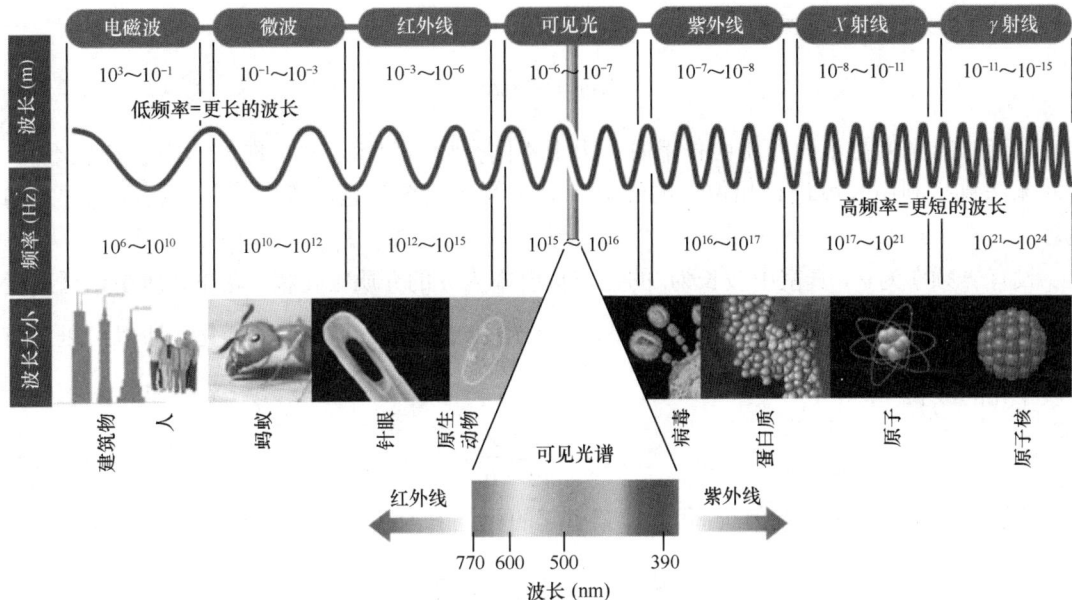

图 7-1 电磁波与可见光的波长分布

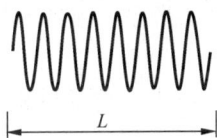

$\overset{\longleftrightarrow}{L}$

图 7-2 波列

7.1.2 光源单色性

由于在确定的介质中光波传播的速度是确定的，所以已知频率和波长其中之一就可以确定另外一个。通常称具有单一波长的光波为**单色光**。严格的单色光是不存在的，任何光源所发出的光波都对应一定的波长范围。在这样一个范围内，不同波长所对应的强度也是不同的。以光波波长为横坐标，强度为纵坐标，就可以得到**光谱分布曲线**，如图 7-3 所示。对于某一光源，光谱分布曲线对应波长范围越窄，其单色性越好。通常以半高全宽来表示光源单色性的好坏，即当谱线中心强度为 I_0 时，以强度为 $(I_0/2)$ 处对应的宽度来评价单色性。如图 7-3 所示，半高全宽 $\Delta\lambda$ 的值越小，单色性越好，反之越差。常见的热辐射光源如白炽灯等单色性就较差。而汞灯、钠光灯等单色性较好，半高全宽可以达到 $10^{-3} \sim 0.1\text{nm}$，激光器的半高全宽则能达到 10^{-9}nm，甚至更小。

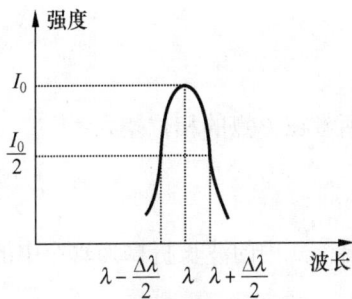

强度

I_0

$\dfrac{I_0}{2}$

$\lambda - \dfrac{\Delta\lambda}{2}$　λ　$\lambda + \dfrac{\Delta\lambda}{2}$　波长

图 7-3 光谱分布曲线

7.1.3 光程与光程差

光束在同一种介质中传播的时候，利用传播过程中两点间的距离很容易就可以算出光束在该两点处的相位差。比如，若在光束空气中从 A 点传播到 B 点，AB 两点间的距离 l，则光束在 AB 两点处的相位差可以写为

$$\Delta\varphi = \frac{l}{\lambda} \cdot 2\pi$$

然而，当光束在不同介质中传播时，由于不同介质折射率不同，在介质中波长也不同。因此无法直接利用长度进行相位差的计算。为了解决这个问题，可以引入光程和光程差的概念。

设有一频率为 ν，真空中波长为 λ 的光在折射率为 n 的介质中传播。光在介质中传播速度为 $\frac{c}{n}$，其中 c 为真空中的光速。由于在不同介质中传播不会引起频率的变化，所以可以求出介质中光的波长

$$\lambda' = \frac{c}{n\nu} = \frac{\lambda}{n}$$

若在介质中光束所传播的几何距离为 l，其引起的相位差为

$$\Delta\varphi = \frac{l}{\lambda'}2\pi = n\frac{l}{\lambda}2\pi$$

显然，在介质中传播引起的相位差是在真空中传播同样距离引起的相位差的 n 倍。反过来说，光束在折射率为 n 的介质中传播 l 路程，相当于其在真空中传播了 nl 的路程，可以把这一路程称为**光程**。

引入光程的概念，就可以将所有介质中的传播过程都折算成在真空中的传播过程，从而较为方便地进行计算。

如图 7-4 所示，假设光源 S_1 和 S_2 为频率为 ν 的光源，它们初始相位也相同，两束光分别经历折射率为 n_1 和 n_2 的介质，经历路程 r_1 和 r_2 到达空间某点 P 并相遇。

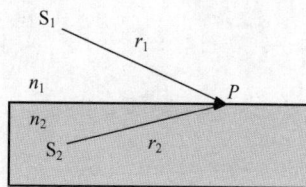

图 7-4　光程与光程差

可以写出两束光在 P 点的振动

$$E_{1P} = E_{10}\cos 2\pi\left(\nu t + \frac{r_1}{\lambda_1}\right)$$

$$E_{2P} = E_{20}\cos 2\pi\left(\nu t + \frac{r_2}{\lambda_2}\right)$$

两者在 P 点的相位差为

$$\Delta\varphi = \frac{2\pi r_2}{\lambda_2} - \frac{2\pi r_1}{\lambda_1}$$

将上式中的波长折算为真空中的波长

$$\Delta\varphi = \frac{2\pi n_2 r_2}{\lambda_0} - \frac{2\pi n_1 r_1}{\lambda_0} = \frac{2\pi}{\lambda_0}(n_2 r_2 - n_1 r_1)$$

式中，$n_2 r_2$ 和 $n_1 r_1$ 两项正是两束光的光程，而两者之差值决定了相位之差，称为**光程差**，常用 δ 表示。因此相位差和光程差之间的关系可以写为

$$\Delta\varphi = \frac{\delta}{\lambda_0}2\pi$$

式中，λ_0 为光束在真空中的波长。

　　下面举例说明直接利用光程差进行计算的过程，设一束波长为 λ 的平面光垂直照射到同一平面上的两个狭缝 S_1 和 S_2 上，其中透过 S_1 的光经路程 r_1 照射到 P 点，透过 S_2 的光则经一块折射率为 n，长度为 d 的晶体照射到 P 点，走过总路程为 r_2，如图 7-5 所示。试求 P 点相遇时两束光的相位差是多少？

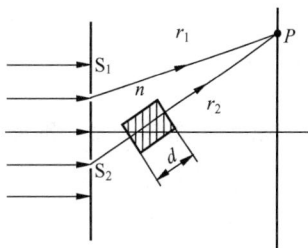

　　由于是平面光垂直照射到 S_1 和 S_2 上，所以两束光有相同

图 7-5　光程与光程差

的初始相位。直接利用光程差进行计算，设 S_1 的光程为 L_1，S_2 的光程为 L_2，则

$$L_1 = r_1, \quad L_2 = (r_2 - d) + nd$$

因此光程差

$$\delta = L_2 - L_1 = (r_2 - d) + nd - r_1$$

得相位差

$$\Delta\varphi = \frac{\delta}{\lambda}2\pi = \frac{2\pi}{\lambda}\left[(r_2 - r_1) + (n-1)d\right]$$

可见直接利用光程差求解相位差的过程较为简便。

　　需要说明的是，在光的干涉和衍射中常用到透镜。而透镜成像时，像点是亮点，说明光线是同相叠加，即在焦点处各光线是同相位的。如图 7-6（a）所示，a，b，c 三束光线垂直入射时，光线 a 在透镜中的路程较短，射出透镜照射到焦点的路程较长，而光线 b 在透镜中的路程较长，射出透镜照射到焦点的路程较短，最终照射到焦点时光程是相等的。在如图 7-6（b）和图 7-6（c）的情况下也是一样的。因此可以得出结论，**使用透镜不会产生附加的光程差。**

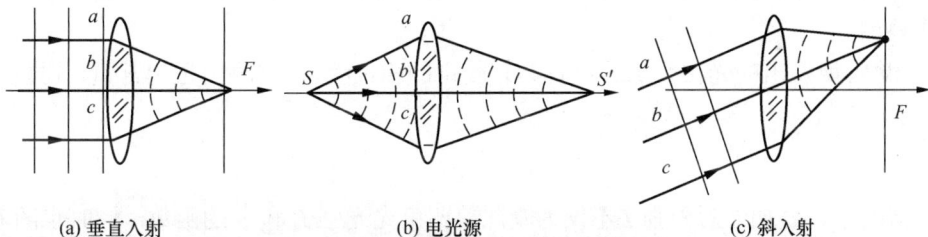

(a) 垂直入射　　　　　　　　(b) 电光源　　　　　　　　(c) 斜入射

图 7-6　透镜不引起附加光程差

7.1.4　光的相干现象

　　在讨论机械波时已经说明，两列机械波相遇，在振动频率相同、振动方向相同和具有固定相位差的前提下能够发生干涉现象。其实，当两束光波相互叠加并满足上述条件时，也能够发生干涉现象。

　　如前所述，光是以电磁波形式传播由交变的电磁场组成的。电场强度矢量用 $\vec{E}$ 表示，磁场强度矢量用 $\vec{B}$ 表示。研究表明，对人眼或探测器起作用的主要为其中的电矢量 $\vec{E}$。因此，也把电矢量 $\vec{E}$ 称为**光矢量。**下面就围绕光矢量来讨论光的相干现象。

　　设两束单色光光矢量振动方向相同，且频率 $\omega_1 = \omega_2 = \omega$，其光矢量分别为 $\vec{E}_1$ 和 $\vec{E}_2$，数值表达式为

$$E_1 = E_{10} \cos(\omega_1 t + \varphi_{10})$$

$$E_2 = E_{20} \cos(\omega_2 t + \varphi_{20})$$

当两束光叠加时，合成的光矢量的值为

$$E = E_1 + E_2 = E_0 \cos(\omega t + \varphi_0)$$

式中，

$$E_0^2 = E_{10}^2 + E_{20}^2 + 2E_{10}E_{20} \cos\Delta\varphi$$

$$\varphi_0 = \arctan \frac{E_1 \sin\varphi_{10} + E_2 \sin\varphi_{20}}{E_1 \cos\varphi_{10} + E_2 \cos\varphi_{20}}$$

$$\Delta\varphi = \varphi_{20} - \varphi_{10}$$

在观测时间内，平均光强

$$\overline{I} \propto \overline{E_0^2} = E_{10}^2 + E_{20}^2 + 2E_{10}E_{20}\overline{\cos\Delta\varphi}$$

若光矢量为 $\vec{E}_1$ 和 $\vec{E}_2$ 的光源是两个相互独立的普通光源。在观测时间足够长（对于光矢量的振动频率来讲很容易满足）时，则 $\Delta\varphi$ 取到 $0 \sim 2\pi$ 中任何值的概率都是相同的，所以有 $\overline{\cos\Delta\varphi} = 0$。

从而

$$\overline{E_0^2} == E_{10}^2 + E_{20}^2$$

以光强来表示，则有

$$I = I_1 + I_2$$

上式表明，两束光叠加后光强 I 等于两束光分别照射时的光强 I_1 和 I_2 之和，这种叠加称为**非相干叠加**。

若 $\vec{E}_1$ 和 $\vec{E}_2$ 所发出的光在叠加的位置具有固定的相位差，即 $\Delta\varphi$ 为恒定常量，则叠加后光强为

$$I = I_1 + I_2 + 2\sqrt{I_1 I_2} \cos\Delta\varphi \tag{7-1}$$

这种情况下，叠加之后光强 I 不仅为叠加前两束光光强 I_1 和 I_2 的函数，同时也随着两束光的相位差 $\Delta\phi$ 变化，这种叠加称为**相干叠加**。假设两束光光强 I_1 和 I_2 不变，则叠加后总光强 I 随相位差 $\Delta\phi$ 的变化如图 7-7 所示。

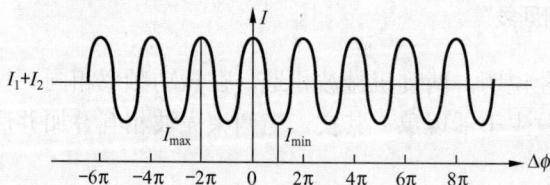

图 7-7　相干叠加及光强分布

当 $\Delta\varphi = \pm 2k\pi(k = 0,1,2,\cdots)$ 时，$\cos\Delta\varphi = 1$。代入式（7-1），得

$$I = I_1 + I_2 + 2\sqrt{I_1 I_2}$$

此时，两束光合成的光强值最大，称为**干涉相长**。

当 $\Delta\varphi = \pm(2k+1)\pi(k = 0,1,2,\cdots)$ 时， $\cos\Delta\varphi = -1$。代入式（7-1），得

$$I = I_1 + I_2 - 2\sqrt{I_1 I_2}$$

此时，两束光合成的光强值最小，称为**干涉相消**。

通过上述分析可以知道，同机械波的振动叠加原理相同，只有当两束光满足相干条件，即频率相同、振动方向相同和具有固定的相位差的时候才能够发生光的干涉现象。能够满足上述条件的光称为**相干光**。然而，对于普通光源，即使是同一光源所发射出来的光也是由无数的波列组成。这些波列相互之间是独立的，因此无法满足干涉所需的三个条件。

通过分束的方法能够从普通光源处获得相干光。其基本的思想是，将光源上同一点处发出的光分开，其中一束光中的每个波列都能够在另一束光中找到同一个原子同一次发射出的对应波列，因此这两束光能够满足相干条件。通过这一原理获得相干光的具体方法通常有两种：分波阵面法和分振幅法。由同一波阵面上取出两点作为光源得到两束光的方法称为**分波振面法**，如杨氏双缝干涉等实验就用了这种方法。当一束光投射到两种介质的界面上，经过透射和反射，将光分为两束或多束的方法，称为**分振幅法**，如牛顿环等实验就用了这种方法。

7.2 双缝干涉

双缝干涉所需要的相干光是由分波阵面法得到的。

7.2.1 杨氏双缝干涉实验

1801 年，英国医生托马斯·杨（T.Young）向英国皇家学会报告了其研究的光的波动学说论文及他所做的干涉实验。虽然当时并没有得到学会的认可，但这也无法阻挡其成为光的波动理论最早的实验证据。

杨氏实验采用分波振面法，其实验装置如图 7-8（a）所示。S、S_1、S_2 分别为 3 个狭缝。当单色光源经过狭缝 S 形成线光源，在与其距离很近的位置有狭缝 S_1 和 S_2，且它们与 S 的距离相等。根据惠更斯原理，线光源 S 发射的光经过两狭缝后形成线光源 S_1 和 S_2。由于两条线光源由同一光源 S 形成，所以满足振动频率相同、振动方向相同和相位差固定（为零）的相干条件，即线光源 S_1 和 S_2 为相干光源。在两狭缝前放一屏幕 P，则屏幕上将出现明暗相间的干涉条纹，如图 7-8（b）所示。

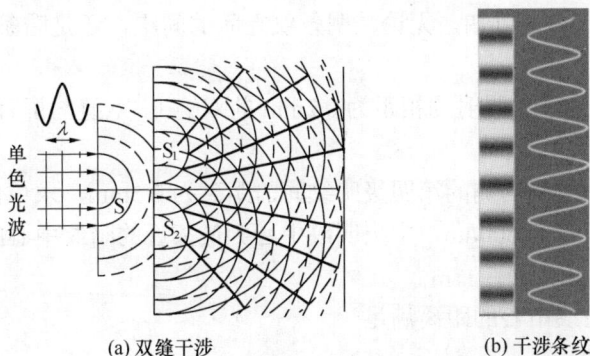

(a) 双缝干涉　　　　　　　　(b) 干涉条纹

图 7-8　杨氏双缝干涉实验

7.2.2　干涉条纹的分布

下面对杨氏双缝实验进行定量分析。设相干光源 S_1、S_2 之间的距离为 d，S_1、S_2 的中点为 O。屏幕与 S_1、S_2 所在平面相平行且距离为 D，屏幕中心 O'，连线 OO' 垂直于屏幕。屏幕上任取一点 P，P 点到 S_1、S_2 的距离分别为 r_1、r_2。如图 7-9 所示。

设从 S_1、S_2 发出的光到达 P 点时的光程差为 δ，则有

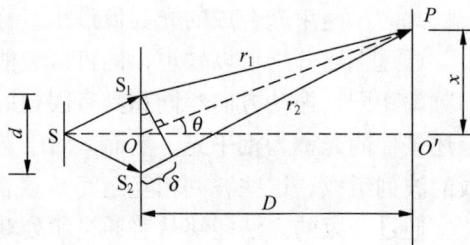

图 7-9　干涉条纹的分布

$$\delta = r_2 - r_1$$

点 P 到屏幕中心 O' 的距离为 x，直线 PO 与 OO' 之间的夹角为 θ。在通常的观察情况下 $D \gg x, D \gg d$，即 θ 的值很小，所以可由几何关系得

$$\delta = r_2 - r_1 \approx d\sin\theta \approx d\tan\theta = d \cdot \frac{x}{D}$$

由振动叠加理论可以得知，当振动频率相同、振动方向相同时，合成振幅由相位差决定。若相位差 $\delta = d \cdot \dfrac{x}{D} = \pm k\lambda$，则 P 点处将为明条纹，即各级明条纹中心到 O 点的距离 x 满足

$$x_{\pm k} = \pm k\frac{D}{d}\lambda \qquad (k = 0,1,2,3,\cdots) \tag{7-2}$$

式中的 k 对应的一系列值，对应了不同级次的明条纹。当 $k=0$ 时，所对应的明条纹为零级明条纹，也称为中央明条纹。其他各条条纹：$k=1$、$k=2$、…依次分别称为第一级明条纹、第二级明条纹、……

若相位差 $\delta = d \cdot \dfrac{x}{D} = \pm(2k+1)\dfrac{\lambda}{2}$，则 P 点处为暗条纹，即各级暗条纹中心距 O 点距离 x 满足

$$x_{\pm k} = \pm(2k+1)\frac{D}{2d}\lambda \qquad (k = 0,\ 1,2,3,\cdots) \tag{7-3}$$

由式（7-2）和式（7-3）可知，无论是明条纹之间的间距，还是暗条纹之间的间距都是相等的，且与波长 λ 成正比。

【例 7-1】　以单色光垂直照射到相距为 0.2mm 的双缝上,双缝与屏幕的垂直距离为 1m,求:

（1）若从第一级明纹到同侧的第四级明纹间的距离为 7.5mm，求单色光的波长；

（2）若入射光的波长为 600nm，中央明纹中心到最邻近的暗纹中心的距离是多少？

解：已知 $d = 0.2$ mm，$D = 1$ m

（1）各级明纹到条纹中心的距离满足

$$x_{\pm k} = \pm k\frac{D}{d}\lambda \qquad (k = 0,1,2,3,\cdots)$$

则

$$\Delta x_{14} = x_4 - x_1 = \frac{D}{d}(k_4 - k_1)\lambda$$

即

$$\lambda = \frac{d}{D}\frac{\Delta x_{14}}{(4-1)}$$

带入数据得 $\lambda = 500$ nm。

（2）各级暗纹距离中心的满足

$$x_{\pm k} = \pm(2k+1)\frac{D}{2d}\lambda \qquad (k = 0, 1, 2, 3, \cdots)$$

距中央明纹最近的暗纹为第零级暗纹，有 $x_0 = \frac{D}{2d}\lambda = 1.5$ mm。

【**例 7-2**】 用白光做双缝干涉实验时，能观察到几级清晰可辨的彩色光谱？

解：用白光照射时，除中央明纹为白光外，两侧形成内紫外红的对称彩色光谱。当 k 级红色明纹位置 $x_{k红}$ 大于 $k+1$ 级紫色明纹位置 $x_{(k+1)紫}$ 时，光谱就发生重叠。

据前述内容有

$$x_{k红} = k\frac{D}{d}\lambda_红$$

$$x_{(k+1)紫} = (k+1)\frac{D}{d}\lambda_紫$$

由 $x_{k红} = x_{(k+1)紫}$ 的临界情况可得

$$k\lambda_红 = (k+1)\lambda_紫$$

将 $\lambda_红 = 7\,600$Å，$\lambda_紫 = 4\,000$Å 代入得 $k = 1.1$。因为 k 只能取整数，所以应取 $k = 1$。

这一结果表明：在中央白色明纹两侧，只有第一级彩色光谱是清晰可辨的。

7.3 薄膜干涉

日常生活中也存在着许多干涉现象。如水面上的油膜在太阳光的照射下呈现出五彩缤纷的美丽图像，儿童吹起的肥皂泡在阳光下也显出五光十色的彩色条纹，还有许多昆虫的翅膀在阳光下也能显现彩色的花纹等。这一系列的现象是由于光波经薄膜的两个表面反射后再次相遇时相互叠加而形成，称为**薄膜干涉**。薄膜干涉分为等倾干涉和等厚干涉，下面将分别进行介绍。

7.3.1 等倾干涉

在介绍薄膜干涉之前，首先需要了解半波损失和附加光程差的概念。所谓半波损失，就是当光从折射率较小的介质（光疏介质）射向折射率较大的介质（光密介质）并在界面上发生反射时，反射光相对于入射光有相位突变 π，由于相位差 π 与光程差 λ/2 相对应，相当于反射光多走了半个波长的光程，故这种现象叫做**半波损失**，多走的光程差称为**附加光程差**。半波损失仅存在于当光从光疏介质射向光密介质时的反射光中，折射光没有半波损失。而当光从光密介质射向光疏介质时，反射光也没有半波损失。对于薄膜干涉，在满足薄膜折射率大于两侧介质折射率或薄膜折射率小于两侧介质折射率时（如图 7-7 所示，$n_1 < n_2$ 且 $n_3 < n_2$ 或 $n_1 > n_2$ 且 $n_3 > n_2$），将需要考虑附加光程差。

如图 7-10 所示，一束平行光入射到厚度均匀为 e 的透明薄膜表面上，将有一部分光在上表面上发生反射，另一部分在下表面上发生反射并透射出上表面。虽然光线在薄膜内部会发生多次反射，但是由于其强度是逐渐减小的，所以，这里只考虑在下表面发生一次反射时的干涉情况。设光线在上表面上 A 点处发生反射形成光线 1，光线由 C 点入射，在下表面 B 点反射形成光线 2，两束光线在 A 点处叠加。

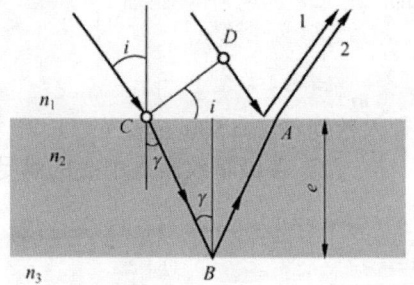

图 7-10　等倾干涉

设光线在上表面入射角为 i，下表面的入射角为 γ，B 点附近薄膜厚度为 e，而薄膜介质及两侧介质的折射率分别为 n_2、n_1 和 n_3。则光线 1 和光线 2 在 A 点相遇时的光程差为

$$\delta = n_2(\overline{AB} + \overline{BC}) - n_1 \overline{AD} + \delta' \tag{7-4}$$

式中，δ' 为附加光程差，由几何关系，得

$$\overline{AB} = \overline{BC} = \frac{e}{\cos\gamma}$$

$$\overline{AD} = \overline{AC} \cdot \sin i = 2e \cdot \tan\gamma \cdot \sin i$$

则光程差

$$\delta = \frac{2n_2 e}{\cos\gamma} - \frac{2n_1 e \cdot \sin\gamma \cdot \sin i}{\cos\gamma} + \delta'$$

将折射定律 $n_1 \sin i = n_2 \sin\gamma$ 代入上式，得

$$\delta = 2n_2 e \cos\gamma + \delta' \tag{7-5}$$

或

$$\delta = 2e\sqrt{n_2^2 - n_1^2 \sin^2 i} + \delta' \tag{7-6}$$

由式（7-6）可见，对于等厚度的均匀薄膜，光程差与入射角的角度 i 有关。当以相同角度入射时，光线具有固定的光程差，对应恒定的相位差，进而满足相干条件。因倾角不同而形成的一系列的明暗相间的条纹，每一条纹都对应了某一固定的倾角，这种干涉称为**等倾干涉**。

观察等倾干涉的装置如图 7-11 所示，光源 S 发出的光经入射到薄膜表面，在薄膜上下两个表面发生反射，反射光经焦距为 f 的

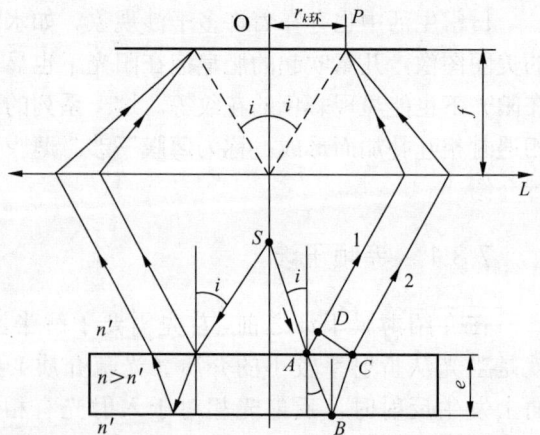

图 7-11　等倾干涉观察装置

聚焦透镜 L 会聚照射到位于焦平面的屏幕上。以相同倾角 i 入射到薄膜表面的光线应在同一圆锥面上，其反射光在屏幕上会聚到同一个圆周上。因此，整个干涉图样是由一系列明暗相间的同心圆环组成。

形成等倾干涉明条纹的条件是

$$\delta = 2e\sqrt{n_2^2 - n_1^2\sin^2 i} + \delta' = k\lambda \qquad (k = 0,1,2,3,\cdots)$$

形成等倾干涉暗条纹的条件是

$$\delta = 2e\sqrt{n_2^2 - n_1^2\sin^2 i} + \delta' = (2k+1)\frac{\lambda}{2} \qquad (k = 0,1,2,3,\cdots)$$

由上面两个式子可以看出，随着入射角 i 增大，光程差 δ 减小，对应干涉的级次也降低。在等倾干涉的条纹中，半径越小的条纹对应的入射角 i 也越小，对应的级次也越低。条纹之间的间距也同倾角有关，倾角越大，条纹的间距越小，反之越大，如图 7-12 所示。

实际观察等倾条纹的时候，也经常使用面光源，这里不再解释。

上述讨论是适合于单色光的等倾干涉分布。对于非单色光的等倾干涉，每一个波长都按照上述规律在屏幕上分布，所以看到的是彩色条纹的图样。

利用等倾干涉原理可以制造增透膜和高反膜。图 7-13 所示为增透膜，光垂直入射时，薄膜两表面反射光的光程差等于 $2n_2e$，通常设计增透膜的折射率满足 $n_1<n_2<n_3$，此时在上下两个表面都会产生附加光程差 $\lambda/2$，故而不存在附加相位差。要使透射增加，必须让反射光相消，而发生干涉相消的条件为

$$2n_2e = (2k+1)\frac{\lambda}{2} \qquad (k = 0,1,2,3,\cdots) \tag{7-7}$$

因此，要使膜达到增透的目的就必须满足上式。膜的最小厚度为 $k=0$ 时，$e = \dfrac{\lambda}{4n_2}$。

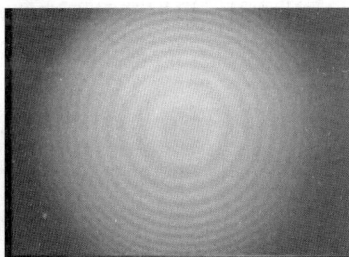

图 7-12 等倾干涉条纹

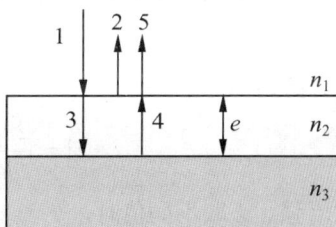

图 7-13 增透膜

在镀膜的工艺中，通常把 ne 称为薄膜的**光学厚度**。镀膜时控制厚度 e 满足式（7-7），可以增加对应波长的透射率。与其相近的波长，透射率也得到一定的增强，但是无法达到最强。这种增透膜的应用十分广泛，日常较为常见的是应用于照相机镜头、光学眼镜的镜片等。这些器件的增透膜通常选用人眼最为敏感的波长 550nm 的光作为主波长。因此，在白光下观察薄膜的反射光时，波长距离 550nm 越远，光的反射率越高。一般好的照相机镜头呈现蓝紫色就是这个原因。

在另外一些情况下，则要求光学器件具有较高的反射率，例如，在激光器中形成谐振腔

的全反射镜就要求反射率达到99%以上。通过控制薄膜光学厚度的方法，也可以设计高反膜达到提高发射率的目的。此时，要求在薄膜两个表面的反射光满足干涉相长条件，必要的时候可以使用多层高反膜的结构。

【例7-3】 已知人眼最为敏感的波长 $\lambda = 550\text{nm}$，照相机镜头折射率 $n_3 = 1.5$，其上涂一层折射率 $n_2 = 1.38$ 的氟化镁增透膜，光线垂直入射。若反射光干涉相消的条件中取 $k = 1$，膜的厚度为多少？此增透膜在可见光范围内有无增反（空气折射率为1）？

解： 因为 $n_1 < n_2 < n_3$，所以反射光经历两次半波损失。反射光干涉相消的条件是

$$2n_2 e = (2k+1)\lambda/2$$

代入 k 和 n_2，求得

$$e = \frac{3\lambda}{4n_2} = \frac{3 \times 550 \times 10^{-9}}{4 \times 1.38} = 2.989 \times 10^{-7}\text{m}$$

此膜对反射光干涉相长的条件

$$2n_2 e = k\lambda$$

$$k = 1, \quad \lambda_1 = 825\text{nm}$$

$$k = 2, \quad \lambda_2 = 412.5\text{nm}$$

$$k = 3, \quad \lambda_3 = 275\text{nm}$$

可见光波长范围 390～700nm，所以，波长为412.5nm的可见光有增反。

【例7-4】 一油轮漏出的油（折射率 $n_1 = 1.20$）污染了某海域，在海水（$n_2 = 1.30$）表面形成一层薄薄的油污。问：

（1）如果太阳位于海域正上空，一直升飞机的驾驶员从机上向正下方观察，他所正对的油层厚度为460nm，则他将观察到油层呈什么颜色？

（2）如果一潜水员潜入该区域水下，并向正上方观察，又将看到油层呈什么颜色？

解：（1）驾驶员看到的是反射光，设光程差为 δ_r 时反射增强，根据薄膜干涉的推论

$$\delta_r = 2en_1 = k\lambda$$

即当波长 λ 满足

$$\lambda = \frac{2n_1 e}{k} \qquad (k = 1,\ 2,\ 3,\ \cdots)$$

时，反射增强。k 取不同值时，

$$k = 1, \quad \lambda = 2n_1 e = 1\,104\ \text{nm}$$

$$k = 2, \quad \lambda = n_1 e = 552\ \text{nm}$$

$$k = 3, \quad \lambda = \frac{2}{3}n_1 e = 368\ \text{nm}$$

$$\cdots$$

可见，只有当 $k = 2$ 时，绿色的光反射增强，所以驾驶员将看到绿色。

（2）潜水员看到的是透射光，设光程差为 δ_r 时反射增强，根据薄膜干涉的推论，透射光若要干涉相长，需

$$2n_2 e = (2k+1)\frac{\lambda}{2} \qquad (k = 0,1,2,3,\cdots)$$

同理

$$k=1, \qquad \lambda=\frac{2n_1e}{1-1/2}=2\,208\text{nm}$$

$$k=2, \qquad \lambda=\frac{2n_1e}{2-1/2}=736\text{nm}$$

$$k=3, \qquad \lambda=\frac{2n_1e}{3-1/2}=441.6\text{nm}$$

$$k=4, \qquad \lambda=\frac{2n_1e}{4-1/2}=315.4\text{nm}$$

$$\cdots$$

可见，$k=2$ 时的红色光（736nm）和 $k=3$ 时的紫色光（441.6nm）透射光增强，所以潜水员将看到紫红色的光。

7.3.2 等厚干涉

等倾干涉是在薄膜厚度均匀的前提下发生的干涉现象，下面讨论薄膜厚度不均匀时的干涉现象。如图 7-14 所示，一束平行光入射到厚度不均匀的薄膜表面，A 点入射的光在下表面 C 点反射，经 B 点透射出来，形成光线 1。照射在 B 点的光线经反射形成光线 2。

由于薄膜厚度不均匀，光线 1 和 2 并不平行，其相位差也难以确定。但是，在薄膜很薄的前提下，AB 两点的距离很短，所以可近似认为该处厚度 e 相等。因此，可以利用与计算等倾条纹的光程差的方法，得

图 7-14　等厚干涉

$$\delta\approx 2n_2e\cos r+\delta'=2e\sqrt{n_2{}^2-n_1{}^2\sin^2 i}+\delta'$$

由上式可知，当入射角 i 不变时，光程差同薄膜厚度有关。对于厚度连续变化的薄膜，将会在薄膜表面产生一系列干涉条纹，称为等厚干涉条纹。等厚干涉条纹上同一条纹表示薄膜的同一厚度。

若只考虑垂直入射的情况，即 $i=\gamma=0$ 时，光线 1 和 2 的光程差可以表示为

$$\delta=2n_2ee+\delta'$$

此时，明暗条纹出现的条件为

$$\delta=2n_2e+\delta'=\begin{cases}2k\dfrac{\lambda}{2} & (k=1,\ 2,\ 3,\ \cdots\ 明纹)\\[2mm](2k+1)\dfrac{\lambda}{2} & (k=0,\ 1,\ 2,\ \cdots\ 暗纹)\end{cases}$$

日常生活中看到油膜在日光照耀下展现的五彩花纹就是等厚干涉条纹。实验室常用劈尖实验和牛顿环实验来观察等厚干涉条纹。

首先介绍劈尖干涉实验。如图 7-15（a）所示，两块平行玻璃板，一端相接触，另一端夹一纸片。此时，两片玻璃间便形成楔形空气薄膜，称为空气劈尖，接触的交线称为棱边。

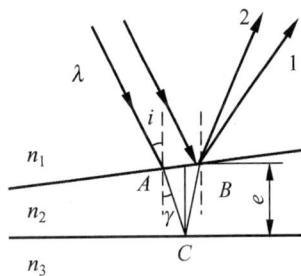

平行于棱边的线上各点空气劈尖厚度是相等的。入射光垂直入射于玻璃片时，将在劈尖上下两个表面上反射，形成相干光 1 和相干光 2，如图 7-15（b）所示。

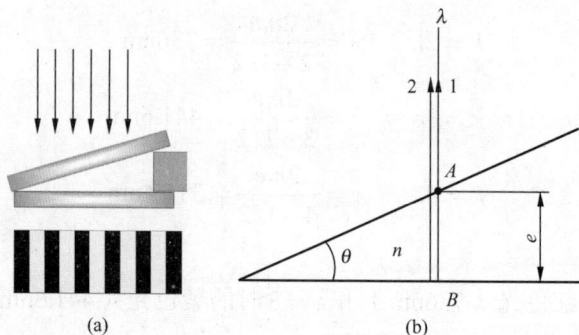

图 7-15 劈尖等厚干涉

由于空气的折射率（$n=1$）小于玻璃折射率，所以，空气劈尖上下表面发生的反射将形成附加的光程差，因此

$$\delta = 2e + \frac{\lambda}{2}$$

因此，空气劈尖产生明暗条纹的条件为

$$\delta = 2e + \frac{\lambda}{2} = \begin{cases} k\lambda & (k=1,\ 2,\ 3,\ \cdots\ 明纹) \\ (2k+1)\dfrac{\lambda}{2} & (k=0,\ 1,\ 2,\ \cdots\ 暗纹) \end{cases} \tag{7-8}$$

可见，当劈尖厚度 e 恰好满足明条纹的条件时，将发生干涉相长，这时能够观察到与棱边相平行的明条纹。同样，劈尖厚度 e 恰好满足暗条纹的条件时，将发生干涉相消，能够观察到与棱边相平行的暗条纹。式（7-8）中 k 取 0 时，光程差为 $\dfrac{\lambda}{2}$，对应于暗条纹，实验也证实了这一推论，从而进一步证实了半波损失现象的存在。

如图 7-16 所示，两玻璃夹角（即劈尖的）角度为 θ，则任意相邻两条明条纹或任意相邻两条暗条纹的间距 L 满足

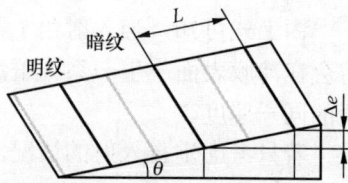

图 7-16 劈尖的条纹间距

$$L = \frac{\Delta e}{\sin\theta} = \frac{\lambda}{2\sin\theta} \tag{7-9}$$

显然，劈尖明暗条纹的间距相等，并且随 θ 值的变化而变化。θ 值越大，干涉条纹越密，反之越疏。当 θ 值很大时，干涉条纹无法分开，所以劈尖干涉实验只能在角度很小的劈尖上进行。

式（7-9）可以变形为

$$\lambda = 2L\sin\theta \quad 或 \quad \sin\theta = \frac{\lambda}{2L}$$

因此，对于某一劈尖（θ 值一定），若能测出其条纹间距 L，就能得到入射光的波长。或

者对于某一单色光（λ 值一定），若能测出其在劈尖上干涉产生的条纹间距，就能得到劈尖的夹角。

工程技术上常通过劈尖实验来测量细丝的直径或薄片的厚度。例如，把金属丝夹在两块平玻璃之间，形成劈尖，此时用单色光垂直照射，就可得到等厚干涉条纹。测出干涉条纹的间距，就可以算出金属丝的直径。

劈尖实验也可以用来检测物体表面平整度。例如，一块标准玻璃片加一块平整度待检验的玻璃片。两玻璃片一端接触，另一端垫上薄纸片，形成空气劈尖。如果待检查平面是一理想平面，干涉条纹将为互相平行的直线。被检验平面与理想平面的任何光波长数量级的差别，都将引起干涉条纹的弯曲，由条纹的弯曲方向和程度可判定被检验表面在该处的局部偏差情况。

牛顿环实验也是等厚干涉的典型实验。如图 7-17（a）所示，将一平凸透镜放在一个平面玻璃片上，将形成四周较厚，向中心逐渐变薄的空气薄层。当平行光垂直入射时，可以观测到如图 7-17（b）所示的干涉图样。图样为中心为一暗斑，四周为明暗相间的同心圆环状条纹。所产生的环状条纹是由于干涉形成的，称为**牛顿环**。

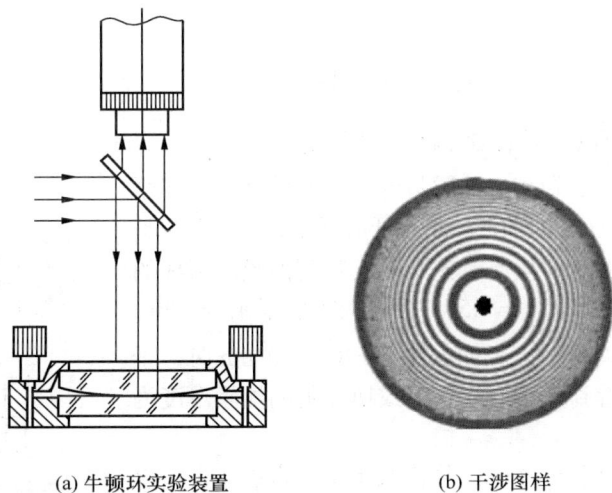

(a) 牛顿环实验装置　　　　(b) 干涉图样

图 7-17　牛顿环实验

牛顿环为等厚干涉条纹，下面来讨论牛顿环的条纹分布规律。设平凸透镜曲率半径为 R，距中心 O 为 r 处的空气膜厚度为 e，则明暗条纹与厚度 e 之间的关系应满足

$$\delta = 2e + \frac{\lambda}{2} = \begin{cases} k\lambda & (k=1,\ 2,\ 3,\ \cdots\ \text{明纹}) \\ (2k+1)\dfrac{\lambda}{2} & (k=0,\ 1,\ 2,\ \cdots\ \text{暗纹}) \end{cases} \qquad (7\text{-}10)$$

由几何关系可得

$$(R-e)^2 + r^2 = R^2$$

由于空气厚度 e 通常远远小于平凸透镜曲率半径 R，所以可将上式展开，略去其中高阶小量，可得

$$e = r^2 / 2R$$

代入式（7-10），得

$$r = \begin{cases} \sqrt{(k-\frac{1}{2})R\lambda} & (k=1,\ 2,\ 3,\ \dots\ \text{明环}) \\ \sqrt{kR\lambda} & (k=0,\ 1,\ 2,\ \dots\ \text{暗环}) \end{cases}$$

由上式可知，随着级数 k 的增大，干涉条纹之间的间距变小。条纹中心（$k=0$）为一暗斑，这是由于半波损失引起的附加光程差造成的。

【例 7-5】 波长为 680nm 的平行光照射到 $L=12$cm 长的两块玻璃片上，两玻璃片的一边相互接触，另一边被厚度 $D=0.048$mm 的纸片隔开。试问在这 12cm 长度内会呈现多少条暗条纹？

解： 劈尖暗纹的条件为

$$2e + \frac{\lambda}{2} = (2k+1)\frac{\lambda}{2} \qquad (k=0,\ 1,\ 2,\ \cdots)$$

则在纸片处

$$2D + \frac{\lambda}{2} = (2k_{\mathrm{m}}+1)\frac{\lambda}{2}$$

得

$$k_{\mathrm{m}} = \frac{2D}{\lambda} = 141.2$$

由于 k 只能取整数，所以可以看到 141 条暗条纹。

【例 7-6】 图 7-18 所示为测量油膜折射率的实验装置，在平面玻璃片 G 上放一折射率为 n_2 的油滴，并展开成圆形油膜，在波长 $\lambda = 600$nm 的单色光垂直入射，从反射光中可观察到油膜所形成的干涉条纹。已知玻璃的折射率为 $n_1 = 1.50$，油膜的折射率 $n_2 = 1.20$。求当油膜中心最高点与玻璃片的上表面相距 $h = 8.0 \times 10^2$nm 时，干涉条纹是如何分布的？可看到几条明纹？明纹所在处的油膜厚度为多少？

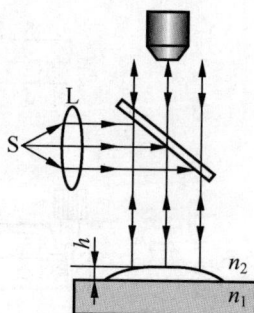

图 7-18 例 7-6

解： 条纹为同心圆，由于 $n_1 > n_2$，且皆大于空气折射率，所以不考虑半波损失，明条纹的条件为

$$\delta = 2n_2 e_k = k\lambda \qquad (k=0,1,2,\cdots)$$

所以，可得各级明条纹与对应油膜厚度 e 之间关系

$$e_k = k\frac{\lambda}{2n_2} \qquad (k=0,\ 1,\ 2,\ \cdots)$$

带入不同的 k 值，有

$$k=0, \quad e_0 = 0$$
$$k=1, \quad e_1 = 250\text{nm}$$
$$k=2, \quad e_2 = 500\text{nm}$$
$$k=3, \quad e_3 = 750\text{nm}$$
$$k=4, \quad e_4 = 1\ 000\text{nm}$$

油膜厚度 $h = 8.0 \times 10^2$nm，所以可以看到 4 个明条纹。

【例 7-7】 牛顿环实验中采用某单色光，借助于低倍测量显微镜测得由中心往外数第 k 级明环的半径 $r_k = 3.0 \times 10^{-3}$ m，k 级往上数第 16 个明环半径 $r_{k+16} = 5.5 \times 10^{-3}$ m，平凸透镜的曲率半径 $R = 2.50$ m。求单色光的波长为多少？

解： 明环半径公式为

$$r_k = \sqrt{\frac{(2k-1)R\lambda}{2}}$$

则 k 级往上数第 16 个明环半径为

$$r_{k+16} = \sqrt{\frac{[2 \times (k+16)-1]R\lambda}{2}}$$

根据牛顿环透镜曲率半径和明条纹之间的关系，得

$$r_{k+16}^2 - r_k^2 = 16R\lambda$$

代入数值得 $\lambda = \dfrac{(5.5 \times 10^{-3})^2 - (3.0 \times 10^{-3})^2}{16 \times 2.50} = 532$ nm。

7.4 迈克尔孙干涉仪

1881 年，为了研究光速问题，迈克尔孙（A·A·Michelson，1852～1931 年）根据光干涉相关原理设计了迈克尔孙干涉仪。现在常见的许多干涉仪都是以迈克尔孙干涉仪为基础衍生而成的，其在物理学发展史上也扮演过重要的角色。

7.4.1 迈克尔孙干涉仪

迈克尔孙干涉仪实物图如图 7-19（a）所示，迈克尔孙干涉仪结构由两块平面镜 M_1 和 M_2，两块玻璃片 G_1 和 G_2 组成，如图 7-19（b）所示。玻璃片 G_1 上镀有一层半透半反光学薄膜，平面镜 M_1 和 M_2 相互垂直，并与 G_1 和 G_2 成 45°角。光束入射时，经玻璃片 G_1 照射在光学薄膜上，在薄膜上光束被分为两部分，一部分透射得到光束 1，一部分反射得到光束 2。

(a) 实物图

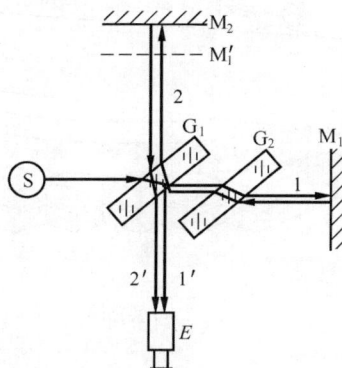

(b) 结构示意图

图 7-19 迈克尔孙干涉仪

光束 1 经 G_2 在平面镜 M_1 上反射，并再次经 G_2 照射到光学薄膜上，在薄膜上发生反射得到光束 1'。光束 2 经 G_1 在平面镜 M_2 上反射，并再次经 G_1 照射到光学薄膜上，在薄膜上发生透射得到光束 2'，光束 1' 和 2' 相重叠。

在这里之所以加入玻璃片 G_2，是因为光束 2 在传播过程中 3 次经过玻璃片 G_1，而光束 1 只经过 G_1 一次，为了补偿光束 1 不足的光程差，所以加入 G_2，于是也把 G_2 称为补偿玻璃。因此，在考虑补偿玻璃后，将干涉的效果看作是由 M_1 的虚像 M_1' 和 M_2 之间所夹空气膜形成的薄膜干涉。

若两个平面镜呈一定的倾角，则相当于 M_1' 和 M_2 间夹了一个空气劈尖，条纹为等厚干涉条纹。此时移动平面镜 M_2，相当于改变空气劈尖厚度，条纹也会随之移动。设已知入射光的波长为 λ，则每当有一条条纹移过，表示平面镜的 M_2 移动了 $\lambda/2$ 的距离。根据条纹移动的方向，可以判断平面镜的 M_2 的移动方向。所以，利用迈克尔孙干涉仪，可在已知单色光波长的情况下测量位移，或在已知位移的情况下测量单色光的波长。

若两个平面镜严格地垂直，即 M_1' 和 M_2 平行，此时条纹为等倾干涉条纹。此时移动平面镜 M_2，相当于改变薄膜的厚度，条纹也会随之变化。

迈克尔孙干涉仪作为一种用来观察各种干涉现象及相关变化下条纹移动情况的仪器，是许多近代干涉仪器的原型。一些测量长度、谱线波长和精密结构的设备也运用了迈克尔孙干涉仪的相关原理。

7.4.2 *迈克尔孙—莫雷实验

1887 年，为了测量地球相对于"以太"的运动，迈克尔孙与莫雷（E·W·Morley，1838～1923 年）一起设计了迈克尔孙—莫雷实验。该实验将干涉仪安装在很重的石质平台上，将装置浮于水银面上，使之可以平稳地转动，如图 7-20 所示。为了增长光路，干涉仪中设计了多面镜子进行多次反射。

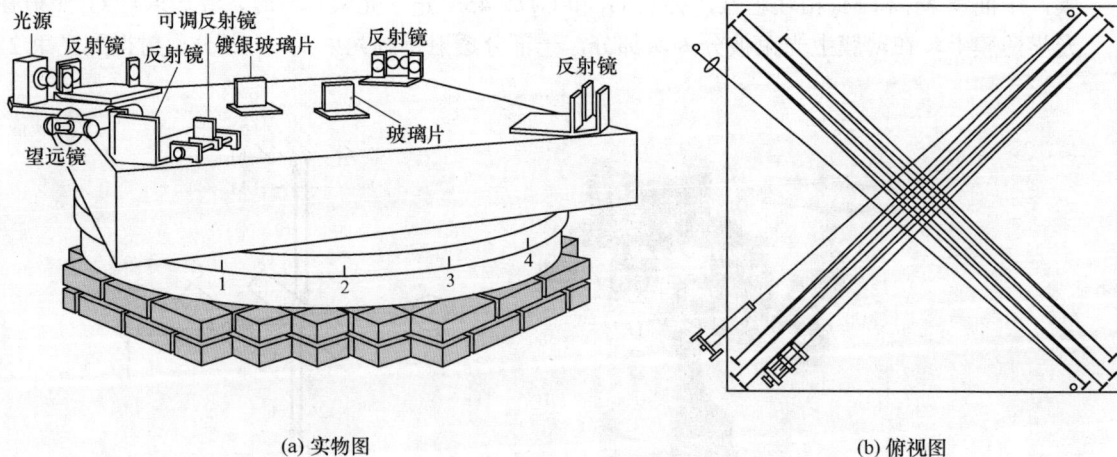

(a) 实物图   (b) 俯视图

图 7-20 迈克尔孙—莫雷实验

根据以太学说的观点，以太"绝对静止"，而世间万物随相对以太运动，光在以太中传播的速率是 c。因此，固定在地球上的干涉仪将与地球一起，相对以太以速度 u 运动，而以太

相对地球以速度 $-u$ 运动。在 M 到 M_1 路程上光速为 $c+u$，回程时光速为 $c-u$，光束返回所需时间为

$$t_1 = \frac{d}{c+u} + \frac{d}{c-u} = \frac{2d}{c} \cdot \frac{1}{1-(u/c)^2}$$

沿 MM_2M 运动的一束光波，在由 M 到 M_2 的往返路程上按照以太假设，光速都是 $\sqrt{c^2-u^2}$，M 到 M_2 往返所需时间为

$$t_2 = \frac{d}{\sqrt{c^2-u^2}} = \frac{2d}{c} \cdot \frac{1}{\sqrt{1-(u/c)^2}}$$

两束光波进入被探测器或人眼接收的时间差为 $\Delta t = t_1 - t_2$，相应的光程差为

$$\delta = c\Delta t = c(t_1 - t_2) = 2d\{[1-(u/c)^2]^{-1} - [1-(u/c)^2]^{1/2}\}$$

设 $u << c$，将方括号中的量展开，略去高次项，可得

$$\delta = 2d\{[1+(u/c)^2+\cdots] - [1+\frac{1}{2}(u/c)^2+\cdots]\} = 2d\left[\frac{1}{2}(u/c)^2\right] = d(u/c)^2$$

然后，整个干涉仪转过 90°，上述两条光路的位置互相交换，时间差 Δt 改变符号，光程差也改变，进而观察到的干涉条纹位置应发生移动。实验的时候，迈克尔孙和莫雷一面旋转实验装置，一面观察干涉条纹的移动，转过 90° 后，光程差变化 2δ，相应条纹应移动 $2\delta/\lambda$ 根，于是得

$$\Delta N = \frac{2\delta}{\lambda} = \frac{2d}{\lambda}\left(\frac{u}{c}\right)^2$$

在迈克尔孙-莫雷的试验中，令 $d=11m$，$\lambda = 5.9 \times 10^{-7}m$，假定 u 为地球的轨道速率，则 $u/c = 10^{-4}$，干涉仪转过 90°，条纹应该移动数目为

$$\Delta N = \frac{2d}{\lambda}\left(\frac{u}{c}\right)^2 = \frac{2 \times 11}{5.9 \times 10^{-7}}(10^{-4})^2 \approx 0.4$$

实验所用干涉仪的精度可观察到 0.01 根条纹的移动，因此，0.4 根条纹的移动完全可以观察出。但是和预想不同的是，在地球上不同地方进行这一实验都没有观察到干涉条纹的移动，从而验证了以太学说是站不住脚的。而若根据爱因斯坦的相对论认为在不同的路径上光速都相同为 c，实验结果就可以合理解释。

【例 7-8】 在迈克尔孙干涉仪的两臂中分别引入 10cm 长的玻璃管 A、B，其中一个抽成真空，另一个在充以一个大气压空气的过程中观察到 107.2 条条纹移动，使用单色光的波长为 546nm。求空气的折射率。

解： 设空气的折射率为 n，光程差

$$\delta = 2nl - 2l = 2l(n-1)$$

每移动一条条纹时，对应光程差的变化为一个波长，当观察到 107.2 条移过时，光程差的改变量满足

$$2l(n-1) = 107.2\lambda$$

代入波长，得 $n = \dfrac{107.2\lambda}{2l} + 1 = 1.000\,292\,7$。

7.5 分波面干涉装置

杨氏双缝实验是分波面干涉的典型实验，除此之外，菲涅尔双面镜、菲涅尔双棱镜、劳埃德镜和比耶对切透镜等也都是分波面干涉的实验装置，它们通过同一光源的反射或折射得到干涉光。

7.5.1 菲涅尔双面镜

如图 7-21 所示，菲涅尔双面镜由两个平面镜 M_1 和 M_2 组成，它们一端靠在一起并且夹角很小。缝光源 S 发出的光，经两平面镜反射后沿不同方向照向屏幕。其中从两个平面镜反射的光可看作是由两个虚光源 S_1 和 S_2 发射的，这两个虚光源发出的光是由同一光源 S 分波面得到，所以是相干的。因此，虚光源发出的光交叠的光场内将发生干涉，可以看到与杨氏双缝实验类似的干涉条纹。

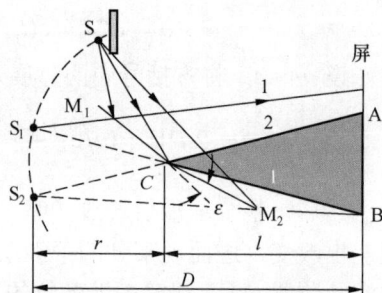

图 7-21　菲涅尔双面镜

7.5.2 菲涅尔双棱镜

如图 7-22 所示，菲涅尔双棱镜由使用了一个顶角角度很小的棱镜底面靠在一起构成。点光源 S 发出的光，经两个棱镜折射后分成两束，沿不同方向照向屏幕。同样，可以将两束光看作是由两个虚光源 S_1 和 S_2 发射的，这两个虚光源发出的光是由同一光源 S 分波面得到，所以也是相干的。因此，虚光源发出的光在交叠的光场内将发生干涉，可以看到干涉条纹。菲涅尔棱镜实验也可以使用缝光源，其干涉条纹与杨氏双缝实验相似。

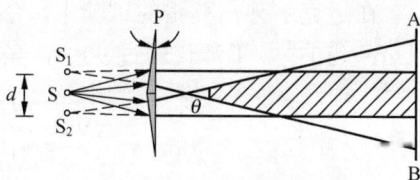

图 7-22　菲涅尔双棱镜

7.5.3 劳埃德镜

劳埃德镜相对于前两种干涉装置结构更加简单，如图 7-23 所示，劳埃德镜只需要一块平面镜 M。缝光源 S_1 置于与平面镜 M 较远并与平面镜所在平面较近的位置。S_1 发射的光在平面镜反射射向屏幕 AB，这束光可以看作是从虚光源 S_2 射出的。光源 S_1 和虚光源 S_2 发出的光由同一光源 S 分波面得到，所以是相干的。屏幕 AB 上两束光交叠的光场中可以看到干涉条纹。

劳埃德镜同样可以证明半波损失现象的存在。把屏幕向平面镜 M 移动直到其接触到平面镜，可以观察到接

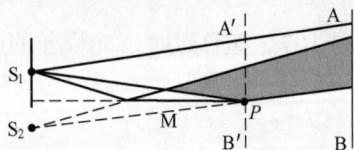

图 7-23　劳埃德镜

触点的干涉条纹为暗点。这是由于反射光中存在附加光程差，导致接触点处相位相差 $\frac{\pi}{2}$。

使用不同材质的材料，劳埃德镜能够在较宽的谱线范围内实现分波面干涉。比如，X 射线采用晶体做镜面，可见光使用光滑电解质板，微波使用金属导线线栅，对于无线波，使用水面和电离都可以。

7.5.4 比耶对切透镜

如图 7-24 所示，将一个透镜切开，在切开的两块透镜中间夹一片黑纸，使两部分沿着垂直于光轴的方向分开，这就是比耶对切透镜。在光轴上设一个缝光源，将在透镜另一侧形成两个实像，这两个实像可以看作两个缝光源 S_1 和 S_2。两个缝光源发出的光在交叠的光场内将发生干涉，可以看到与杨氏双缝实验类似的干涉条纹。

【例 7-9】 如图 7-25 所示，距离湖面 $h=1m$ 处有一电磁波接收器位于 C，当一射电星从地平面渐渐升起时，接收器断续地检测到一系列极大值。已知射电星所发射的电磁波的波长为 40.0cm，求第一次测到极大值时，射电星的方位与湖面所成角度。

解： 入射到水面的电磁波应考虑附加光程差，所以光程差

$$\delta = AC - BC + \frac{\lambda}{2} = AC(1 - \cos 2\alpha) + \frac{\lambda}{2}$$

根据几何关系

$$AC = h/\sin\alpha$$

光程差可以表示为

$$\delta = \frac{h}{\sin\alpha}(1 - \cos 2\alpha) + \frac{\lambda}{2}$$

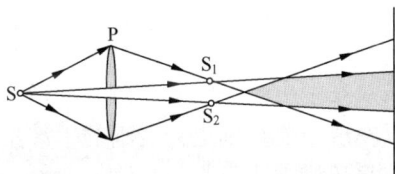

图 7-24 比耶对切透镜

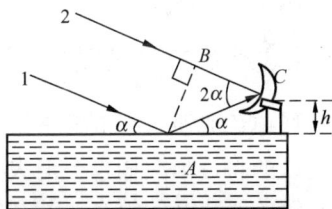

图 7-25 例 7-9

卫星检测到极大值，说明干涉相长，波程差

$$\delta = k\lambda$$

可得角度须满足

$$\sin\alpha = \frac{(2k-1)\lambda}{4h}$$

取 $k=1$，则

$$\alpha_1 = \arcsin\frac{\lambda}{4h}$$

代入数值得 $\alpha_1 = \arcsin\dfrac{40.0 \times 10^{-2}\ \text{m}}{4 \times 1\ \text{m}} = 5.74°$。

7.6 时间相干 条纹可见度

前文已经介绍，光源发射出来的光线通过分波振面或分振幅法能够发生干涉，但是也介绍了只有同一个波列分裂的两部分再次相遇时才能满足相干条件。因此，必须保证所分开的两束光线的光程差小于波列的长度，才能使同一波列的两部分在空间相遇。

7.6.1 时间相干性

光源所发出的一个波列在介质中传播时，把传播一个波列的时间 t_0 叫做**相干时间**，把传播一个波列所需的光程称为**相干长度**。若光源波列长度为 l_0，在折射率为 n 的介质中传播时，相干长度 L_0 为 nl_0，而相干时间 t_0 则可以表示为

$$t_0 = \frac{L_0}{c} = \frac{nl_0}{c}$$

同一光源分束得到的两束光线，分束后传播的光程差超过相干长度 L_0 或者经历的时间超过相干时间 t_0 时，两束光不能产生干涉现象。这一性质称为光的**时间相干性**。

杨氏双缝实验中，光程差表示为

$$\delta \approx d \sin \theta \approx d \cdot \frac{x}{D}$$

因此，要保证满足时间相干性的要求，就必须尽量减小双缝之间的距离 d，或增加双缝与屏幕之间的距离 D。同时也可以解释为什么干涉条纹主要集中在屏幕中心附近（x 应取较小值）。这就是双缝干涉实验要求 $D \gg x$，$D \gg d$ 的原因之一。

对于迈克尔孙干涉仪，之所以要加入玻璃片 G_2，也是防止两束光的光程差大于相干长度，从而无法满足时间相干的要求，导致不能看到干涉条纹。

7.6.2 条纹的可见度

用普通单色光源进行双缝干涉，所观察到的干涉条纹在中央明条纹附近较为清晰，而远离中央明纹的将逐渐模糊直至消失。在实验过程中可以发现，要得到更为清晰的干涉条纹，必须将狭缝的距离开的很窄，若开的越宽则条纹将会变得越模糊。

通常用**可见度**来定量描述条纹的清晰程度，其定义为：**干涉图像中明条纹的最大强度 I_{max} 和相邻暗条纹的最小强度 I_{min} 两者差值与和值的比值**，即

$$V = \frac{I_{max} - I_{min}}{I_{max} + I_{min}} \tag{7-11}$$

I_{max} 和 I_{min} 两者之差值越大，则可见度 V 越大，条纹越清晰；反之两者值相近时，条纹则难以辨认。

从光强的角度分析，若强度为 I_1 和 I_2 的两束相干光在空间某点叠加，相遇位置光程差 $\Delta \varphi$。当发生干涉时，光强分布为

$$I = I_1 + I_2 + 2\sqrt{I_1 I_2} \cos \Delta \varphi$$

这两束光在不同位置相遇时的光程差 $\Delta \varphi$ 值不同，造成了光强的空间分布，形成明暗条

纹的分布，如图 7-26 所示。不难看出，干涉条纹有着恒定的背景 $I_1 + I_2$，变化幅度为 $2\sqrt{I_1 I_2}$。

因此，可见度 V 可以表示为

$$V = \frac{I_{max} - I_{min}}{I_{max} + I_{min}} = \frac{4\sqrt{I_1 I_2}}{2(I_1 + I_2)} = \frac{2\sqrt{I_1 I_2}}{(I_1 + I_2)} \tag{7-12}$$

根据式（7-12），可以得出可见度 V 与光强 I_1、I_2 的关系。如图 7-27 所示，I_1、I_2 的值越接近，条纹的可见度越大，可以观测到的条纹越清晰；反之则可见度降低，条纹也难以辨认。

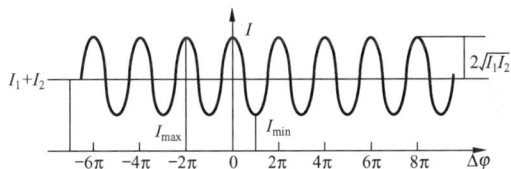

图 7-26 干涉条纹的光强分布

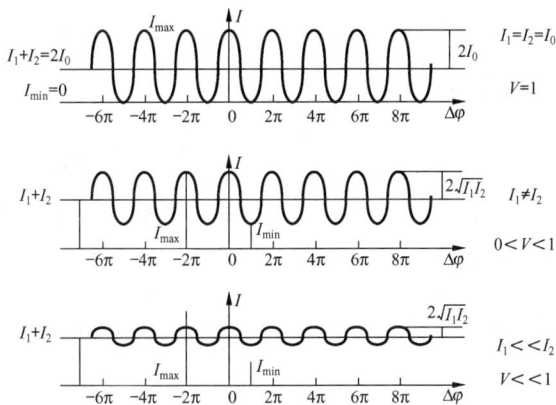

图 7-27 干涉条纹的可见度

另外，影响条纹可见度的因素除了光强之外，光源单色性和光源的线度也对可见度有所影响。

单色光源是一种理想的情况，实际上光源都有一定的谱线宽度。为了分析光源非单色性对干涉条纹可见度的影响，假设一种较为简单的情况，即谱线中心波长 λ，谱线宽度 $\Delta\lambda$，各波长对应的光谱强度相等。由于不同波长光波之间并不相干，因此，此时视场内应为在各个波长各自形成干涉条纹的基础上进行的非相干叠加，如图 7-28 所示。

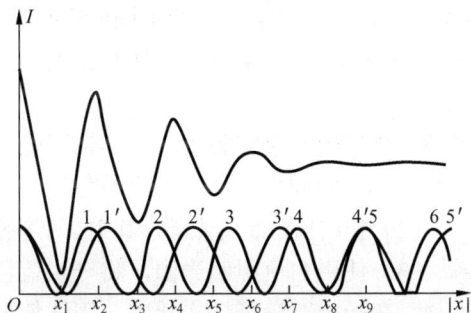

图 7-28 非单色光干涉条纹的叠加

各波长的零级干涉条纹是重合的（在 $x=0$ 处），其他的各级条纹则逐渐展开。实际上，由式（7-2）可得到各级条纹之间的间距为

$$x = \frac{D}{d}\lambda$$

因此，波长较长的光波干涉条纹的位置要比波长较短的光波同一级干涉条纹的位置远一些，而且随着级数增大，同一级条纹位置之间的距离越来越长。因此，如图 7-28 所示，当波长较长的某一级干涉条纹位置和波长较短的下一级干涉条纹相重叠的时候，条纹无法被分辨。因此，设波长 $\lambda + \dfrac{\Delta\lambda}{2}$ 的光波第 k 级明纹恰好同波长 $\lambda - \dfrac{\Delta\lambda}{2}$ 的光波第 $k+1$ 级明纹重合，代入

式（7-2）可得

$$k\frac{D}{d}\left(\lambda+\frac{\Delta\lambda}{2}\right)=(k+1)\frac{D}{d}\left(\lambda-\frac{\Delta\lambda}{2}\right)$$

解上式得

$$k=\frac{\lambda}{\Delta\lambda}-\frac{1}{2}$$

由于通常谱线半宽远小于波长，即 $\Delta\lambda\ll\lambda$，所以上式的 $\frac{1}{2}$ 可以忽略，因此干涉条纹重叠级数为

$$k\approx\frac{\lambda}{\Delta\lambda}$$

其对应的光程差 δ 可以写成

$$\delta_{m}=\frac{\lambda^{2}}{\Delta\lambda}$$

通常也把该光程差称为**相干长度**。显然，光源的单色性越好（$\Delta\lambda$ 就越小），相干长度越长，光源的相干性就越好。

复 习 题

一、思考题

1. 两盏独立的钠光灯发出相同频率的光照射到同一点时，两束光叠加之后能否产生干涉现象？若以同一盏钠光灯的不同两个部分作为光源，照射到同一点时呢？

2. 在杨氏双缝实验中，为什么采用白光作光源引起的干涉条纹比单色光引起的干涉条纹要多？

3. 在杨氏双缝实验中，下述情况能否看到干涉条纹？

（1）使用同样频率的两个单色光源分别照射双缝；

（2）使用白色照明光源，其中一个狭缝前放置红色滤光片，另一个狭缝前放置绿色滤光片；

（3）使用白色照明光源，将一块蓝色的滤光片放置在双缝前面。

4. 在杨氏双缝干涉实验中，下述情况将引起干涉条纹的什么样的变化？

（1）将 532nm 波长的激光光源换成 589nm 的钠光灯；

（2）将屏幕向远离双缝的方向移动；

（3）将单缝向双缝的方向移动；

（4）将双缝实验的装置浸入水中；

（5）将两缝的距离靠近。

5. 吹肥皂泡时，随着肥皂泡的体积变大，肥皂泡将呈现出颜色，当肥皂泡快要破裂时，膜上将出现黑色，请问这是为什么。

6. 为什么在观察窗户上的玻璃时没有看到干涉现象？

7. 在劈尖干涉实验中，若将劈尖上方的玻璃向上平移，干涉条纹将发生什么样的变化？若增大劈尖的角度呢？

8. 在劈尖干涉实验中，劈尖上方玻璃为标准平板玻璃，下方为待测样品，看到如图 7-29 所示的条纹图样，请问样品的表面为什么发生弯曲？

9. 在牛顿环实验中，将平凸透镜向上移动，则看到的条纹会发生怎样的变化？为什么？

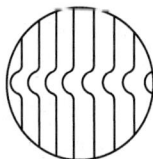

图 7-29　思考题 8

二、习题

1. 单色平行光垂直照射在薄膜上，经上下两表面反射的两束光发生干涉，如图 7-30 所示，若薄膜的厚度为 e，$n_1 < n_2$ 且 $n_3 < n_2$，λ_1 为入射光在 n_1 中的波长，则两束反射光的光程差为（　　　）。

（A）$2n_2e$ 　　　（B）$2n_2e - \lambda_1/(2n_1)$ 　　　（C）$2n_2e - \lambda_1 n_1/2$ 　　　（D）$2n_2e - \lambda_1 n_2/2$

2. 如图 7-31 所示，$n_1 > n_2 > n_3$，则两束反射光在相遇点的位相差为（　　　）。

（A）$4\pi n_2 e/\lambda$ 　　　（B）$2\pi n_2 e/\lambda$ 　　　（C）$4\pi n_2 e/\lambda + \pi$ 　　　（D）$2\pi n_2 e/\lambda - \pi$

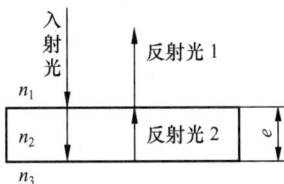

图 7-30　习题 1

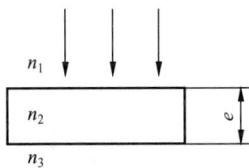

图 7-31　习题 2

3. 如图 7-32 所示，S_1、S_2 是两个相干光源，它们到 P 点的距离分别为 r_1 和 r_2，路径 S_1P 垂直穿过一块厚度为 t_1，折射率为 n_1 的介质板，路径 S_2P 垂直穿过厚度为 t_2，折射率为 n_2 的另一介质板，其余部分可看作真空，这两条路径的光程差等于（　　　）。

（A）$(r_2 + n_2 t_2) - (r_1 + n_1 t_1)$ 　　　（B）$[r_2 + (n_2 - 1)t_2] - [r_1 + (n_1 - 1)t_2]$

（C）$(r_2 - n_2 t_2) - (r_1 - n_1 t_1)$ 　　　（D）$n_2 t_2 - n_1 t_1$

4. 如图 7-33 所示，两个直径有微小差别的彼此平行的滚柱之间的距离为 L，夹在两块平晶的中间，形成空气劈形膜，当单色光垂直入射时，产生等厚干涉条纹。如果滚柱之间的距离 L 变小，则在 L 范围内干涉条纹的（　　　）。

（A）数目减少，间距变大 　　　（B）数目不变，间距变小

（C）数目增加，间距变小 　　　（D）数目减少，间距不变

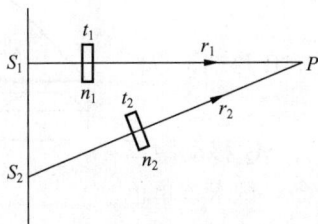

图 7-32　习题 3

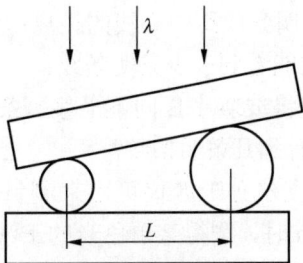

图 7-33　习题 4

5. 在双缝干涉实验中，屏幕 E 上的 P 点处是明条纹。若将缝 S_2 盖住，并在 S_1、S_2 连线

的垂直平分面处放一高折射率介质反射面 M，如图 7-34 所示，则此时（　　）。

（A）P 点处仍为明条纹　　　　　　　　　　（B）P 点处为暗条纹

（C）不能确定 P 点处是明条纹还是暗条纹　　　（D）无干涉条纹

6．在杨氏双缝干涉实验中，用波长 $\lambda=589.3$ nm 的钠灯作光源，屏幕距双缝的距离 $d'=800$ nm，问：

（1）当双缝间距 1 mm 时，两相邻明条纹中心间距是多少？

（2）假设双缝间距 10mm，两相邻明条纹中心间距又是多少？

7．在杨氏双缝干涉实验装置中，屏幕到双缝的距离 D 远大于双缝之间的距离 d，对于钠黄光（$\lambda=589.3$nm）产生的干涉条纹，相邻两条明条纹的角距离（即相邻两明纹对双缝处的张角）为 $0.200°$。对于什么波长的光，这个双缝装置所得相邻两条纹的角距离比用钠黄光测得的角距离大 10%？

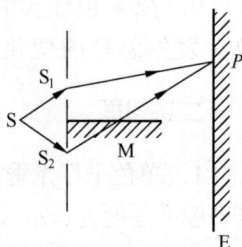

图 7-34　习题 5

8．在杨氏双缝干涉实验中，采用的单色光光源波长为 550nm。若用一片晶体挡在其中一条狭缝上，发现零级条纹移动到原先的第 7 条明纹的位置，求此晶体的厚度。

9．白光垂直照射到空气中一厚度为 380nm 的肥皂水膜上，若肥皂水的折射率为 1.33，试问水膜表面呈现什么颜色？

10．增透膜例子中，为了增加透射率，求氟化镁膜的最小厚度。已知空气 $n_1=1.00$，氟化镁 $n_2=1.38$，$\lambda=550$nm。

11．使用单色光来观察牛顿环，测得某一明环的直径为 3.00mm，在它外面第 5 个明环的直径为 4.60mm，所用平凸透镜的曲率半径为 1.03m，求此单色光的波长。

12．在半导体元件生产中，为了测定硅片上 SiO_2 薄膜的厚度，将该膜的一端腐蚀成劈尖状，已知 SiO_2 的折射率 $n=1.46$，用波长 $\lambda=5\,893\times10^{-10}$m(Å) 的钠光照射后，观察到劈尖上出现 9 条暗纹，且第 9 条在劈尖斜坡上端点 M 处 Si 的折射率为 3.42。试求 SiO_2 薄膜的厚度。

13．将一个平凸透镜的顶点和一块平晶玻璃接触，用某波长的单色光垂直照射，观察反射光形成的牛顿环，测得中央暗纹向外第 k 个暗纹半径为 r_1，将透镜和玻璃板浸入某种折射率小于玻璃的液体中，第 k 个暗纹半径为 r_2，求该液体的折射率？

14．一柱面平凹透镜 A，曲率半径为 R，放在平玻璃片 B 上，如图 7-35 所示。现用波长为 λ 的单色平行光自上方垂直往下照射，观察 A 和 B 间空气薄膜反射光的干涉条纹，如空气膜的最大厚度 $d=2\lambda$，求：

（1）分析干涉条纹的特点（形状、分布、级次高低），作图表示明条纹；

（2）求明条纹距中心线的距离；

（3）共能看到多少条明条纹；

（4）若将玻璃片 B 向下平移，条纹如何移动?若玻璃片移动了 $\lambda/4$，问这时还能看到几条明条纹？

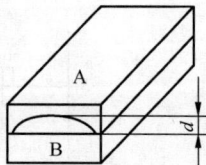

图 7-35　习题 14

15．迈克尔孙干涉仪可用来测量单色光的波长，当 M_2 移动距离 $d=0.322\,0$mm 时，测得某单色光的干涉条纹移过 $N=752$ 条，试求该单色光的波长。

第**8**章 **光的衍射**

【学习目标】

- 了解惠更斯—菲涅尔原理及其对光的衍射现象的定性解释。
- 了解用半波带法分析单缝夫琅禾费衍射条纹分布规律的方法，会分析缝宽及波长对衍射条纹分布的影响。
- 掌握光栅衍射公式，能够确定光栅衍射谱线的位置，理解缺级现象的物理意义，会分析光栅常数及波长对光栅衍射谱线分布的影响。
- 了解衍射对光学仪器分辨能力的影响。

与干涉一样，衍射也是光的波动性的典型特征。因此，研究光的衍射特性，有助于更好地了解光的波动性质。

8.1 惠更斯—菲涅尔原理

菲涅尔在惠更斯原理上加入了新的假设，从而可以解释光衍射时发生的现象。我们先从这些现象入手。

8.1.1 光的衍射现象

同机械波和电磁波能够发生衍射现象一样，光因其波动性也能够发生衍射现象。当光遇到与其波长相近的障碍物时，能够绕开障碍物向前传播，这就是**光的衍射**。图 8-1 所示为当光分别遇到（a）圆孔、（b）圆盘、（c）方孔、（d）狭缝时所产生的衍射条纹。

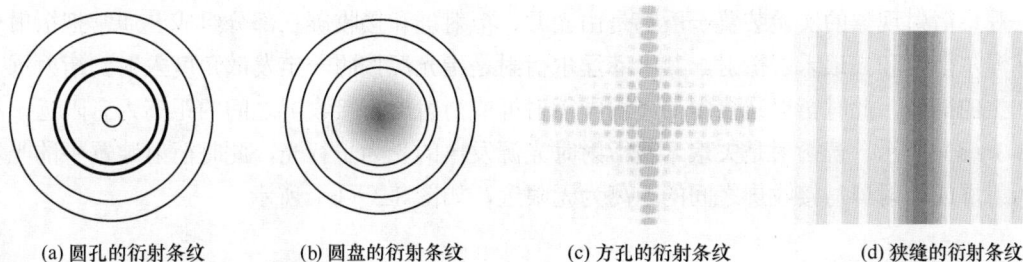

(a) 圆孔的衍射条纹   (b) 圆盘的衍射条纹   (c) 方孔的衍射条纹   (d) 狭缝的衍射条纹

图 8-1　衍射条纹

8.1.2　惠更斯—菲涅尔原理

利用惠更斯原理可以定性地解释光的衍射现象，但在解释衍射条纹分布时遇到了困难。菲涅尔在惠更斯原理的基础上，提出了一个新的假定：**波在传播的过程中，从同一波阵面上各点发出的子波，在空间某一点相遇时，产生相干叠加。**这一假设发展了惠更斯原理，更好地解释了衍射的过程，称为**惠更斯—菲涅尔原理**。

菲涅尔还给出了光线传播时振幅的变化规律。如图 8-2 所示，某一波阵面 S 上一面元 dS 发出的子波在波阵面前方某点 P 所引起的光振动的振幅大小与面元 dS 的面积成正比，与面元到 P 点的距离 r 成反比，并且随面元法线与 r 间的夹角 θ 增大而减小。因此，计算整个波阵面上所有面元发出的子波在 P 点引发的光振动的总和，就可以得到 P 点处的光强。

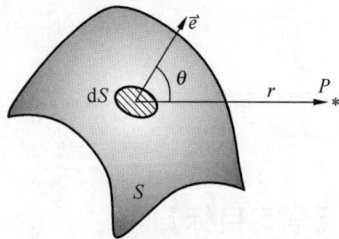

图 8-2　惠更斯—菲涅尔原理

设 $t = 0$ 时刻波阵面上各点相位为零，则波阵面上某面元 dS 发出的光经时间 t 照射在 P 点处引起的振动为

$$dE = CK(\theta)\frac{dS}{r}\cos(\omega t - \frac{2\pi r}{\lambda}) \tag{8-1}$$

式中，C 为比例系数，$K(\theta)$ 为一随法线与 r 夹角 θ 变化而变化的函数，称为**倾斜因子**，其值随着 θ 的增大而缓慢减小。菲涅尔指出，沿法线方向传播的子波振幅最大，即 $\theta = 0$ 时 $K(\theta)$ 取最大值。同时，由于光线无法向后传播，因此当 $\theta \geq \dfrac{\pi}{2}$ 时，$K(\theta)$ 应为零。而 dS 在 P 点引起振动的相位则与两者之间的光程有关。

整个波阵面在 P 点引起的振动就可以写为

$$E(P) = \int_S \frac{CK(\theta)}{r}\cos(\omega t - \frac{2\pi r}{\lambda})dS \tag{8-2}$$

这就是惠更斯—菲涅尔原理的数学表达式。一般的衍射问题都可利用它来解决。然而式 (8-2) 的计算是较为复杂的，简单的情况下可以求解，对于较为复杂的情况则需要利用计算机进行数值运算。

8.1.3　菲涅尔衍射和夫琅禾费衍射

观察衍射现象的实验装置一般都是由光源、衍射屏和接收屏三部分组成。通常把衍射分为菲涅尔衍射和夫琅禾费衍射。其中**菲涅尔衍射**是指光源按照一定发散角度入射到衍射屏上时产生的衍射，此时衍射装置中的光源同衍射屏或衍射屏与接收屏之间的距离为有限远，如图 8-3（a）所示。若衍射是**夫琅禾费衍射**时光源发出的光为平行光，此时衍射装置中的光源同衍射屏或衍射屏与接收屏之间的距离为无限远，如图 8-3（b）所示。

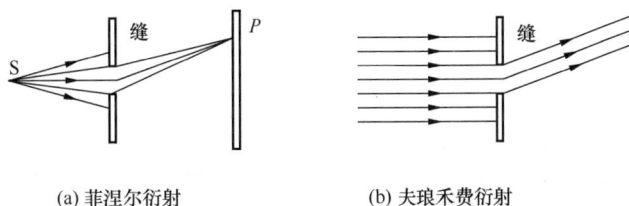

(a) 菲涅尔衍射　　　(b) 夫琅禾费衍射

图 8-3　两种衍射

由于夫琅禾费衍射对于理论和实际应用都十分重要，而且其实验装置（见图 8-4）和分析计算都较为简便，因此后面的内容主要介绍夫琅禾费衍射。

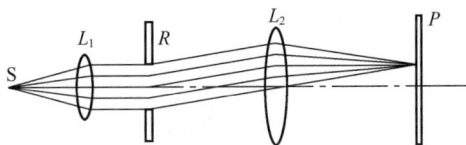

图 8-4　夫琅禾费衍射实验装置

8.2　单缝衍射

作为一种基本的衍射现象，单缝衍射反映了光的衍射的基本特征和实质。

8.2.1　单缝夫琅禾费衍射

单缝夫琅禾费衍射的实验装置如图 8-5 所示，线光源 S 发射的光，经焦平面上的透镜聚焦形成平行光束，该平行光束经狭缝 G 形成缝光源，根据惠更斯－菲涅尔原理，该缝光源为相干光源。该缝光源发射的光经透镜聚焦后，在屏幕上形成明暗相间的条纹。

实验观测到的单缝夫琅禾费衍射条纹的中央为明条纹，两侧条纹宽度逐渐减小，条纹的间距逐渐增加。通常使用菲涅尔半波带法来解释单缝夫琅禾费衍射条纹分布规律。

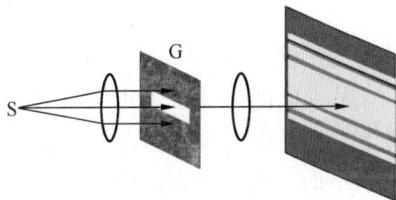

图 8-5　单缝夫琅禾费衍射实验

8.2.2　单缝衍射的条纹空间分布

如图 8-6 所示，两狭缝两边 A, B 之间宽度为 a，光线经过狭缝后沿不同的方向进行传播，其中某一传播方向与屏幕（屏幕与狭缝所在平面本身）法线之间夹角为 θ，称为**衍射角**。沿衍射角 θ 传播的光线经透镜聚焦后，将在屏幕上 P 点叠加。

此时，条纹的明暗与缝的两个边缘 A、B 处光线到达 P 点时的光程差 δ 有关，光程差 δ 可以写成

$$\delta = a\sin\theta$$

根据惠更斯－菲涅尔原理，可以将同一波阵面分割成许多等面积的小波阵面，每一个波阵面都可以看作是相干光源。在单缝夫琅禾费衍射中，可将狭缝处的波阵面分割成多个条状波阵面带，使每个波阵带上下两边缘发出的光在屏上 P 处的光程差为 $\lambda/2$，此带称为**半波带**，

如图 8-7 所示。

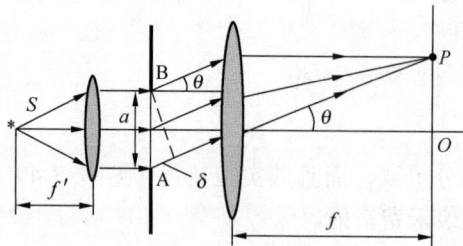

图 8-6 单缝夫琅禾费衍射条纹空间分布的计算

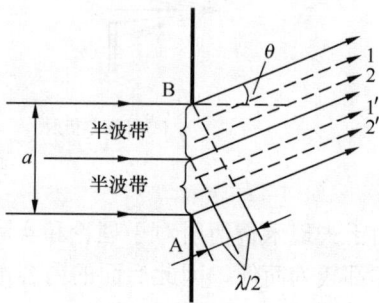

图 8-7 半波带

由于透镜并不能引起附加的光程差，因此当相邻两个半波带发射的光线在屏幕上相叠加时，所有光线对应的相位差均为 π，因此能够相互抵消。于是，要判断屏幕上 P 点处条纹是明是暗，只需分析 P 点对应半波带的情况即可。

对应于某一衍射角 θ，总光程差 δ 为偶数个半波长时，能够分为偶数个半波带，在屏幕上 P 点形成暗条纹；总光程差 δ 为奇数个半波长时，能够分为奇数个半波带，在屏幕上 P 点形成明条纹，即当

$$a\sin\theta = \pm 2k \cdot \frac{\lambda}{2} \qquad (k = 1, 2, 3, \cdots) \qquad (8\text{-}3)$$

时为暗条纹；当

$$a\sin\theta = (2k+1) \cdot \frac{\lambda}{2} \qquad (k = \pm 1, \pm 2, \pm 3, \cdots) \qquad (8\text{-}4)$$

时为明条纹。

从上面两个式子中也可以看出明暗条纹在空间上交替分布。而在相邻明暗条纹之间的位置上，为衍射角波阵面不能分割为整数倍的半波带，所以其亮度在明暗条纹之间，且其强度也是不均匀的，称为次极大，如图 8-8 所示。

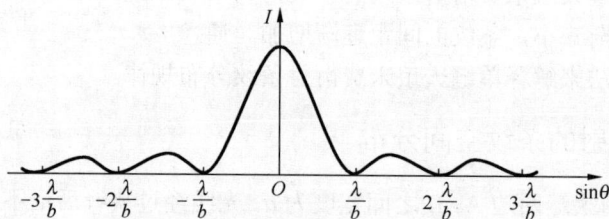

图 8-8 单缝夫琅禾费衍射光强分布

可见，中央明纹处强度最大。两侧明纹的强度逐渐减小，这是由于随着衍射角 θ 的增大，狭缝处波阵面分割成的半波带数量越来越多，对应波阵面面积也越来越小的缘故。

通常把 $k = \pm 1$ 时，两条暗纹中心对应的角度称为中央明纹的**角宽度**。对于暗纹，$k = 1$ 时对应的衍射角为 θ_1，称为**半角宽度**，可以写成

$$\theta_1 = \arcsin\frac{\lambda}{a}$$

当 θ_1 很小时

$$\theta_1 \approx \frac{\lambda}{a}$$

$2\theta_1$ 即中央明纹所对应的**角宽度**，为

$$\theta_0 = 2\theta_1 \approx 2\frac{\lambda}{a}$$

于是可得中央明纹的宽度为

$$\Delta x_0 = 2f \cdot \tan\theta_1 \approx 2f \cdot \theta_1 = 2f \cdot \frac{\lambda}{a} \propto \frac{\lambda}{a}$$

这里 f 为透镜焦距。

通过计算，也可求出各级次极大对应的宽度

$$\Delta x = f \cdot \frac{\lambda}{a} = \frac{1}{2}\Delta x_0$$

为中央明纹宽度的一半。

式（8-3）和式（8-4）可以说明，对于特定波长的单色光来说，狭缝宽度 a 越大，各级条纹对应的 θ 角越小，即各级条纹将向中心靠拢。若 a 值较大（$a >> \lambda$）时，各级衍射条纹将聚在一起形成一条亮线。这是从单缝射出的平行光束沿直线传播所引起的，也就是几何光学中所描述的光沿直线传播的现象。其形成原因是由于障碍物尺寸远大于光波长的时候，其衍射现象并不明显的情况。

需要说明的是，上面的描述都是在单色光的情况下做出的。当入射光为白光的时候，从狭缝发射出各种波长的光到达屏幕中央光程差相同，所以在屏幕中央看到的是白色的明条纹。中央明纹两侧，由式（8-3）和式（8-4）所示，$\sin\theta$ 同 λ 成正比。所以，不同波长的同一级明条纹会略微错开分布。每一级明条纹中，靠近中心的为波长最短的紫色条纹，最远的为波长最长的红色条纹。

【例 8-1】 使用波长为 632.8nm 的激光器作为光源垂直入射到宽为 0.3mm 的狭缝上，进行单缝衍射实验，狭缝后设置一个焦距为 30cm 的透镜，求衍射条纹中中央明纹的宽度是多少？

解： 根据单缝衍射特点，相邻两条暗纹之间的距离即明条纹的宽度，暗条纹公式为

$$a\sin\theta = \pm 2k \cdot \frac{\lambda}{2} \qquad (k = 1,2,3,\cdots)$$

中央明纹两侧为 k 取值 1 时对应的暗条纹，得

$$a\sin\theta \approx a\theta = \pm\lambda$$

因此，中央明纹对应的半角宽度为

$$\theta = \frac{\lambda}{a}$$

所以中央明条纹的宽度 W 为

$$W = 2(\tan\theta)f \approx \frac{2\lambda}{a}f$$

代入数值，得 $W = 1.264\text{mm}$。

8.2.3 *单缝衍射的光强计算

通常使用振幅矢量法来计算单缝衍射的光强。如图 8-9 所示。

将单缝衍射实验中缝 AB 处的波阵面分割成 N 个等大的波阵面元，每个小面元相当于子波的波源。由于面元的宽度较小，可以认为子波沿衍射角 θ 到达屏幕上某点处的振幅相等，设为 ΔA。可以得相邻两个面元发出的子波到达屏幕上时光程差 δ' 为

$$\delta' = \frac{a\sin\theta}{N}$$

对应的相位差为

$$\Delta\varphi = \frac{2\pi}{N\lambda}a\sin\theta$$

根据惠更斯－菲涅尔原理，各个子波叠加的振动合振幅等于每个子波振幅矢量的合成。也就是 N 个频率相同、振幅相同、相位差依次增加 $\Delta\varphi$ 的振动矢量的合成。即

$$\vec{A} = \vec{A}_1 + \vec{A}_2 + \vec{A}_3 + \cdots = \sum_{i=1}^{N}\vec{A}_i$$

也可以按照多边形法则作图求得，如图 8-10 所示。

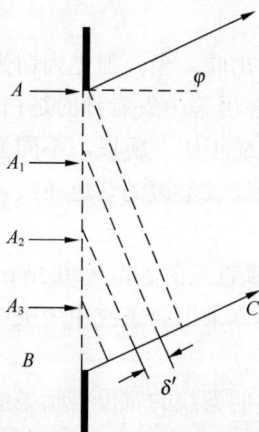

图 8-9 单缝衍射条纹光强计算   图 8-10 振动矢量合成

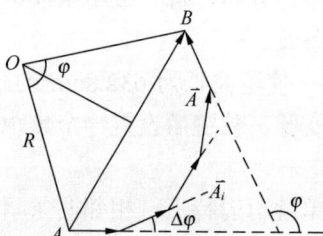

合成振幅 A 为

$$A = \Delta A\frac{\sin N\dfrac{\Delta\varphi}{2}}{\sin\dfrac{\Delta\varphi}{2}}$$

通常 $\Delta\varphi$ 值较小，所以有 $\sin\dfrac{\Delta\varphi}{2} = \dfrac{\Delta\varphi}{2}$，故

$$A = \Delta A \frac{\sin N \frac{\Delta \varphi}{2}}{\frac{\Delta \varphi}{2}} = \Delta A N \frac{\sin N \frac{\Delta \varphi}{2}}{N \frac{\Delta \varphi}{2}}$$

引入 $u = N \frac{\Delta \varphi}{2} = \frac{\pi a \sin \theta}{\lambda}$，则

$$A = \Delta A N \frac{\sin u}{u}$$

当 $\theta = 0$ 时，$u = 0$，$\frac{\sin u}{u} = 1$，有 $A = A_0 = N \Delta A$，即中央条纹中心处振幅为 A_0，因此任意一点的振幅为

$$A = A_0 \frac{\sin u}{u}$$

光强也可以写成

$$I = I_0 (\frac{\sin u}{u})^2 \qquad (8\text{-}5)$$

式（8-5）表明，随着衍射角的变化，屏幕上各点光强相对于中央明条纹光强的变化关系。

根据式（8-5）可得，当 $\theta = 0$ 时，单缝衍射条纹的强度最大为 I_0，此处为中央明条纹的中心，也称为主极大。当

$$u = \pm k\pi \qquad (k = 1,2,3,\cdots)$$

即

$$a \sin \theta = \pm 2k \cdot \frac{\lambda}{2} \qquad (k = 1,2,3,\cdots) \qquad (8\text{-}6)$$

时，$I = 0$，即为暗条纹的中心位置。

在相邻两个条纹的中心位置为次级的明条纹。由

$$\frac{\mathrm{d}}{\mathrm{d}u}(\frac{\sin u}{u}) = 0$$

可以求得 $\tan u = u$，解此方程可以求得

$$a \sin \theta = \pm 1.43\lambda, \pm 2.46\lambda, \cdots$$

上式就是各次级明条纹的位置。对应的各次级明条纹的强度满足

$$I_0 = 0.471 I_0, 0.0165 I_0, \cdots$$

即各次级明条纹光强随着级次的增大而迅速减小。

通过上述分析也可以发现，由半波带法得到的条纹位置相当准确，说明半波带法是一种较好的近似方法。

8.3 圆孔衍射

下面讨论另外一种衍射——圆孔衍射。

8.3.1 圆孔衍射

如图 8-11 所示，如果将单缝夫琅禾费衍射中的狭缝换成圆孔，同样可以看到衍射现象。此时在透镜的聚焦平面上的中央将出现亮斑，周围是以亮斑为圆心，明暗交替的环状条纹。

圆孔衍射条纹的中央亮斑称为**爱里斑**。设圆孔衍射中，圆孔直径为 D，透镜的焦距为 f，使用波长为 λ 的单色光入射，爱里斑的直径为 d，对应透镜光心的张角为 2θ，如图 8-12 所示。

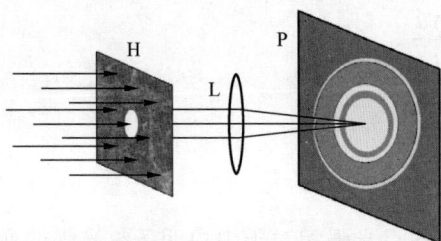

图 8-11　圆孔夫琅禾费衍射实验

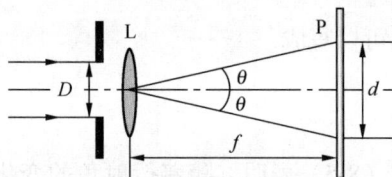

图 8-12　爱里斑的计算

通过计算可以得到

$$\theta \approx \sin\theta = 0.61\frac{\lambda}{d} = 1.22\frac{\lambda}{D} \tag{8-7}$$

因此，可以得到爱里斑的直径 d 表示为

$$d = 2\theta f = 2.44\frac{\lambda}{D}f$$

也就是说，单色光波长 λ 越大，或圆孔直径 D 越小，衍射现象越明显；反之，当圆孔直径 D 非常大（$\frac{\lambda}{D} \ll 1$）时，衍射现象就可以忽略，此时就为几何光学所描述的"光沿直线传播"现象。

8.3.2 光学仪器的分辨能力

受到衍射现象的影响，光学仪器存在着分辨能力的问题。从波动光学的角度来看，点光源所发出的光经过仪器的圆孔或者是狭缝之后，能够发生衍射现象。即点光源所发射出来的光经透镜系统所成的像将不再是一个点，而是一组弥散的衍射条纹。若是两个点光源的距离很近，而形成的衍射光斑又比较大，就很容易重叠在一起很难分辨开来。

两个非相干点光源经光学系统所成的像如图 8-13 所示。当其中一个点光源的爱里斑中心恰好与另一个点源的爱里斑的边缘重合时，可认为两个光源恰好能够分辨，如图 8-13（b）所示。此时，两个衍射图样相重叠部分的中心光强为单个点光源爱里斑的 0.8 倍。若点光源的爱里斑之间的距离更远，则认为两个点光源能够被光学仪器所分辨，如图 8-13（a）所示。

反之若两个点光源的爱里斑之间的距离更近，则认为两个点光源不能被光学仪器所分辨，如图 8-13（c）所示。这种判断两个点光源能否被人眼或者光学仪器所分辨的判断方法称为**瑞利判据**。恰好能够分辨的情况下点光源对透镜光心的张角 θ_0 称为**最小分辨角**，可以表示为

$$\theta_0 = 1.22\frac{\lambda}{D}$$

由上式可以看出，最小分辨角与波长 λ 成正比，与光仪孔径 D 成反比。通常把光学仪器最小分辨角的倒数称为**分辨率**，所以分变率与波长 λ 成反比，与光仪孔径 D 成正比。这也就是天文望远镜上采用大直径（最大的反射式望远镜的孔径能够达到 10m）的透镜的原因。

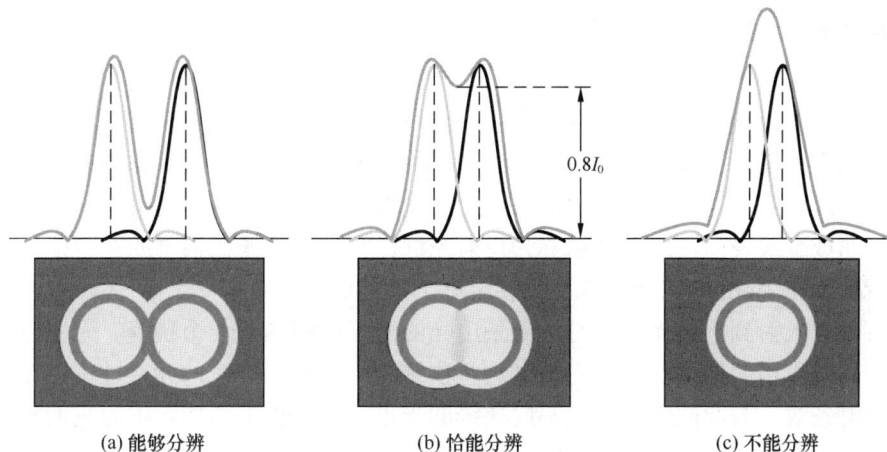

(a) 能够分辨　　　　　　　　(b) 恰能分辨　　　　　　　　(c) 不能分辨

图 8-13　光学仪器的分辨能力

当然，上述讨论是在两个点光源非相干的前提下进行的，若是点光源为相干光，则应先考虑干涉效应。

显微镜同望远镜有所不同。由于显微镜的焦距较短，通常把被观测的物体被放在物镜的焦距之外，经物镜形成放大实像后再经目镜放大。通常用最小分辨距离来表示显微镜的分辨极限，表示为

$$\Delta y = \frac{0.61\lambda}{n\sin u}$$

式中，n 为物方折射率，u 为孔径对物点张角的一半。$n\sin u$ 称为显微镜的数值孔径。因此，显微镜的分辨能力表示为

$$R = \frac{1}{\Delta y} = \frac{n\sin u}{0.61\lambda}$$

上式表明，要提高显微镜的分辨本领，应该减小光波的波长 λ，或增加物方折射率 n，从而增大显微镜的数值孔径。电子显微镜就是利用电子束的波动性，通过加高压的方法使电子束的波长达到 0.1nm 的数量级，从而提高分辨率的。而高倍率的显微镜经常使用油浸镜头，就是通过在载物片和物镜之间滴一滴油，使数值孔径增大到 1.5nm 左右从而使分辨的最小距离减小。通常显微镜的数值孔径总是小于 1。

【例 8-2】　在迎面驶来的汽车上，两盏前灯相距 1.2m。试问汽车离人多远的地方，眼睛才可能分辨这两盏前灯?假设夜间人眼瞳孔直径为 5.0mm，而入射光波长 $\lambda = 550.0\text{nm}$。

解： 根据瑞利判据，最小分辨角为

$$\theta_0 = 1.22 \frac{\lambda}{D}$$

当角度很小时，有

$$\theta_0 = \frac{\Delta x}{l} = 1.22 \frac{\lambda}{D}$$

代入数值，可得 $l = \frac{D\Delta x}{1.22\lambda} = 8.94 \times 10^3$ m。

8.4 光栅衍射

若玻璃上刻有大量平行等间距且等宽度的刻痕，平行光透过该玻璃时会具有特殊的衍射现象。这种刻有大量平行等间距刻痕的光学器件称为**光栅**。刻痕一般刻在玻璃或石英上，刻痕不透光，光线能够透过没有刻痕的地方，这种光栅称为透射光栅，也可把刻痕刻在反射界面上，如镜面或金属表面，这种光栅称为反射光栅。常见的光栅在很窄的宽度往往可以刻有很多条刻痕，如在 1mm 的宽度里有几百甚至上千条刻痕。

当光束垂直入射到透射光栅上时，每条透光的部分都相当于一个狭缝。光栅衍射相当于衍射和干涉同时作用的结果。因为光透过这些狭缝时将会发生衍射，并通过透镜在前方的屏幕上产生衍射条纹；与此同时，来自不同狭缝的光也会发生相干叠加。下面我们来讨论光栅衍射条纹的分布。

如图 8-14 所示，若光栅相邻两条刻痕之间透光的部分宽度为 a，一条刻痕的宽度为 b，则把它们的和 $(a+b) = d$ 称为光栅常数。

从干涉的角度出发，若从两相邻狭缝发出的光束之间光程差为波长的整数倍，即相位差为 2π 的整数倍时，在屏幕上叠加，将会干涉相长，产生明条纹。所以，产生干涉明条纹的条件为

$$(a+b)\sin\theta = \pm k\lambda \qquad (k = 0,1,2,3,\cdots) \qquad (8\text{-}8)$$

或

$$\frac{2\pi(a+b)\sin\theta}{\lambda} = \pm 2k\pi \qquad (k = 0,1,2,3,\cdots) \qquad (8\text{-}9)$$

式（8-9）称为**光栅方程**，满足光栅方程的明条纹称为**主明条纹**或**主极大**。

在两相邻主极大之间，会有暗条纹和次级的明条纹，这些条纹可以用振动合成的方法进行解释。

产生暗条纹的条件是参与叠加的振动矢量能够组成一个闭合的多边形，如图 8-15 所示。所以当光栅有 N 条狭缝时，满足暗条纹的条件为

$$N\varphi = \pm 2m\pi \qquad (m = 1,2,3,\cdots)$$

需要注意的是，m 取值时并不能包括 N 或 N 的整数倍。相位差 $\Delta\varphi$ 可以表示为

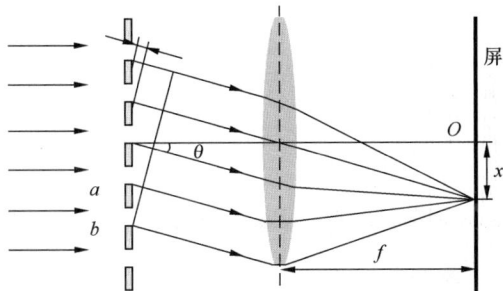

图 8-14 光栅衍射

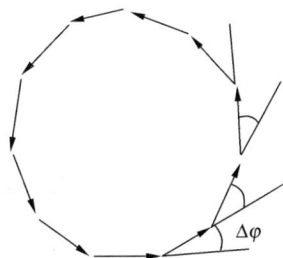

图 8-15 多峰振动合成形成暗条纹

$$\Delta\varphi = \frac{2\pi(a+b)\sin\theta}{\lambda}$$

于是可以得到产生暗条纹的条件为

$$(a+b)\cdot\sin\theta = \frac{\pm m}{N}\lambda$$

式中，m 的取值为 $m = 1,2,3,\cdots,(N-1),(N+1),\cdots,(2N-1),(2N+1),\cdots$。从条纹的位置来看，在两个相邻的主极大之间，会有 $N-1$ 条暗条纹。

既然在相邻的两个主极大之间有 $N-1$ 条暗条纹，那么，除了主极大的明条纹之外，在暗条纹之间一定还存在着 $N-2$ 条明条纹。但是实际上，这些条纹是振动没有完全抵消的较暗的条纹，其亮度是主极大的几十分之一，因此不是很明显。这些条纹称为**次级明纹**或**次极大**。由于光栅的条纹数很多，且次极大的强度很低，所以通常观察到的光栅衍射条纹是亮度较大而宽度较窄的主极大明条纹，以及存在于主极大之间由次极大和暗条纹构成的亮度很低的背景构成的。

根据前面的分析，光栅衍射条纹是由每条狭缝的衍射光相互干涉形成的，也就是说必须先有衍射光才能形成干涉，这也就是通常称为"光栅衍射"而不是"光栅干涉"的原因。在单缝衍射中已经分析过，当狭缝衍射角满足一定条件时，衍射光将形成暗条纹。当发生光栅衍射时，若衍射角满足单缝衍射的暗纹条件（式（8-3））的同时，又满足光栅衍射的主极大的条件（式（8-9）），将只能形成暗条纹。这种现象称为**缺级现象**。联立两式

$$\frac{2\pi(a+b)\sin\theta}{\lambda} = \pm 2k\pi \qquad (k=0,1,2,3,\cdots)$$

$$a\sin\theta = \pm 2k'\cdot\frac{\lambda}{2} \qquad (k'=1,2,3,\cdots)$$

所以在缺级处有

$$\frac{a+b}{a} = \frac{k}{k'} \tag{8-10}$$

即，若光栅常数 $a+b$ 与光栅的缝宽 a 的比值可以化为整数之间的比值时，就会发生缺级现象。例如若 $a+b$ 与 a 的比值为 $4:1$，则在 k 取值 4、8、12…时发生缺级，此时将无法观测到这

些级次的主极大，如图 8-16 所示。

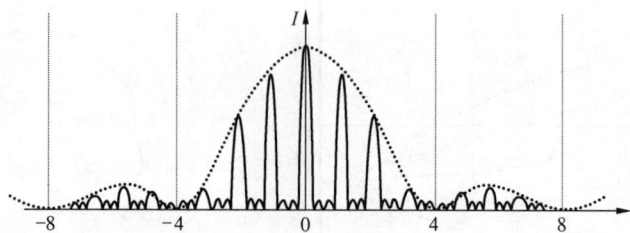

图 8-16　缺级现象

利用光栅衍射时衍射条纹的衍射角与波长有关，且具有主极大条纹亮度较高而宽度较窄的特点。可以用光栅来制成光谱仪，其结构如图 8-17 所示。光源发出的光进入光谱仪狭缝后，经透镜转换为平行光入射到光栅 G 上，此时可使用光电倍增管或 CCD 等探测器来检测不同角度的光信号，最后按照角度和波长之间的关系，就可以计算出不同波长对应的光强度，即光谱数据。

若入射光为单色光，根据其各级主极大衍射角的不同就可计算出其波长。若入射光为复色光，由于不同波长的光同一级主极大（零级除外）对应的衍射角不同，所以可以将入射光按照波长分开，形成**光栅光谱**，如图 8-18 所示。但是需要注意的是，对应于较高级次的光栅衍射光谱中的波长，较长的部分可能会和下一级次的波长较短的部分产生重合。

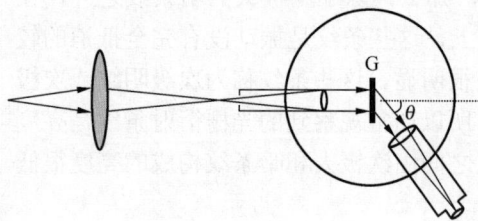

图 8-17　光谱仪结构

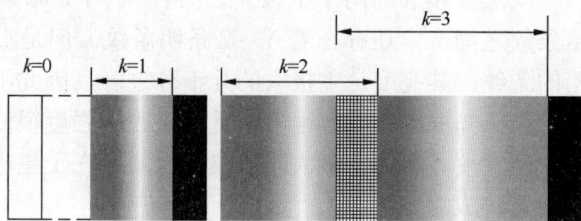

图 8-18　衍射光谱

光谱分析的应用较为广泛。比如，利用不同成分物体发出的光谱波长和强度特征，可以对物体中所含有的成分及其数量进行分析；或者通过光谱分析来确定物体的状态，如温度等。

【例 8-3】　在光栅衍射实验中，采用每厘米有 5 000 条缝的衍射光栅，光源采用波长为 589.3nm 的钠光灯，试回答下面的问题。

（1）若光线垂直入射，可以看到衍射条纹的第几级谱线，一共能看到几条条纹；

（2）若光线以 $i=30°$ 角入射，最多可看到第几级谱线，共几条条纹；

（3）实际上钠光灯的光谱是由峰值波长为 $\lambda_1 = 589.0\text{nm}$ 和 $\lambda_2 = 589.6\text{nm}$ 的两条谱线组成的，求正入射时最高级条纹中此双线分开的角距离及在屏上分开的线距离。设光栅后透镜的焦距为 2m。

解：（1）根据光栅方程

$$(a+b)\sin\theta = \pm k\lambda \qquad (k = 0,1,2,3,\cdots)$$

得

$$k = \pm\frac{a+b}{\lambda}\sin\theta$$

按题意知，光栅常数为

$$a + b = \frac{1 \times 10^{-2}}{5\,000} = 2 \times 10^{-6}\,\text{m}$$

当衍射角大于 90º 时，将无法看到衍射条纹，所以 k 可能的最大值对应于 $\sin\theta = 1$，代入数值得 $k = \frac{2 \times 10^{-6}}{589.3 \times 10^{-9}} = 3.4$，因 k 只能取整数，故取 $k = 3$，即垂直入射时能看到第 3 级条纹。

（2）如图 8-19 所示，平行光以 θ' 角入射时，光程差的计算公式应作适当的调整，如图 8-19 所示。在衍射角的方向上，光程差为

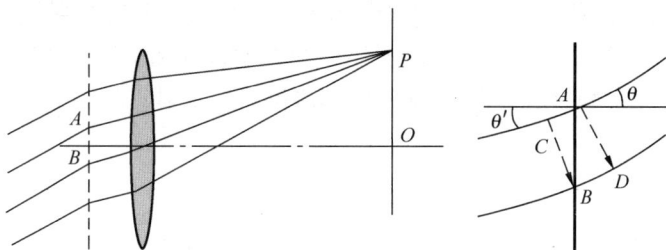

图 8-19　例 8-3

$$\delta = BD - AC = (a+b)\sin\theta - (a+b)\sin\theta' = (a+b)(\sin\theta - \sin\theta')$$

由此可得斜入射时的光栅方程为

$$(a+b)(\sin\theta - \sin\theta') = k\lambda \qquad (k = 0, \pm 1, \pm 2, \cdots)$$

同理，k 可能的最大值对应于

$$\sin\theta = \pm 1$$

在 O 点上方观察到的最大级次为 k_1，取 $\theta = 90°$ 得

$$k_1 = \frac{(a+b)(\sin 90° - \sin 30°)}{\lambda} = \frac{2 \times 10^{-6}(1 - 0.5)}{589.3 \times 10^{-9}} = 1.70，\ \text{取}\ k_1 = 1；$$

而在 O 点下方观察到的最大级次为 k_2，取 $\theta = -90°$ 得

$$k_2 = \frac{(a+b)(\sin(-90°) - \sin 30°)}{\lambda} = \frac{(a+b)(-1 - 0.5)}{589.3 \times 10^{-9}} = -5.09，\ \text{取}\ k_2 = -5。$$

所以斜入射时，总共有 -5、-4、-3、-2、-1、0、+1 共 7 条明条纹。

（3）对光栅公式两边取微分

$$(a+b)\cos\theta_k \mathrm{d}\theta_k = k\mathrm{d}\lambda$$

波长为 λ 及 $\lambda + \mathrm{d}\lambda$ 第 k 级的两条纹分开的角距离为

$$\mathrm{d}\theta_k = \frac{k}{(a+b)\cos\theta_k}\mathrm{d}\lambda$$

如问题（1）所得，当光线正入射时，最大级次为第 3 级，相应的角位置 θ_3 为

$$\theta_3 = \sin^{-1}(\frac{k\lambda}{a+b}) = \sin^{-1}(\frac{3 \times 589.3 \times 10^{-9}}{2 \times 10^{-6}}) = 62°7'$$

对于波长 $\lambda_1 = 589.0\,\text{nm}$ 和 $\lambda_2 = 589.6\,\text{nm}$ 的两条谱线，有

$$d\theta_3 = \frac{3}{2\times10^{-6}\times\cos62°7'}(589.6-589.0)\times10^{-9}\text{rad} = 1.93\times10^{-9}\text{rad}$$

钠双线分开的线距离 $fd\theta_3 = 2\times1.93\times10^{-3}\text{m} = 3.86\text{mm}$ 。

8.5　*X 射线衍射

1895 年伦琴发现，受到高速电子撞击的金属靶能够发出一种穿透能力很强的辐射，称为 X 射线或伦琴射线。图 8-20 所示是 X 射线管的结构原理图，整个 X 射线管包在真空玻璃管中。在阴极和阳极（也称为对阴极）两端加上高压之后，电子从阴极溢出并在电压作用下做加速运动，以较高动能撞击到阳极上，产生 X 射线。

X 射线本质上也是一种电磁波，其波长为 0.1nm 数量级。观察 X 射线的光栅衍射现象必须使用光栅常量更小的光栅。1912 年劳厄提出一种 X 射线光栅衍射的实验方法。劳厄实验装置如图 8-21 所示，X 射线管发射的 X 射线经铅屏准直后入射到晶体上，在晶体上散射，然后照射到底片上。

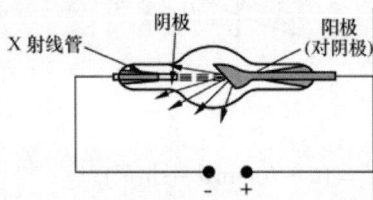

图 8-20　X 射线管

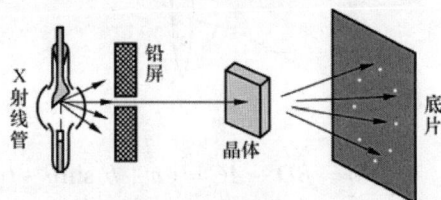

图 8-21　劳厄实验装置

劳厄法利用了晶体是一组有规则排列微粒的特点。当 X 射线照射在晶体上面时，组成晶体的每一个微粒相当于一个子波的中心，向各方向发出子波。这些子波相干叠加从而使得沿某些方向的传播光束加强，进而在底片上形成斑点，称为**劳厄斑**。通过对劳厄斑进行分析计算，就可以推断出晶体的结构。

1931 年布拉格父子提出了一种解释 X 射线的衍射方法，并做出了定量的计算。布拉格父子将晶体结构简化成由一系列彼此相互平行的原子组成的。如图 8-22 所示，当 X 射线照射到晶体上时，在原子上发生反射，从而形成子波波源。

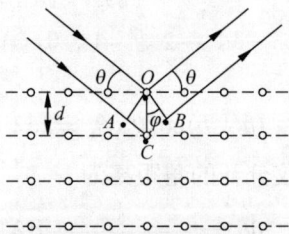

图 8-22　布拉格反射

设晶面之间的距离为 d，称为晶面间距。当一束单色平行 X 射线以角度 θ 入射到晶面上时，将在各层的原子上发生反射，相邻两层原子发生的反射时的光程差 δ 为

$$\delta = AC + BC = 2d\sin\theta$$

形成亮点的条件为

$$2d\sin\theta = k\lambda \quad (k = 0,1,2,\cdots)$$

上式称为**布拉格公式**，满足上述条件的入射角称为布拉格角。

因此，在已知晶体的具体结构时，利用 X 射线衍射可以计算入射 X 射线的波长；或者在已知 X 射线波长时，可测定晶体的晶格结构。以此为基础的 X 射线光谱分析等相关技术也在很多领域得到了应用。

复 习 题

一、思考题

1. 衍射现象和干涉现象有什么不同？

2. 光波和无线电波同为电磁波，为什么无线电波能够绕过大山或建筑物，而光波则不能？

3. 在单缝夫琅禾费衍射中，下列情况将导致衍射条纹发生什么样的变化？

（1）单缝沿着垂直透镜光轴的方向上下移动；

（2）单缝沿着透镜光轴的方向前后移动；

（3）单缝的宽度变窄；

（4）入射光的波长变长。

4. 若将单缝夫琅禾费衍射的整个装置浸入水中，调整屏幕使其保持屏幕在焦平面上，则衍射条纹将发生怎样的变化？

5. 单缝衍射和光栅衍射有什么不同？为什么光栅衍射的强度更强一些？

6. 衍射光栅的刻痕为什么要非常密集？刻痕之间为什么需要具有相同的距离？

7. 光栅衍射的光谱和棱镜光谱有什么不同？

二、习题

1. 根据惠更斯—菲涅尔原理，若已知光在某时刻的波阵面为 S，则 S 的前方某点 P 的光强度决定于波阵面 S 上所有面积元发出的子波各自传到 P 点的（　　）。

　　（A）振动振幅之和　　　　　　　　　（B）光强之和

　　（C）振动振幅之和的平方　　　　　　（D）振动的相干叠加

2. 波长为 λ 的单色平行光垂直入射到一狭缝上，若第一级暗纹的位置对应的衍射角为 $\theta = \pm\dfrac{\pi}{6}$，则缝宽的大小为（　　）。

　　（A）$\lambda/2$　　　　（B）λ　　　　（C）2λ　　　　（D）3λ

3. 对某一定波长的垂直入射光，衍射光栅的屏幕上只能出现零级和一级主极大，欲使屏幕上出现更高级次的主极大，应该（　　）。

　　（A）换一个光栅常数较小的光栅

　　（B）换一个光栅常数较大的光栅

　　（C）将光栅向靠近屏幕的方向移动

　　（D）将光栅向远离屏幕的方向移动

4. 波长 $\lambda = 550\text{nm}$ （$1\text{nm}=10^{-9}\text{m}$）的单色光垂直入射于光栅常数 $d=2\times10^{-4}\text{cm}$ 的平面衍射光栅上，可能观察到的光谱线的最大级次为（　　）。

(A) 2　　　　　(B) 3　　　　　(C) 4　　　　　(D) 5

5. 设光栅平面、透镜均与屏幕平行。则当入射的平行单色光从垂直于光栅平面入射变为斜入射时，能观察到的光谱线的最高级次 k（　　）。

(A) 变小　　　　(B) 变大　　　　(C) 不变　　　　(D) 改变无法确定

6. 一束波长为 $\lambda =500\text{nm}$ 的平行光垂直照射在一个单缝上。$a=0.5\text{mm}$，$f=1\text{m}$。如果在屏幕上离中央亮纹中心为 $x=3.5\text{mm}$ 处的 P 点为一亮纹，试求：

(1) P 点处亮纹的级数；

(2) 从 P 点看，对该光波而言，狭缝处的波阵面可分割成几个半波带？

7. 毫米波雷达发出的波束比常用的雷达波束窄，这使得毫米波雷达不易受到反雷达导弹的袭击。

(1) 有一毫米波雷达，其圆形天线直径为 55cm，发射频率为 220GHz 的毫米波，计算其波束的角宽度。

(2) 将此结果与普通船用雷达发射的波束的角宽度进行比较，设船用雷达波长为 1.57cm。圆形天线直径为 2.33m。

8. 某一单色光源波长未知，但发现其单缝衍射的第 3 级明纹恰好与波长为 532nm 的激光的第 2 级明纹位置重合，求这一光波的波长。

9. 利用单缝衍射的原理可以进行位移等物理量的测量。把需要测量位移的对象和一标准直边相连，同另一固定的标准直边形成一单缝，这个单缝宽度变化能反映位移的大小，如果中央明纹两侧的正、负第 k 级暗（明）纹之间距离的变化为 $\mathrm{d}x_k$，证明：

$$\mathrm{d}x_k = -\frac{2k\lambda f}{a^2}\mathrm{d}a$$

式中，f 为透镜的焦距，$\mathrm{d}a$ 为单缝宽度的变化（$\mathrm{d}a << a$）。

10. 直径为 2mm 的氦氖激光束射向月球表面，其波长为 632.8nm。已知月球和地面的距离为 $3.84\times10^{8}\text{m}$。试求：

(1) 在月球上得到的光斑的直径有多大？

(2) 如果这激光束经扩束器扩展成直径为 2m，则在月球表面上得到的光斑直径将为多大？在激光测距仪中，通常采用激光扩束器，这是为什么？

11. 人眼在正常照度下的瞳孔直径约为 3mm，而在可见光中，人眼最敏感的波长为 550nm，问：

(1) 人眼的最小分辨角有多大？

(2) 若物体放在距人眼 25cm（明视距离）处，则两物点间距为多大时才能被分辨？

12. 一束平行光垂直入射到某个光栅上，该光束有两种波长 $\lambda_1=4\,400\text{Å}$，$\lambda_2=6\,600\text{Å}$。实验发现，两种波长的谱线（不计中央明纹）第二级明纹重合于衍射角 $\varphi=60^{\circ}$ 的方向上，求此光栅的光栅常数 d。

13. 单色光垂直入射到每毫米刻有 600 条刻线的光栅上，如果衍射条纹第 1 级谱线对应的角度为 20°。试问该单色光的波长是多少？其衍射条纹的第 2 级谱线的位置？

14. 使用白光光源（波长范围 380～760nm）进行光栅衍射实验，选用的光栅每毫米刻有 400 条刻痕，问此光栅光可以产生多少个完整光谱？

15．使用白光垂直照射在每毫米有 650 条刻痕的平面光栅上，求其第 3 级光谱的张角。

16．试设计一个平面透射光栅的光栅常数，使得该光栅能将某种光的第 1 级衍射光谱展开 20.0°角的范围．设光波波长范围为 430～680nm 。

17．试设计一光栅，要求：

（1）能分辨钠光谱的 5.890×10^{-7}m 和 5.896×10^{-7}m 的第 2 级谱线；

（2）第 2 级谱线衍射角，请计算之；

（3）第 3 级谱线缺级，请计算之。

第 9 章　光的偏振

【学习目标】

- 理解自然光与偏振光的区别。
- 掌握马吕斯定律和布儒斯特定律。
- 了解双折射现象。
- 了解线偏振光的获得方法和检验方法。

根据光的电磁理论，光矢量（即电矢量）的振动方向与光的传播方向相互垂直。但是，与光的传播方向相垂直的是一个平面，在这个平面上，光矢量有着不同的振动特性。有些光的光矢量都沿着某一个特定方向振动，有一些则在各个方向上的振动是相同的，还有一些光的光矢量振动方向并没有明显的规律。在机械振动中这种现象称为**偏振现象**，是一种只有横波才具有的现象。偏振光在很多方面得到应用和发展。

9.1　自然光　偏振光

光矢量只沿着垂直于其传播方向的某一个特定方向振动时，称为**线偏振光**。通常把振动方向和传播方向组成的平面称为振动平面。显然线偏振光的振动平面是一个固定的平面，所以有时也把线偏振光称为**平面偏振光**。

普通光源发出的光是由无数原子或分子发出的。虽然每一个原子或分子发出的某一个波列振动方向是固定的，相当于线偏振光。但是，原子发出的不同波列之间是相互独立的，其振动方向没有规律可寻，更不用说光源中其他原子或分子发出的波列。所以在宏观上观察，任何一个方向的振动都不会比其他方向有优势，即整个光矢量的振动在各个方向上的分布是均匀的，每个方向上的振幅也可以看作相同，如图 9-1（a）所示。这种没有偏振特点的光称为**自然光**，也称自然偏振光。

如图 9-1（b）所示，为了更方便地表示自然光，通常任意取垂直于光传播方向且相互垂直的两个方向，沿这两个方向将光矢量分解开来，把自然光总的振动转化成相互垂直两个方向的振动。根据自然光的特点，这两个振动必然是沿着相互独立、等振幅、相互垂直的方向振动。于是，光束被分解成两束相互独立、等强度、光矢量振动方向相互垂直的线偏振光。两束线偏振光的强度均等于自然光强度的一半。在光的偏振性的研究中，通常用短线段表示平行于纸面的振动，用圆点表示垂直纸面的振动，用单位长度上短线段或圆点的多少表示各自振动的强度大小。因此，自然偏振光就可以表示为图 9-1（c）。

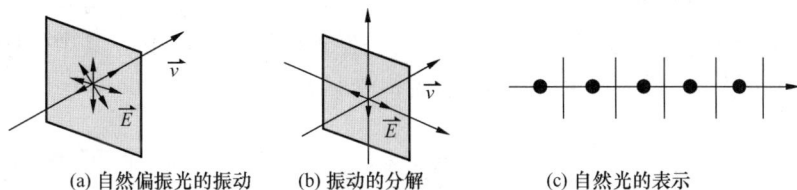

(a) 自然偏振光的振动　　(b) 振动的分解　　(c) 自然光的表示

图 9-1　自然偏振光及其表示

通过一些特殊的方法，可以将自然光两个分量中的一个消除，使自然光变为线偏振光。也可只消除自然光一个振动分量的一部分，此时光束两个振动方向上的分量强度不再相等，称为**部分偏振光**。线偏振光和部分偏振光的表示如图 9-2 所示。

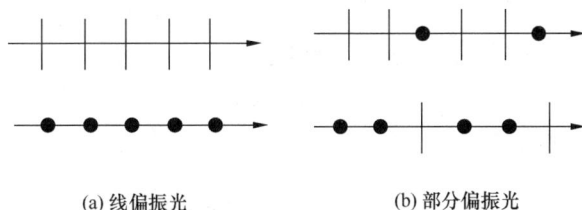

(a) 线偏振光　　　　　　　　(b) 部分偏振光

图 9-2　线偏振光和部分偏振光的表示

9.2　偏振片　马吕斯定律

下面介绍一下如何由自然光获得偏振光。

9.2.1　偏振片

从自然光可以获得偏振光，这样的过程称为**起偏**。完成这样工作的光学器件称为**起偏器**。最常见的起偏器之一就是**偏振片**。偏振片用特殊物质（如硫酸金鸡钠碱）制成，使其能够对某一方向的光振动产生强烈的吸收，而让与之相垂直方向的振动最大限度地透过。通常把偏振片透光的方向称为偏振片的**偏振化方向**或**透振方向**。

自然光垂直入射到偏振片上，只有沿着偏振化方向的光分量能够通过，透射出来的光强度等于自然光的一半，如图 9-3 所示。

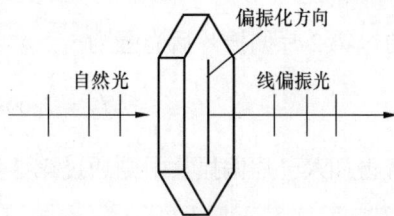

图 9-3　偏振片

偏振片也可用于检偏。在垂直于偏振光的传播方向上加入偏振片，如果线偏振光的振动方向与偏振片的偏振化方向相同，则偏振光能够最大限度地透过偏振片；若线偏振光的振动方向与偏振片的偏振化方向相垂直，则光线不能够透过偏振片；线偏振光的振动方向与偏振片的偏振化方向成一定角度时，只有部分偏振光透过偏振片。因此，根据一束光沿不同角度透过偏振片后的情况就可以判断该光是否为偏振光。

9.2.2 马吕斯定律

如图 9-4 所示，设自然光振幅 A_0，光强 I_0，经偏振片 P_1 后获得线偏振光，该线偏振光振幅 A_1，光强 I_1。根据上文分析，$I_0 = 2I_1$。线偏振光再经偏振片 P_2，其中偏振片 P_1 和 P_2 的偏振化方向夹角为 α，透射出 P_2 的光振幅 A_2，光强 I_2。

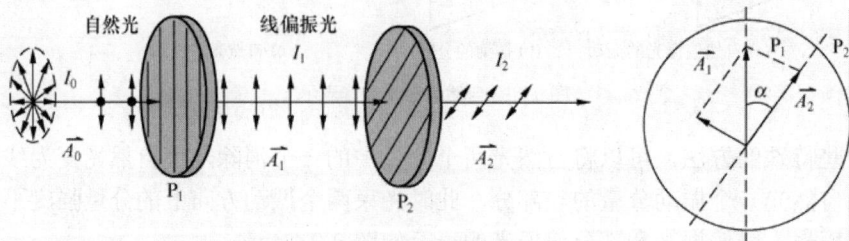

图 9-4　马吕斯定律

由于偏振片只允许平行于其偏振化方向的振动通过，所以有

$$A_2 = A_1 \cos \alpha$$

于是可以得出 I_1、I_2 之间的关系为

$$I_2 = I_1 \cos^2 \theta = \frac{1}{2} I_0 \cos^2 \theta \qquad (9\text{-}1)$$

式（9-1）表明，当线偏振光从偏振片透射出去后，光强与线偏振光振动方向和偏振片偏振化方向之间夹角余弦值的平方成正比，这一关系由马吕斯 1808 年发现，所以又称为**马吕斯定律**。

所以，可以得出结论：当两偏振片的偏振化方向平行，即 $\alpha = 0$ 或 $\alpha = \pi$ 时，光强最大，等于入射光强；当两偏振片的偏振化方向相垂直时，即 $\alpha = \pi/2$ 或 $\alpha = 3\pi/2$ 时，光强最小，等于零。

【例 9-1】 使自然光通过两个偏振化方向成 60° 角的偏振片，透射光强为 I。若在这两个偏振片之间再插入另一偏振片，其偏振化方向与前两个偏振片均成 30° 角，则透射光强为多少？

解： 设自然光光强为 I_0，通过第 1 片偏振片后光强为

$$I_1 = \frac{1}{2} I_0$$

通过第 2 片偏振片后光强为

$$I_2 = I_1 \cos^2 60° = \frac{1}{2} I_0 \cos^2 60° = \frac{1}{8} I_0 = I$$

若再插入一片偏振片，则通过第 3 片后光强为

$$I_3' = I_1 \cos^2 30° = \frac{1}{2} I_0 \cos^2 30° = \frac{3}{8} I_0$$

通过第 3 片的光再通过第 2 片之后光强为

$$I_2' = I_3' \cos^2 30° = \frac{9}{32} I_0$$

所以透射光强为 $I_2' = \dfrac{9}{32} I_0$。

9.3 反射光和折射光的偏振规律

实验表明，当自然光在折射率不同的两种介质上发生反射和折射的时候，反射光和折射光都是部分偏振光。下面来详细说明。

一束自然光以入射角 i 入射到两种物质的交界面上，两种物质的折射率分别为 n_1 和 n_2。光束的一部分会在交界面上发生反射，反射角也为 i，另一部分发生折射，设折射角为 γ。若把所有光束的振动都分解为平行于纸面和垂直于纸面两个方向的振动，其中平行于纸面的振动用短线段表示，垂直于纸面的振动用圆点表示，短线段和圆点的多少代表光强度的强弱。如图 9-5 所示，通过偏振片检验，可以发现反射光中垂直振动的部分比平行振动的部分强，折射光中的垂直振动的部分比平行振动的部分弱。也就是说，反射光和折射光都将成为部分偏振光。

实验还指出，如果使入射角 i 连续变化，反射光和折射光的偏振化程度都会随之变化。当入射角等于某一特定角度 i_0 时，反射光中只有垂直于传播平面方向的振动，而平行于传播平面方向的振动为零，这一规律称为**布儒斯特定律**，是由布儒斯特于 1815 年发现的。这一特殊的入射角 i_0 称为**起偏角**或**布儒斯特角**，如图 9-6 所示。此时有

$$\tan i_0 = \frac{n_2}{n_1} \tag{9-2}$$

式（9-2）就是布儒斯特定律的数学表达式。

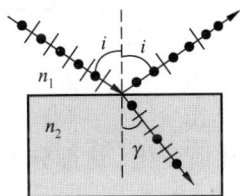

图 9-5 自然光的反射和折射

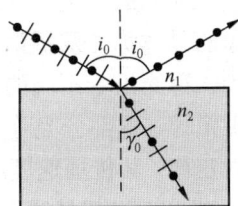

图 9-6 入射角为布儒斯特角

根据折射定律

$$\frac{\sin i_0}{\sin \gamma_0} = \frac{n_2}{n_1}$$

入射角为起偏角 i_0 时，有

$$\tan i_0 = \frac{n_2}{n_1}$$

所以

$$\sin \gamma_0 = \cos i_0$$

即

$$\gamma_0 + i_0 = \frac{\pi}{2} \tag{9-3}$$

也就是说，当入射角为起偏角 i_0 时，反射光和折射光相互垂直。根据光的可逆性，当入射光以 γ_0 角从折射率为 n_2 的介质入射于界面时，此 γ_0 角也为布儒斯特角。

因此，假设自然光从空气入射到折射率为1.5的玻璃上，布儒斯特角为 56.3°；若是从玻璃入射到空气中，布儒斯特角为 33.7°。若是从空气入射到折射率为1.33的水面上，布儒斯特角为 53.1°。

9.4 双折射

与在各向同性介质中传播不同，光在各向异性晶体中传播时会发生一种特殊现象——双折射。

9.4.1 双折射现象

通常，一束光照射到两种物质的交界面上发生折射时，只会观察到一束折射光，并遵循折射定律

$$n_1 \sin i = n_2 \sin \gamma$$

式中，i 为入射角，γ 为折射角，n_1、n_2 分别为两种物质的折射率。

但是，若光入射到一些特殊的物质（如方解石晶体）表面上时，可以观察到折射光沿着不同的角度分解成两束，如图 9-7 所示。这种现象是由晶体的各向异性造成的，称为**双折射**，能够产生双折射现象的晶体称为**双折射晶体**。

实验表明，当入射光沿着不同的方向入射时，其中一束折射光始终遵循折射定律，这部分光称为**寻常光（o 光）**；另一部分光则不遵循折射定律，其传播速度随着入射光方向的变化而变化，这部分光称为**非常光（e 光）**。实验证明，o 光和 e 光都是线偏振光。

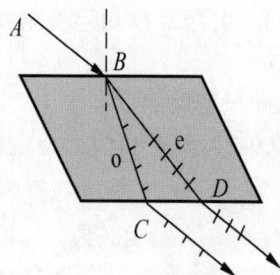

图 9-7 双折射现象

9.4.2 光轴 主平面

光入射到双折射晶体表面并沿着某一个方向入射时，可以发现：晶体的内部总存在一个确定的方向，沿着这个方向传播时，寻常光和非寻常光并没有分开，即此时不发生双折射现象。这一方向称为晶体的**光轴**。

以方解石晶体为例，方解石晶体为 6 面棱体和 8 个顶点，如图 9-8 所示。其中以 A、B 为顶点的各个角都是 102°，连接这两个顶点引出的直线就是光轴的方向。任何平行于该方向的直线都可以看作光轴。有的晶体只有一个光轴，称为**单轴晶体**；有的晶体有两个光轴，称为**双轴晶体**。在晶体中，把包含光轴和任一已知光线所组成的平面称为**主平面**。o 光的振动方向垂直于 o 光的主平面，e 光的振动方向则平行于 e 光的主平面。通常 o

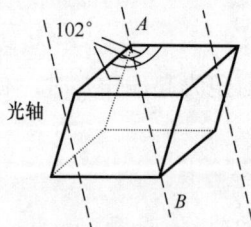

图 9-8 方解石晶体

光和 e 光的主平面成一定角度，但是夹角较小，所以，一般可以认为 o 光和 e 光的振动方向是相互垂直的。

9.4.3　双折射现象的解释

根据惠更斯原理，波阵面上任何一点可以看作子波波源。在各向同性的介质中，点光源沿各个方向传播的速率相同，所以子波的波阵面为球面波。在双折射晶体中，通常寻常光和非寻常光的传播速度不同。其中，寻常光在晶体中沿着各方向传播速度相同，所以其子波的波阵面为球面；而非寻常光在晶体中沿各方向传播速度都不相同，其中只有沿着光轴的方向传播时，非寻常光和寻常光的传播速度才是相同的，在垂直光轴的方向上，非寻常光和寻常光的传播速度差别最大。

对于有些晶体，o 光和 e 光沿垂直光轴的方向传播时，e 光的传播速度要小于 o 光的传播速度，即 $v_e < v_o$，这种晶体称为**正晶体**；也有一些晶体，o 光和 e 光沿垂直光轴的方向传播时，e 光的传播速度要大于 o 光的传播速度，即 $v_e > v_o$，这种晶体称为**负晶体**。无论是正晶体还是负晶体，e 光的子波波阵面都是旋转椭球面，而 o 光子波波阵面为球面。而由于沿着光轴方向，o 光和 e 光的传播速度都相同，所以 o 光和 e 光相切于光轴，如图 9-9 所示。

根据折射率的定义，寻常光（o 光）的折射率 $n_o = \dfrac{c}{v_o}$，为由晶体材料决定的常数。而非寻常光（e 光）

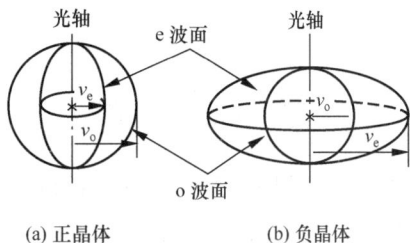

图 9-9　子波波阵面

沿各向的传播速度不同，所以不存在一般意义上的折射率，为与寻常光对应起见，通常把光速与非寻常光沿垂直于光轴方向传播速率之比称为**非常光的主折射率**，即 $n_e = \dfrac{c}{v_e}$。如前所述，对于正晶体来说有 $n_e > n_o$，负晶体有 $n_e < n_o$。常见晶体的 n_e、n_o，如表 9-1 所示。

表 9-1　　　　　　　　　　　几种晶体中 o 光和 e 光主折射率

晶　　体	n_o	n_e	晶　　体	n_o	n_e
方解石	1.658	1.486	电气石	1.669	1.638
菱铁矿	1.875	1.635	白云石	1.681	1.500
石英	1.544	1.553	冰	1.309	1.313

下面利用惠更斯原理解释双折射现象。

可以将光入射分为 3 种情况。

（1）光轴平行晶体表面，自然光垂直入射。如图 9-10 所示，平行自然光垂直入射到晶体表面时，寻常光和非寻常光并不能分开，但是由于晶体内传播速度不同，进入晶体之后，两种光在同一点处的相位并不同。

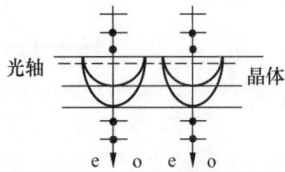

图 9-10　光轴平行晶体表面，平行自然光垂直入射

（2）光轴与晶体表面有一定夹角，平行自然光垂直入射。如图 9-11 所示，平行自然光垂直入射到晶体表面点并进入晶体继续传播。自 *A* 点和 *B* 点入射

的光的波阵面如图 9-11 所示，作直线交寻常光波阵面，连接 A、B 两点和交点，得寻常光传播方向。同理，作直线交非寻常光波阵面，连接 A、B 两点和交点，得非寻常光传播方向。

（3）平行自然光斜入射。如图 9-12 所示，平行自然光以入射角 i 入射到晶体表面 A 点并进入晶体继续传播，进入晶体经历 Δt 时间后，两束光的子波波阵面如图所示。此时自然光中的另一束恰好入射到晶体表面 B 点，自该点引两直线分别相切于自然光和非自然光的波阵面，连接 A 点和两交点所得两条直线就是寻常光和非寻常光的传播方向。

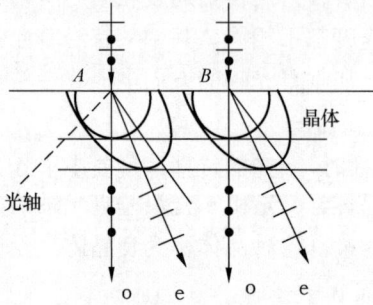

图 9-11　平行自然光垂直入射　　　　图 9-12　平行自然光斜入射

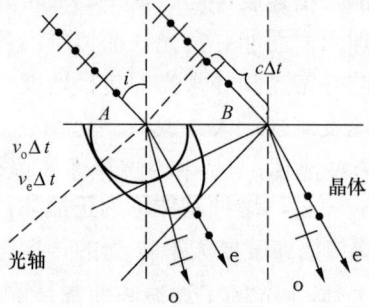

9.4.4　尼科耳棱镜

双折射现象可以将寻常光和非寻常光使用较厚的晶体分得更开。但是实际上，由于常见的天然晶体的厚度都非常薄，很难将两种光分开，所以通常使用尼科耳棱镜等偏振器件。尼科耳棱镜可以使一束光透射，另一束反射。尼科耳棱镜可以当作起偏器使用，也可以当作检偏器使用。

两块经特殊加工而成的方解石晶体，使用特殊的树胶材料粘在一起形成长方形柱状棱镜就是尼科耳棱镜，如图 9-13（a）所示。

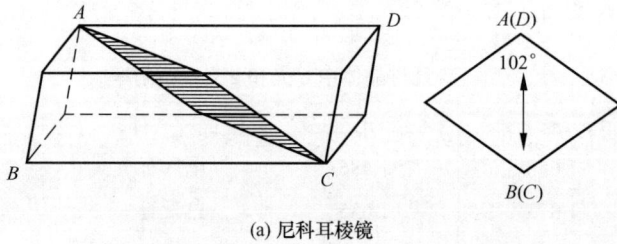

(a) 尼科耳棱镜

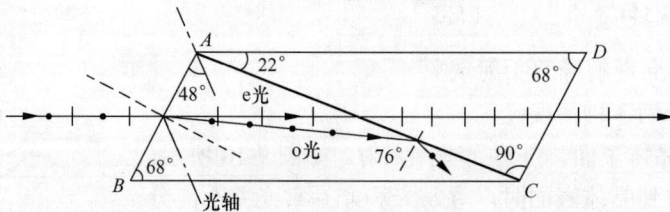

(b) 光线在尼科耳棱镜中的传播

图 9-13　尼科耳棱镜

如图 9-13（b）所示，自然光从尼科耳棱镜的端面上入射进入晶体后分为两束，一束为寻常光，一束为非寻常光。由于方解石晶体中寻常光的折射率为1.658，非寻常光主折射率1.486，而尼科耳棱镜使用的树胶折射率为1.55，所以当光束照到方解石和树胶的界面时，寻常光的入射角超过临界角而发生全反射，而非寻常光则透射过树胶。最终寻常光照射到 BC 底面被涂黑的部分吸收，而非寻常光自透镜的另一个端面射出。

除了尼科耳棱镜外，沃拉斯特棱镜等也是由光轴相互垂直的两块方解石晶体黏合而成，如图 9-14 所示，沃拉斯特棱镜可获得两束分得很开的线偏振光。

【例 9-2】 两尼科耳棱镜晶体主截面间的夹角由 30° 转到 45°。

（1）当入射光是自然光时，求转动前后透射光的强度之比；

（2）当入射光是线偏振光时，求转动前后透射光的强度之比。

解： 尼科耳棱镜出射为振动面在主截面内的线偏振光。主截面即偏振化方向。

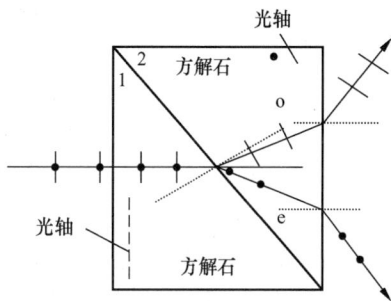

图 9-14　沃拉斯特棱镜

（1）入射光为自然光，夹角为 30° 时

$$I = \frac{I_0}{2}\cos^2 30° = \frac{3}{8}I_0$$

夹角为 45° 时，

$$I' = \frac{I_0}{2}\cos^2 45° = \frac{1}{4}I_0$$

得 $\dfrac{I}{I'} = \dfrac{3}{2}$。

（2）入射光为线偏振光，夹角为 30° 时

$$I = I_0\cos^2 30° = \frac{3}{4}I_0$$

夹角为 45° 时，

$$I' = I_0\cos^2 45° = \frac{1}{2}I_0$$

所以 $\dfrac{I}{I'} = \dfrac{3}{2}$。

9.5　椭圆偏振光和圆偏振光

椭圆偏振光和圆偏振光是两种特殊的偏振光。

9.5.1　椭圆偏振光和圆偏振光

如图 9-15 所示，当一束单色自然光垂直透过偏振片 P_1 后，透射光将变成线偏振光，其偏振方向同偏振片 P_1 的偏振化方向一致。这时在光路中加入双折射晶片 C，使所得的线偏振光垂直入射，双折射晶片 C 的光轴方向平行于晶体表面且与线偏振光偏振方向成 α 角。

线偏振光进入双折射晶体中也会分为寻常光和非寻常光。根据惠更斯原理对双折射现象的解释，可以知道寻常光和非寻常光在垂直入射时不会分开，如图 9-10 所示。但是由于折射

率不同，两种光射出双折射晶片 C 时，其相位会有所不同。假设寻常光和非寻常光的折射率分别为 n_o 和 n_e，双折射晶片 C 厚度为 d，则两束光透过晶片后的相位差为

$$\Delta\varphi = \frac{2\pi}{\lambda}d(n_o - n_e)$$

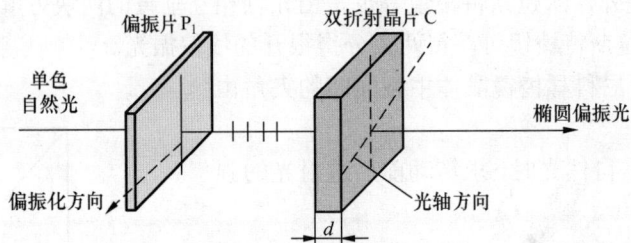

图 9-15　椭圆偏振光

如果晶片的厚度 d 恰好能使相位差 $\Delta\varphi = k\pi$，则寻常光和非寻常光叠加之后仍为线偏振光。若 $\Delta\varphi \neq k\pi$，则两束光叠加之后形成的振动轨迹为一个椭圆形，这样的光称为**椭圆偏振光**。

双折射晶片 C 的光轴方向决定了寻常光和非寻常光的振幅。两种光的振幅分别可以表示为

$$A_o = A\sin\alpha \qquad A_e = A\cos\alpha$$

因此如果两种光的振幅相同，即当 $\alpha = \pi/4$，且相位差 $\Delta\varphi = \pi/2$ 或 $\Delta\varphi = 3\pi/2$ 时，叠加后形成的振动轨迹为一个圆形，这样的光称为**圆偏振光**。

9.5.2　四分之一波片

根据上述的分析，要获得圆偏振光，晶片的厚度应使 o 光和 e 光产生 $\frac{\pi}{2}$ 的相位差，即

$$\Delta\varphi = \frac{2\pi}{\lambda}d(n_o - n_e) = \frac{\pi}{2}$$

由此可以得出

$$d = \frac{\lambda}{4(n_o - n_e)}$$

或写成两种光之间光程差的形式

$$\delta = d(n_o - n_e) = \frac{\lambda}{4}$$

即如果选择晶片的厚度使寻常光和非寻常光的相位差 $\Delta\varphi = \pi/2$，可以让寻常光和非寻常光在晶片中的光程差为四分之一个波长。满足上述条件的晶片称为**四分之一波片**。使用这种波片可以使两种光在晶片中的相位差为 $\pi/2$，若同时能够满足 $\alpha = \pi/4$，则透射出来的光为圆偏振光，否则仍为椭圆偏振光。应该注意的是，四分之一波片是针对某一特定波长而言的，若是使用其他波长的光则不能达到相同效果。

除了四分之一波片外，有些情况下也使用二分之一波片。这种波片使寻常光和非寻常光的相位差 $\Delta\varphi = \pi$。因此，线偏振光垂直入射到该波片上透射出来时仍为线偏振光。

9.5.3 偏振光的干涉

椭圆偏振光中寻常光和非寻常光源于同一束光，所以两种光具有相干性。如图 9-16（a）所示，若在椭圆偏振光的后面再加一个偏振片 P_2，使光束垂直入射到其表面。保持偏振片 P_2 同 P_1 的偏振化方向相互垂直。

两种光通过偏振片 P_2 时，只有平行于 P_2 偏振化方向的光才能通过。所以，可以只考虑两种光在 P_2 偏振化方向上的分量，即只考虑在偏振化方向的振动分量。最终寻常光和非寻常光透过偏振片 P_2 后的振动不仅具有相同的频率和恒定的相位差，而且振动的方向也是相同的，因此两束光是满足相干条件的。

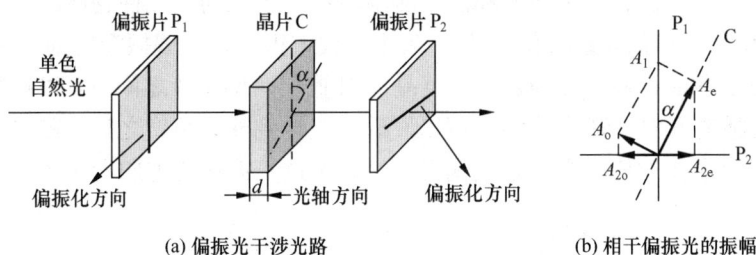

(a) 偏振光干涉光路   (b) 相干偏振光的振幅

图 9-16 偏振光的干涉

两束光在 P_2 偏振化方向上的振幅分量，如图 9-16（b）所示，有

$$A_{2o} = A_o \cos\alpha = A_1 \sin\alpha \cdot \cos\alpha$$

$$A_{2e} = A_e \sin\alpha = A_1 \sin\alpha \cdot \cos\alpha$$

因此，最终两束光不仅满足相干条件，而且振幅也是相等的。两束光之间除了要考虑与晶片厚度 d 有关的相位差外，还存在着一个附加的相位差 π，所以相位差可以写为

$$\Delta\varphi = \frac{2\pi}{\lambda}d(n_o - n_e) + \pi$$

要使干涉相长，必须满足条件

$$\Delta\varphi = \frac{2\pi}{\lambda}d(n_o - n_e) + \pi = 2k\pi \qquad (k = 1,2,3,\cdots)$$

即只有当晶片的厚度 d 满足

$$d = \frac{(2k-1)}{2(n_o - n_e)}\lambda \qquad (k = 1,2,3,\cdots)$$

时，干涉相长。

要使干涉相消，必须满足条件

$$\Delta\varphi = \frac{2\pi}{\lambda}d(n_o - n_e) + \pi = (2k-1)\pi \qquad (k = 1,2,3,\cdots)$$

即只有当晶片的厚度 d 满足

$$d = \frac{k}{(n_o - n_e)}\lambda \qquad (k = 1,2,3,\cdots)$$

时，干涉相消。

同时可以看出，干涉条件与入射光的波长有关，当采用的单色光波长不同时，产生的干涉效果也会不同。若使用白色自然光入射，当晶片厚度一定时，不同波长的光干涉效果不同，所以视场将会出现一定的色彩，这种现象称为**色偏振**。色偏振现象在实际生活上有着较为广泛地应用，如可用来鉴别矿石的种类。

9.6 *旋光现象

旋光现象是阿喇果于 1811 年发现的一种偏振现象，其特征是当偏振光通过某些透明的介质时，偏振光的振动面将以光传播的方向为轴旋转一定的角度，具有这种特性的物质称为**旋光物质**。常见的石英晶体、食糖溶液和酒石酸溶液都是较强的旋光性物质。

如图 9-17 所示，自然光透过偏振片 P_1 后生成线偏振光，线偏振光射到正交偏振片 P_2 上时将不能透过 P_2。此时，将厚度为 d 的石英晶体 C 置于两偏振片之间，可以观察到有光透过 P_2。如果以光传播的方向为轴旋转 P_2，可以发现当旋转到一定角度之后，就没有光透过了。这说明，透过石英晶体的偏振光仍是线偏振光，只不过其偏振化方向发生了变化。

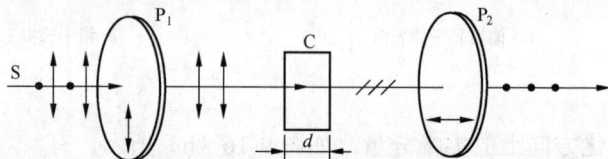

图 9-17 旋光现象实验装置

进一步的实验表明，有的旋光物质可以使偏振光的偏振化方向沿顺时针的方向旋转，这种物质称为**右旋光物质**；有的旋光物质可以使偏振光的偏振化方向沿逆时针的方向旋转，这种物质称为**左旋光物质**。

当选用厚度不同的旋光物质时，旋转的角度也不同。当选用厚度为 d 的旋光物质时，旋转角度 θ 为

$$\theta = \alpha d$$

式中，α 称为旋光率，与具体选用的旋光物质及入射光的波长有关。如果使用 1mm 厚的石英晶体片，可以使波长 405nm 的紫光旋转 45.9°，使 589nm 波长的钠黄光旋转 21.7°。

食糖溶液、松节油等液体也具有旋光特性，其旋转的角度与液体的厚度 l、旋光率 α、以及物质的浓度有关。图 9-18 所示为工业生产中测定糖溶液浓度使用的糖量计示意图，其中糖溶液被夹在两个玻璃片之间，当液体中食糖的浓度发生变化时，偏振片 P_2 的透射光也会发生变化，旋转 P_2 可以测出旋转的角度

$$\theta = \alpha l \Delta \rho$$

式中，$\Delta \rho$ 为食糖浓度的变化量。这种分析方法称为"量糖术"，在工业生产过程中常有使用。

使用人工的方法也可以产生旋光性，其中最常见的是磁致旋光现象，通常称为法拉第旋光效应。图 9-19 所示为磁致旋光实验装置，其中电磁铁中间的样品为玻璃、二硫化碳等物质。

对于给定的样品，旋转角与样品的长度 l 和磁感应强度 B 的大小成正比，即

$$\theta = VlB$$

式中，V 叫做费尔德常量。

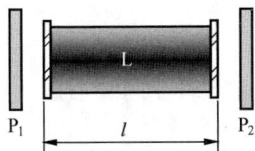

图 9-18 糖量计装置

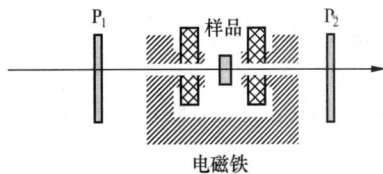

图 9-19 磁致旋光实验装置

复 习 题

一、思考题

1. 两个偏振片 P_1 和 P_2 平行放置，一束自然光垂直入射并依次通过两个偏振片。若分别以光线为轴旋转两个偏振片，观察出射光强的变化。问：

（1）当只旋转偏振片 P_1 时，光强变化是怎样的？请绘出其变化曲线。

（2）当只旋转偏振片 P_2 时，光强变化是怎样的？请绘出其变化曲线。

2. 3 个偏振片依次 P_1、P_2 和 P_3 平行放置，其中 P_1 和 P_3 的偏振化方向互相垂直，一束自然光垂直入射，依次通过 3 个偏振片。问若是以光线为轴旋转偏振片 P_2，则从 P_3 出射的光强的变化是怎样的？请绘出其变化曲线。

3. 偏振特性不同的光自空气中分别沿起偏角 i_0 和非起偏角 i 入射到空气和水的界面，如图 9-20 所示，请绘出反射光线和折射光线的偏振方向？

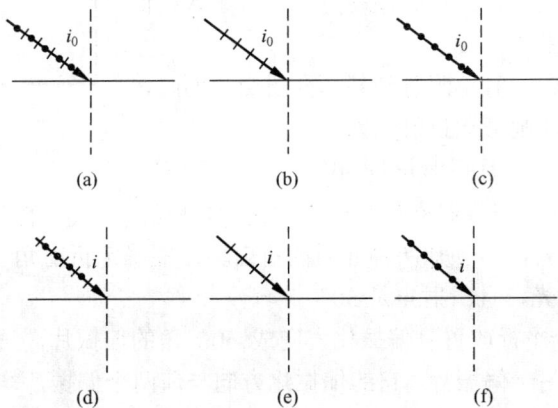

图 9-20 思考题 3

4. 若阳光入射到平静湖面上的反射光为完全偏振光，请问太阳与地平线的夹角是多大？其反射光的电矢量的振动方向是怎样的？

5. 现有 3 个光源分别能够发出自然光、线偏振光和部分偏振光，请问如何能够用实验来分辨这 3 种光源。

6. 怎样分辨波片和四分之一波片？

7. 试设计 3 种使偏振光的振动面转过 $90°$ 的方法。

二、习题

1. 在双缝干涉实验中，用单色自然光，在屏上形成干涉条纹. 若在两缝后放一个偏振片，则（　　）。

　　（A）干涉条纹的间距不变，但明纹的亮度加强

　　（B）干涉条纹的间距不变，但明纹的亮度减弱

　　（C）干涉条纹的间距变窄，且明纹的亮度减弱

　　（D）无干涉条纹

2. 一束光是自然光和线偏振光的混合光，让它垂直通过一偏振片，若以此入射光束为轴旋转偏振片，测得透射光强度最大值是最小值的 5 倍，那么入射光束中自然光与线偏振光的光强比值为（　　）。

　　（A）1/2　　　　　（B）1/3　　　　　（C）1/4　　　　　（D）1/5

3. 一束光强为 I_0 的自然光，相继通过 3 个偏振片 P_1、P_2、P_3 后，出射光的光强为 $I = I_0/8$，已知 P_1 和 P_3 的偏振化方向相互垂直，若以入射光线为轴，旋转 P_2，要使出射光的光强为零，P_2 最少要转过的角度是（　　）。

　　（A）30°　　　　　（B）45°　　　　　（C）60°　　　　　（D）90°

4. 一束自然光自空气射向一块平板玻璃（见图 9-21），设入射角等于布儒斯特角 i_0，则在界面 2 的反射光（　　）。

　　（A）是自然光

　　（B）是线偏振光且光矢量的振动方向垂直于入射面

　　（C）是线偏振光且光矢量的振动方向平行于入射面

　　（D）是部分偏振光

5. 自然光以 60° 的入射角照射到某两介质交界面时，反射光为完全线偏振光，则可知折射光为（　　）。

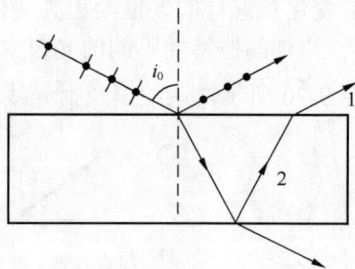

图 9-21　习题 4

　　（A）完全偏振光，且折射角是 30°

　　（B）部分偏振光，且只是在该光由真空入射到折射率为 $\sqrt{3}$ 的介质时，折射角是 30°

　　（C）部分偏振光，但须知两种介质的折射率才能确定折射角

　　（D）部分偏振光，且折射角是 30°

6. 自然光通过两个平行放置且偏振化方向成 60° 角的偏振片，透射光强为 I_2。今在这两个偏振片之间再插入另一偏振片，它的偏振化方向与前两个偏振片均成 30° 角，则透射光强为多少？

7. 一束光自然偏振光和线偏振光的混合光垂直入射到一片偏振片上时，发现透射光同偏振片的方向有关，沿光线为轴旋转偏振片，透射光强最强时为最弱时的 5 倍，求自然光光强是线偏振光的多少倍？

8. 通常使用起偏角测定不透明电介质的折射率。如测得珐琅表面釉质的起偏振角为 58°，试求它的折射率。

9. 如图 9-22 所示，一块折射率 $n=1.50$ 的平面玻璃浸在水中，已知一束光入射到水面上时，反射光是完全偏振光，若要使玻璃表面的反射光也是完全偏振光，则玻璃表面与水平面的夹角 θ 应是多大？

10. 使用方解石晶体制作适用钠光灯（波长 589.3nm）和汞灯（波长 456.1nm）光源的四分之一波片，求波片的最小厚度为多少？

11. 两平行放置的偏振片的偏振化方向一致，在两偏振片之间放置一个垂直于光轴的石英晶片（石英晶片对钠黄光的旋光率为 21.7°/mm），问钠光灯垂直入射时，晶片的厚度为多少时光线不能通过？

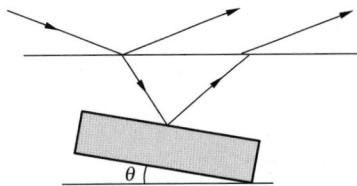

图 9-22　习题 9

12. 将方解石切割成一个 60° 的正三角形，光轴方向垂直于棱镜的正三角形截面。非偏振光的入射角为 i，而 e 光在棱镜内的折射线与镜底边平行如图 9-23 所示，求入射角 i，并在图中画出 o 光的光路。已知 n_e=1.49，n_o=1.66。

13. 图 9-24 所示的沃拉斯顿棱镜是由两个 45° 的方解石棱镜组成的，光轴方向如图所示，以自然光入射，求两束出射光线间的夹角和振动方向。已知 n_e=1.49，n_o=1.66。

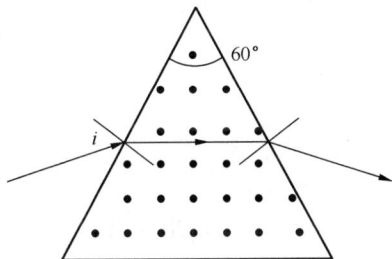

图 9-23　习题 12

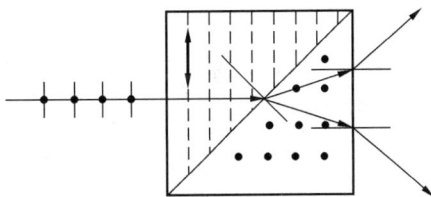

图 9-24　习题 13

复习题答案

模块1 力 学

第1章

1. C   2. B   3. D   4. D   5. C

6. $3y + 4x - 5 = 0$。

7. （1）$8t\vec{j} + \vec{k}$，$8\vec{j}$；（2）$x = 1$，$y = 4z^2$。

8. （1）$(3t + 5)\vec{i} + (0.5t^2 + 3t + 4)\vec{j}$；

　　（2）$\approx 7.6\text{m/s}$，速度与 x 方向的夹角为 $66.8°$。

9. a 直线的斜率为速度

$$v_{ax} - 1.732(\text{m/s}); \quad t = 0, \quad x_0 = 20\text{m}; \quad x = 0, \frac{20}{t|_{x=0}} = \tan 60°, \quad t|_{x=0} = 20/\sqrt{3}(\text{s})$$

b 直线的斜率为速度

$$v_{bx} = 0.577(\text{m/s}); \quad t = 0, \quad x_0 = 10(\text{m}); \quad \frac{10}{-t|_{x=0}} = \tan 30°, \quad t|_{x=0} = -17.331(\text{s})$$

c 直线的斜率为速度

$$v_{cx} = 1(\text{m/s}); \quad t = 0, \quad x_0 = -25(\text{m}); \quad t|_{x=0} = 25(\text{s})$$

10. $x = \dfrac{1}{b}\ln(bv_0 t + 1)$。

11. $v_{n\tau} = \dfrac{1}{2}n(n+2)a_0\tau$；$s_{n\tau} = \dfrac{1}{6}n^2(n+3)a_0\tau^2$。

12. $a = -0.747(\text{m/s}^2)$。

13. （1）$\dfrac{h}{h-l}v_0$；（2）$\dfrac{l}{h-l}v_0$。

*14. $v_x = \dfrac{\sqrt{h^2 + x^2}}{x}(-v_0)$；$a_x = -\dfrac{h^2}{x^3}(v_0{}^2)$。

当 $x=s$ 时，$a_x = -\dfrac{h^2}{s^3}(v_0{}^2)$，$v_x = \dfrac{\sqrt{h^2 + s^2}}{s}(-v_0)$。

15. $\vec{v} = (4.0\text{m/s})\vec{i} + (8.0\text{m/s})\vec{j}$；$\vec{a} = 16\text{m} \cdot \text{s}^{-2}\vec{j}$。

16. （1）$a_n|_{t=2\text{s}} = r\omega^2 = 2.30 \times 10^2 \text{m} \cdot \text{s}^{-2}$，$a_t|_{t=2\text{s}} = r\dfrac{\text{d}\omega}{\text{d}t} = 4.80\text{m} \cdot \text{s}^{-2}$；

　　（2）$\theta = 2\text{rad} + (4\text{rad} \cdot \text{s}^{-3})t^3 = 3.15\text{rad}$；（3）$t = 0.55\text{s}$。

17．（提示：物体运动总时间为加速时间 t_1 及减速时间 t_2，利用所设最高速度 v，可求其运动总路程。）

18．（1） $s = 2v_0^2 \sin(\theta - \alpha)\cos\theta / (g\cos^2\alpha)$；

（2）当 $\theta = \pi/4 + \alpha/2$ 时，s 有极大值，其值为 $v_0^2(1 - \sin\alpha)/(g\cos^2\alpha)$。

19．（1） $\omega = 3770 \text{rad} \cdot \text{s}^{-1}$；（2） $v = 188.5 \text{m} \cdot \text{s}^{-1}$。

20．（1） $x = h \cdot \tan(\omega t)$；（2） $v\dfrac{h\omega}{\cos^2\omega t}$，$a = \dfrac{2h\omega^2 \sin\omega t}{\cos^3\omega t}$。

21．（提示：物体做抛体运动时，其水平运动距离由其水平速度决定。）

22．（1） 0，$|v_{雨对车}| = 10 \text{m/s}$；（2） $|v_{雨对地}| = 17.3 \text{m/s}$，$|v_{雨对车}| = 20 \text{m/s}$。

23．（提示：本题利用"绝对速度等于相随速度和牵连速度得矢量和"这一方法，求出每一种情况中飞机的绝对速度，由于路程一定，则时间可求。）

第 2 章

1．A　　　2．D　　　3．B　　　4．D　　　5．D

6．（1）8；（2）0；（3）4；（4）向左。

7．$a_1 = \dfrac{1}{5}g = 1.96(\text{m/s}^2)$；$a_2' = \dfrac{2}{5}g = 3.92(\text{m/s}^2)$；

$a_2 = \dfrac{1}{5}g = 1.96(\text{m/s}^2)$；$a_3 = \dfrac{3}{5}g = 5.88(\text{m/s}^2)$；

$T_1 = 0.16g = 1.568(\text{N})$；$T_2 = 0.08g = 0.784(\text{N})$。

8．（1） $v = \dfrac{1}{\dfrac{1}{v_0} + \dfrac{k}{m}t}$；（2） $x = \dfrac{m}{k}\ln(1 + \dfrac{k}{m}v_0 t)$；（3） $v = v_0 \text{e}^{-\frac{k}{m}x}$。

9．$x_{\max} = mv_0 / K$。

10．$v = \dfrac{F_0}{m}t - \dfrac{k}{2m}t^2$；$x = \dfrac{F_0}{2m}t^2 - \dfrac{k}{6m}t^3$。

11．（提示：利用 $F = ma = m\dfrac{\text{d}v}{\text{d}t}$ 的关系，得 $\dfrac{\text{d}v}{\text{d}t} = -\dfrac{k}{mx^2}$，即 $\dfrac{\text{d}x}{\text{d}x}\dfrac{\text{d}v}{\text{d}t} = -\dfrac{k}{mx^2}$，消去 t，本题可解。）

12．$v = \sqrt{v_0^2 + 2gl(\cos\theta - 1)}$；$T = m\left(\dfrac{v_0^2}{l} - 2g + 3g\cos\theta\right)$。

13．$v = \sqrt{\dfrac{2\rho gl - \rho' gl}{\rho}}$。

14．14.2m。

15．（提示：先对任意时刻轴两端的绳子分别用牛顿第二定律，求出其共同加速度 a，再利用关系：$a = \dfrac{\text{d}v}{\text{d}t}$，分离变量求解。）

16．（提示：本题解法与上题类似。）

17. $R\left(1-\dfrac{g}{R\omega^2}\right)$。

第 3 章

1. C　　　　2. A　　　　3. D　　　　4. D　　　　5. C

6. （1）$\sqrt{2}mv_0$；（2）$-2mv_0$；（3）$\sqrt{2}mv_0$；（4）0。

7. （1）（图略）；（2）3×10^{-3}s；（3）$0.6\text{N}\cdot\text{s}$；（4）0.2×10^{-3}kg。

8. 2.22×10^3N。

9. 14.1N。

10. 1×10^4N。

11. 1.2m。

12. $v=\dfrac{3(v_0-gt)}{2\sin\alpha}$。

13. （1）-9J；（2）-9J。

14. 0.41cm。

15. $v=\sqrt{\dfrac{g}{l}(l^2-a^2)}$。

16. $mga\sin\theta+\dfrac{1}{2}ka^2\theta^2$。

17. $E_k=mgh+m^2g^2/2k$。

18. $x=mv_0\sqrt{\dfrac{M}{k(M+m)(2M+m)}}$。

19. （1）$v_1=\sqrt{\dfrac{2MgR}{m+M}}=M\sqrt{\dfrac{2gR}{(m+M)M}}$，$v_2=-m\sqrt{\dfrac{2gR}{(m+M)M}}$；

　　（2）$3mg+\dfrac{2m^2g}{M}$。

20.（提示：设中子的初速度为 v_1，利用动量守恒求出其末速度 v_2，即末动能为 $E=\dfrac{1}{2}mv_2$，与初动能的差值即为损失动能。）

21.（提示：本题的关键在选取合适的零势能点，然后利用动量守恒及机械能守恒求解。）

22. 12.5m/s^2。

23. $v=m\cos\alpha\sqrt{\dfrac{2gh}{(M+m)(m\sin^2\alpha+M)}}$。

24. 36m/s^2。

第 4 章

1. （1）$\alpha=-\dfrac{\pi}{6}\text{rad}\cdot\text{s}^{-2}$，37.5r；（2）$4\pi\,\text{rad}\cdot\text{s}^{-1}$；

　　（3）$v=2.5\,\text{m}\cdot\text{s}^{-2}$，$a_t=-0.105\,\text{m}\cdot\text{s}^{-2}$，$a_n=31.6\,\text{m}\cdot\text{s}^{-2}$。

2. $\dfrac{1}{2}\mu mgL$。

3. $314(\text{N})$。

4. $J\omega_0\left(\dfrac{1}{t_1}+\dfrac{1}{t_2}\right)$。

5. $\dfrac{2F(R-r)}{m_1 R^2 + m_2 r^2}$。

6. $\dfrac{2mg\sin\theta}{2m+M}$。

7. $1.26\times10^3\text{N}\cdot\text{m}$。

8. （1） $a=\dfrac{m_1-\mu m_2}{m_1+m_2+\dfrac{J}{r^2}}\cdot g$； $T_1=\dfrac{m_2+\mu m_2+\dfrac{J}{r^2}}{m_1+m_2+\dfrac{J}{r^2}}\cdot m_1 g$；

   $T_2=\dfrac{m_1+\mu m_1+\mu\dfrac{J}{r^2}}{m_1+m_2+\dfrac{J}{r^2}}\cdot m_2 g$；

   （2） $T_1=\dfrac{m_2+\dfrac{J}{r^2}}{m_1+m_2+\dfrac{J}{r^2}}\cdot m_1 g=\dfrac{\left(m_2 r^2+J\right)m_1 g}{m_1 r^2+m_2 r^2+J}$；

   $T_2=\dfrac{m_1}{m_1+m_2+\dfrac{J}{r^2}}\cdot m_2 g=\dfrac{m_1 r^2\cdot m_2 g}{m_1 r^2+m_2 r^2+J}$。

*9. $T=\dfrac{1}{4}mg$。

10. $v=\dfrac{(3m-M)v_0}{M+3m}$， $\omega=\dfrac{6mv_0}{(M+3m)l}$。

11. $\omega_0=\dfrac{\sqrt{2gh}}{2R}\cos\theta$， $\omega=\dfrac{1}{2R}\sqrt{\dfrac{g}{2}\left(h+4\sqrt{3}R\right)}$， $\alpha=\dfrac{g}{2R}$。

12. $a=\dfrac{\mathrm{d}v}{\mathrm{d}t}=\dfrac{4}{13}g$。

13. $\alpha_1<\alpha_2$。

*14. $R_x=-(1-\dfrac{3y}{2l})F$， $R_y=mg+\dfrac{9F^2 y^2(\Delta t)^2}{2l^3 m}$。

15. （1） $\alpha=39.2\left(\text{rad/s}^2\right)$；（2） $E_k=490(\text{J})$；（3） $\alpha=21.8\left(\text{rad/s}^2\right)$。

16. $a=\dfrac{2g}{3R}$， $T=\dfrac{mg}{6}$。

17. $t=5\text{s}$。

*18. $v_A=2\sqrt{gR}$。

19. $\omega_2 = \dfrac{(J_0 + 2mr_1^2)}{(J_0 + 2mr_2^2)}\omega_1$, $\quad \Delta E_k = \dfrac{1}{2}(J_0 + 2mr_2^2)\omega_1^2\{\dfrac{(J_0 + 2mr_1^2)}{(J_0 + 2mr_2^2)} - 1\}$。

20. $t = \dfrac{2m(v_1 + v_2)}{\mu Mg}$。

21. （1） $H = \dfrac{R^2\omega^2}{2g}$；

　　（2） $\omega' = \omega$，$L' = J'\omega' = \left(\dfrac{1}{2}MR^2 - mR^2\right)\omega$，

　　　　$E_k' = \dfrac{1}{2}J'\omega'^2 = \dfrac{1}{2}\left(\dfrac{1}{2}MR^2 - mR^2\right)\omega^2$。

22. $E = -\dfrac{Gm_1m_2}{r_1 + r_2}$。

23. 2.68m/s。

模块 2　机械振动和机械波

第 5 章

1. A　　　　2. A　　　　3. B　　　　4. A　　　　5. C

6. （1） 25.12s^{-1}; 0.25s; 0.5m, $\dfrac{\pi}{3}$, 0.126m·s^{-1}, 3.16m·s^{-2}；

　　（2） $\dfrac{25}{3}\pi$; $\dfrac{49}{3}\pi$; $\dfrac{241}{3}\pi$。

7. $T = 2\pi\sqrt{\dfrac{h}{g}}$。

8. $T = \dfrac{4}{D}\sqrt{\dfrac{\pi m}{\rho g}}$。

9. $\dfrac{1}{2\pi}\sqrt{\dfrac{2\rho sg}{m}}$。

10. 0.90s。

11. $T = 2\pi\sqrt{\dfrac{m}{k_1 + k_2}}$。

12. $\omega = \sqrt{\dfrac{2k}{M + 2m}}$。

13. （1） $\theta = 3.19 \times 10^{-3}\cos(3.13t + \dfrac{3}{2}\pi)(\text{rad})$；

　　（2） $\theta = 3.19 \times 10^{-3}\cos(3.13t + \dfrac{1}{2}\pi)(\text{rad})$。

14. $x = 10\cos(8t' - 4 + \frac{\pi}{4})$ (SI)；计时起点提前 $\frac{\pi}{32}$(s)。

15. （1） -17.32cm；（2） 2s；（3） $\frac{4}{3}$s；（4） 27.21cm/s；24.67cm/s^2。

16. （1） $x = 5\sqrt{2} \times 10^{-2}\cos(\frac{\pi t}{4} - \frac{3\pi}{4})$ （SI）；（2） $v_A = 3.93 \times 10^{-2}m\cdot$s^{-1}。

17. （1） $x_2 = 0.1\cos\sqrt{50}t$(m)；（2） $F = 29.2$N；（3） $\pi/6\sqrt{50}$(s)。

18. $\frac{2\pi}{3}$。

19. 9.62×10^{-3}J。

20. （1） $x = 0.17$m，且沿负向运动；（2） 4.2×10^{-3}N，方向沿负向；（3） $\frac{2}{3}$s；

　　（4） $v = -0.33$m$\cdot$s^{-1}；$E_k = 5.45 \times 10^{-4}$J；$E_P = 1.77 \times 10^{-4}$J；$E = 7.22 \times 10^{-4}$J。

21. （1）最高位置：1.74N，最低位置：8.06N；（2） $A \geqslant 6.21 \times 10^{-2}$m；

　　（3） $A \geqslant 1.55 \times 10^{-2}$m。

22. $x_a = 0.1\cos(\pi t + \frac{3}{2}\pi)$m，$x_b = 0.1\cos(\frac{5}{6}\pi t + \frac{5\pi}{3})$m。

23. （1） $\frac{mg}{k}\sqrt{1 + \frac{kv_0^2}{(M+m)g^2}}$，$2\pi\sqrt{\frac{M+m}{k}}$；

　　（2） $\sqrt{\frac{M+m}{k}}\arctan(\frac{v_0}{g}\sqrt{\frac{k}{M+m}})$。

24. $A_2 = 0.1$m；$\frac{\pi}{2}$。

25. （1） 314s^{-1}，0.16m，$\frac{\pi}{2}$，$x = 0.08\cos(314t + \frac{\pi}{2})$；（2） 12.5ms。

26. （1） 0.078m，$84°48'$；（2） $135°$，$225°$。

27. （1）轨道方程：$x^2 + 4y^2 + 2xy - 27 = 0$，该图形式左旋；

　　（2） $F = \frac{\pi^2}{90}\sqrt{x^2 + y^2}$(N)。

28. 20.96s。

29. （1） $\frac{d^2\theta}{dt^2} + \frac{9\eta}{2r^2\rho}\frac{d\theta}{dt} + \frac{g}{l}\theta = 0$；

　　（2） 3.13(s^{-1})，6.04×10^{-4}(s^{-1})，2(s)；

　　（3） 87(s)。

30. （1） 30s^{-1}；（2） 26.5s^{-1}，0.177m。

31. （1） 4.5×10^{-4}J；（2） $\pm 4.3 \times 10^{-5}$J。

第6章

1. A　　　2. D　　　3. D　　　4. B　　　5. D

6. （1） $A = 0.05$m，$u = 2.5$m$\cdot$s^{-1}，$\nu = 5$Hz，$\lambda = 0.5$m；

（2）$v_{max} = 0.5\pi(m \cdot s^{-1})$，$a_{max} = 5\pi^2(m \cdot s^{-2})$；

（3）9.2π，0.92π，$0.825m$。

7.（1）（略）（2）（略）（3）（略）（4）$y = A\cos(\omega t + \dfrac{2\pi x}{\lambda} - \dfrac{\pi}{2})$。

8.　$y = 0.1\cos[\pi(t - \dfrac{x}{2}) + \dfrac{\pi}{2}](m)$，$y_P = 0.1\cos[(\pi t - \dfrac{\pi}{2} + \dfrac{\pi}{2})] = 0.1\cos\pi t(m)$。

9.　$6.4 \times 10^{-6}(J \cdot m^{-2})$，$2.18 \times 10^{-3}(J \cdot m^{-2})$。

10.　$0.08 W \cdot m^{-2}$。

11.　$0.565m$。

12.　$\overline{AC} = 0.78m$。

13.　距 A　$1m$、5、9、13、$17m$。

14.（1）$A = 1.50 \times 10^{-2} m$，$u = 343.8 m/s$；（2）$0.625m$；（3）$-46.2 m/s$。

15.　$y = 2A\cos(2\pi \dfrac{x}{\lambda})\cos\omega t$。

16.（1）入射波 $y = A\cos(\omega t + \dfrac{\pi}{2} - \dfrac{2\pi}{\lambda} x)$，反射波 $y = A\cos(\omega t + \dfrac{2\pi}{\lambda} x + \dfrac{\pi}{2})$；

（2）$y_P = -2A\cos(\omega t + \dfrac{\pi}{2})$。

17.（1）$y_1 = A\cos(\omega t + \dfrac{2\pi}{\lambda} x)$，$y_2 = A\cos(\omega t - \dfrac{2\pi}{\lambda} x)$；

（2）$y_3 = A\cos(\omega t - \dfrac{2\pi}{\lambda} x)$；

（3）$y_4 = 2A\cos(\omega t)\cos(\dfrac{2\pi}{\lambda} x)$　波节：$x = -\dfrac{\lambda}{4}$，$-\dfrac{3}{4}\lambda$，波腹：$x = 0, -\dfrac{\lambda}{2}$；

（4）$y_5 = 2A\cos(\omega t - \dfrac{2\pi}{\lambda} x)$。

18.（提示：根据驻波的定义，求出相邻波节（波腹）间的距离 $\Delta x = \dfrac{\lambda}{2}$，根据已知条件得 $d = \dfrac{\lambda}{2}$，则 $\lambda = 2d$，因此 $u = \lambda v = 2vd$。）

19.（1）$y_1 = 0.04\cos[100\pi(t - \dfrac{x}{100}) + \dfrac{5}{6}\pi]$，

　　　$y_2 = 0.04\cos[100\pi(t + \dfrac{x}{100}) + \dfrac{11}{6}\pi]$；

（2）波节：$x = 0, 1, 2, \cdots, 10m$，波腹：$x = 0.5, 1.5, 2.5, \cdots, 9.5m$；

（3）0。

20.　$70dB$。

21.　$6 m \cdot s^{-1}$。

22.　125。

23.　$660Hz$，$550Hz$；$680Hz$，$533Hz$。

24.（1）$1.59 \times 10^{-5} W \cdot m^{-2}$；（2）$0.109 V \cdot m^{-1}$，$2.91 \times 10^{-4} A \cdot m^{-1}$。

25.　9%。

26.（1）3m，10^8Hz；（2）x轴正方向传播；

（3）$H_x=0$，$H_y=0$，$H_z=1.6\times10^{-3}\cos[2\pi\times10^8(t-\frac{x}{c})]$，在 Oxz 平面内偏振；

（4）$\vec{S}=96\times10^{-5}\cos^2[2\pi\times10^8(t-\frac{x}{c})]\vec{i}$ 。

模块3 波动光学

第7章

1．C   2．A   3．B   4．B   5．B

6．（1）0.47 mm；（2）0.047 mm 。

7．648.2 nm 。

8．6.6×10^{-3} mm 。

9．紫红色。

10．99.6 nm 。

11．590 nm 。

12．1.72 μm 。

13．$n=\dfrac{r_1^2}{r_2^2}$ 。

14．$\sqrt{2Rd_0-(k-1/2)R\lambda}$ ，8条，9条。

15．532 nm 。

第8章

1．D   2．C   3．B   4．B   5．B

6．（1）3级；（2）7条。

7．（1）0.00603 rad；（2）0.0164 rad 。

8．380 nm 。

9．（提示：$\pm k$ 暗纹的间距为 $\Delta x=\dfrac{2kf\lambda}{a}$ ，缝宽改变 $\mathrm{d}a$ 时，Δx 的该变量 $\mathrm{d}x_k=-\dfrac{2kf\lambda}{a^2}\mathrm{d}a$ 。）

10．（1）2.96×10^5 m；（2）296 m 。

11．（1）2.2×10^{-4} rad；（2）0.055 mm 。

12．$d=3.05\times10^{-3}$ mm 。

13．570 nm ，43°9′ 。

14．1 。

15．51.26° 。

16 每毫米约有 10^3 条刻痕。

17 （1）$N=491$；（2）$a+b\geqslant2.36\times10^{-3}$ mm；（3）$b=1.57\times10^{-3}$ mm 。

第 9 章

1. B   2. A   3. B   4. B   5. D

6. $2.25I_2$。

7. 1/2 倍。

8. 1.6。

9. 11.5°。

10. 857nm，794nm。

11. 4.15mm。

12. 48°10′。

13. 19.75°。

参 考 文 献

[1] 马文蔚. 物理学（第五版）. 北京：高等教育出版社，2006.

[2] 张三慧. 大学物理（第二版）. 北京：清华大学出版社，2001.

[3] 程守洙，江之永. 普通物理学（第五版）. 北京：高等教育出版社，1998.

[4] 陈治，陈祖刚，刘志刚. 大学物理（上、下）. 北京：清华大学出版社，2007.

[5] 刘钟毅，宋志怀，倪忠强. 大学物理学活页作业. 北京：高等教育出版社，2007.